高等学校应用型特色规划教材

计算机网络技术基础
(微课版)

刘永华　洪　璐　主　编

清华大学出版社
北　京

内 容 简 介

本书为适应在线学习的需要，以计算机网络的体系结构为主线，系统地阐述了计算机网络的基本原理和技术，分层次介绍了计算机网络的各层功能和协议，以及这些协议的实现原理，并介绍了当前最先进的网络技术发展情况以及网络的实际应用情况等。

全书共 9 章，内容分别是计算机网络概述、物理层、数据链路层、网络层、传输层、应用层、网络安全、网络新技术和网络工程设计。此外，在附录 A 中给出了与本书内容相配套的验证性、设计性及应用性实验，附录 B 给出了课后练习题的参考答案。

本书按照自底向上的顺序介绍了计算机网络的体系结构和技术原理，层次清晰、内容新颖、图文并茂，注重理论与实践的结合，适合学生循序渐进地学习。本书可作为普通高等院校计算机科学与技术、网络工程、通信工程、软件工程、数字媒体技术以及电子信息类相关专业本科教材，也可作为成人高等教育计算机网络技术教材，还可供从事计算机网络应用与信息技术的广大工程技术人员学习和参考。

图书在版编目(CIP)数据

计算机网络技术基础：微课版/刘永华，洪璐主编. —北京：清华大学出版社，2021.1（2024.2重印）
高等学校应用型特色规划教材
ISBN 978-7-302-57178-0

Ⅰ. ①计… Ⅱ. ①刘… ②洪… Ⅲ. ①计算机网络—高等学校—教材 Ⅳ. ①TP393

中国版本图书馆 CIP 数据核字(2020)第 260269 号

责任编辑：石　伟
封面设计：杨玉兰
责任校对：吴春华
责任印制：丛怀宇
出版发行：清华大学出版社
　　　　网　　址：https://www.tup.com.cn，https://www.wqxuetang.com
　　　　地　　址：北京清华大学学研大厦 A 座　　　邮　　编：100084
　　　　社 总 机：010-83470000　　　　　　　邮　　购：010-62786544
　　　　投稿与读者服务：010-62776969, c-service@tup.tsinghua.edu.cn
　　　　质量反馈：010-62772015, zhiliang@tup.tsinghua.edu.cn
　　　　课件下载：https://www.tup.com.cn, 010-62791865
印 装 者：三河市人民印务有限公司
经　　销：全国新华书店
开　　本：185mm×260mm　　　印　张：19　　　字　数：462 千字
版　　次：2021 年 3 月第 1 版　　　印　次：2024 年 2 月第 4 次印刷
定　　价：58.00 元

产品编号：089091-01

前　言

本书为适应在线学习的需要，以计算机网络的体系结构为主线，系统地阐述了计算机网络的基本概念、基本原理和技术，按照自底向上的顺序介绍了计算机网络的物理层、数据链路层、网络层、传输层和应用层等各层的功能原理，以及网络安全的基础知识，介绍了当前常用的、先进的网络技术以及网络的应用情况。全书知识点紧凑、连贯，本着注重应用、以实践促教学的原则，加入了实验上机指导，让学习者能更好地理解理论知识。

本书遵循先简单后复杂，先原理后应用的认知规律，内容新颖、概念清晰、深入浅出、易学易懂。书中给出了一定数量的应用实例，希望读者通过本书的学习，能够较容易地掌握计算机网络的基本原理和实用的网络技术及应用，了解计算机网络的最新技术和发展动态，并具有简单的网络组建、规划和设计选型的能力。

全书共由 9 章组成，第 1 章是计算机网络概述，主要介绍计算机网络的基本概念和计算机网络的体系结构；第 2 章是物理层，介绍了数据通信的理论基础、物理传输媒体、多路复用技术和接入网技术等知识；第 3 章是数据链路层，介绍了数据链路层的基本概念、差错控制技术、停等协议、有线网和无线网的数据链路层协议、局域网技术和广域网技术等知识；第 4 章是网络层，主要介绍了网络层的基本原理，包括 IP 协议、路由选择协议、ICMP 协议、IP 多播以及路由器的工作原理等知识；第 5 章是传输层，介绍了传输层的基本概念及 UDP、TCP 两大传输层协议；第 6 章是应用层，介绍了应用层的功能和几种主要协议，如 DNS、HTTP 及电子邮件等；第 7 章是网络安全技术，介绍了网络安全的基本概念和基本技术，包括加密与认证技术、防火墙及病毒防护等知识；第 8 章是网络新技术，介绍了多个近年来计算机网络领域涌现的实用新技术，包括云计算、物联网、移动 IP、IPv6 和 MPLS 等知识；第 9 章是网络工程设计，介绍了网络工程设计的基本思路、基本原则和方法步骤，从需求分析、网络的分层设计、IP 地址规划、设备选型等多个角度对网络的组建进行了介绍。此外，在附录 A 中给出了与课本内容相配套的验证性、设计性及应用性实验，附录 B 给出了课后练习题参考答案。

本书可作为普通高等院校计算机类和电子信息类相关专业本科教材，也可作为成人高等教育计算机网络技术教材，还可供从事计算机网络应用与信息技术的广大工程技术人员学习和参考。

本书由刘永华、洪璐担任主编并完成全书通稿，陈茜、赵艳杰、孟凡楼、赵红卫参与编写。其中刘永华编写了第 1~4 章，洪璐编写了第 5~7 章，陈茜编写了第 8 章，赵艳杰编写了第 9 章，孟凡楼、赵红卫编写了实验与上机指导部分并进行了测试。

由于作者水平有限，书中难免存在缺点与不足之处，恳请广大读者和同行批评指正。

编　者

前　言

目　录

计算机网络技术基础配套教学资源

第 1 章　概　　述

计算机网络是计算机技术与通信技术紧密结合的产物，网络技术对信息产业的发展有着深远的影响。本章在介绍网络形成与发展的基础上，对计算机网络的定义与拓扑结构等问题进行了系统的讨论，并对计算机网络的分类进行了较为详尽的描述。网络体系结构与网络协议是网络技术中两个最基本的概念。本章将从层次、服务与协议的基本概念出发，对 OSI 参考模型、TCP/IP 参考模型进行介绍并对这两个模型进行比较，以使读者能够循序渐进地学习与掌握计算机网络体系结构。通过本章学习，应达到以下目标。

- 了解计算机网络的发展历史。
- 熟练掌握计算机网络的定义与分类方法。
- 了解计算机网络的组成与结构的基本概念。
- 熟练掌握计算机网络拓扑结构的定义、分类与特点。
- 掌握典型的计算机网络通信方式。
- 熟练掌握计算机网络的性能指标。
- 熟练掌握协议、层次、服务、接口与网络体系结构的基本概念。
- 掌握网络体系结构的概念和分层的优点。
- 熟练掌握 TCP/IP 参考模型和五层折中模型的层次划分、各层的基本服务功能及主要协议。

1.1　计算机网络的形成与发展

计算机网络的发展大致分 4 个阶段：以单台计算机为中心的远程联机系统，构成面向终端的计算机网络；多个主机互联，各主机相互独立，无主从关系的计算机网络；具有统一的网络体系结构，遵循国际标准化协议的计算机网络；网络互联与高速计算机网络。

1.1.1　面向终端的计算机网络

计算机网络出现的历史不长，但发展很快，经历了一个从简单到复杂的演变过程。1946 年，世界上第一台电子计算机 ENIAC 在美国诞生时，计算机和通信之间并没有什么联系。早期的计算机系统是高度集中的，所有设备安装在单独的大房间中。最初，一台计算机只能供一个用户使用，后来随着技术的发展，出现了批处理和分时系统，一台计算机可同时为多个用户服务，若不和数据通信相结合，分时系统所连接的多个终端都必须紧挨着主计算机，用户必须到计算中心的终端室去使用，显然是不方便的。后来，许多系统都将地理上分散的多个终端通过通信线路连接到一台中心计算机上，用户可以在自己办公室内的终端上输入程序，通过通信线路送入中心计算机，进行分时访问并使用其资源来进行处理，处理结果再通过通信线路送回到用户的终端上并显示或打印出来。这样，就出现了第一代计算机网络。

第一代计算机网络实际上是以单台计算机为中心的远程联机系统，这样的系统除了一台中心计算机外，其余的终端都不具备自主处理功能，在系统中主要是终端和中心计算机间的通信。虽然历史上也曾称它为计算机网络，但为了更明确地与后来出现的多台计算机互联的计算机网络相区分，现在也称其为面向终端的计算机网络。

1.1.2 计算机—计算机网络

第二代计算机网络是多台主计算机通过通信线路互联起来为用户提供服务，即所谓计算机—计算机网络。这类网络是 20 世纪 60 年代后期开始兴起的，它和以单台计算机为中心的远程联机系统的显著区别在于：这里的多台主计算机都具有自主处理能力，它们之间不存在主从关系。这样的多台主计算机互联的网络才是真正意义上的计算机网络。在这种系统中，终端和中心计算机间的通信已发展到计算机和计算机间的通信，用单台中心计算机为所有用户需求服务的模式，被分散而又互联在一起的多台主计算机共同完成的模式所替代。

最早的第二代计算机网络是 ARPANET。20 世纪 60 年代后期，美国国防部高级研究计划署 ARPA(目前称为 DARPA，Defense Advanced Research Projects Agency)提供经费给美国许多大学和公司，以促进对多台主计算机互联网络的研究，最终一个实验性的 4 节点网络开始运行并投入使用。ARPANET 后来扩展到连接数百台计算机，从欧洲到夏威夷，地理范围跨越了半个地球。ARPANET 奠定了现代计算机网络的大部分技术基础，ARPANET 中提出的一些概念和术语至今仍被使用，影响极为深远。

ARPANET 中互联的运行用户应用程序的主计算机称为**主机(Host)**。但主机之间并不是直接通过通信线路互联，而是通过称为接口报文处理机 IMP(Interface Message Processor)的装置连接后互联的，如图 1-1 所示。当某台主机上的用户要访问网络上远处另一台主机时，主机首先将信息送至本地直接与其相连的 IMP，通过通信线路沿着适当的路径，经若干 IMP 中途转接后，最终传送至目标 IMP，并送入与其直接相连的目标主机。这种方式类似于邮政信件的传送，发信人发出的信件要通过邮递员的转发才能交付到收信人手中，称为**存储转发(Store And Forward)**。而在今天的计算机网络中，IMP 又叫作**路由器(Router)**。采用**存储转发方式**的好处在于通信线路不为某对通信所独占，因而大大提高了通信线路的有效利用率。

图 1-1 中 IMP 和它们之间互联的通信线路一起负责完成主机之间的数据通信任务，构成了**通信子网**。通过通信子网互联的主机负责运行用户应用程序，向网络用户提供可供共享的软硬件资源，它们组成了**资源子网**。这样，计算机网络从逻辑上就划分为通信子网和资源子网两部分，通信子网就是计算机网络中负责数据通信的部分，资源子网是计算机网络中面向用户的部分，负责全网络面向应用的数据处理工作。ARPANET 采用的就是这种两级子网的结构。ARPA 网中存储转发的信息基本单位叫**分组(Packet)**，**以存储转发方式传输分组的通信子网又被称作分组交换网(Packet Switching Network)**。IMP 是 ARPANET中使用的术语，在其他网络或文献中也称为分组交换节点(Packet Switch Node)。IMP 或分组交换节点通常也是由小型计算机或微型机来实现的，为了和资源子网中的主机相区别，

也被称作为节点机，或简称**节点**(Node)。

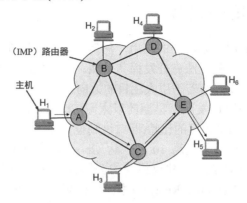

图 1-1　存储转发的计算机网络

20 世纪 70 年代和 80 年代，第二代计算机网络得到了迅猛发展，在这个时期，各大计算机公司都陆续推出自己的网络体系结构，以及实现这些网络体系结构的软硬件产品。用户购买计算机公司的网络产品，自己提供或租用通信线路，就可组建计算机网络。IBM 公司的 SNA(System Network Architecture)和原有 DEC 公司的 DNA(Digital Network Architecture)就是两个最著名的例子。凡是按 SNA 组建的网络都可称为 SNA 网，而凡是按 DNA 组建的网络都可称为 DNA 网。

第二代计算机网络有不少弊病，不能适应信息社会日益发展的需要，其中最主要的缺点是，第二代计算机网络大都是由研究单位、大学应用部门或计算机公司各自研制的，**没有统一的网络体系结构**，为实现更大范围内的信息交换与共享，把不同的第二代计算机网络互联起来十分困难。因而，计算机网络必然要向更新的一代发展。

1.1.3　开放式标准化网络

第三代计算机网络是开放式标准化网络，它具有统一的网络体系结构，遵循国际标准化协议。标准化使得不同的计算机能方便地互联在一起。20 世纪 70 年代后期人们认识到第二代计算机网络的不足后，已开始提出发展新一代计算机网络的问题。国际标准化组织 ISO(International Standards Organization)在 1984 年正式颁布了一个称为开放系统互联基本参考模型(Open System Interconnection Basic Reference Model，OSI/RM)的国际标准 ISO 7498。这里，"开放系统"是相对于第二代计算机网络中只能和同种计算机互联的每个厂商各自封闭的系统而言的，它可以和任何其他系统(当然要遵循同样的国际标准)通信而相互开放。该模型分为 7 个层次，有时也称为 **OSI 七层模型**。

另一个开放式标准化网络的著名例子就是因特网(Internet，国际互联网)，它是在原 ARPANET 技术上经过改造而逐步发展起来的，它对任何计算机开放，只要遵循 TCP/IP 协议的标准并申请到 IP 地址，就可以接入 Internet，这就是 **TCP/IP 模型**。TCP/IP 虽然不是某个国际官方组织制定的标准，但由于被广泛采用，已成为事实上的国际标准。

1.1.4　计算机网络的新时代

现在，随着 Internet 越来越广泛的应用，任何一台计算机都必须以某种形式联网，以共享信息或协同工作，否则就无法充分发挥其效能。计算机网络的发展也进入了一个新的阶段，当前计算机网络的发展有若干引人注目的方向。

(1) 计算机网络向高速化发展。早期的以太网(Ethernet)的数据速率只有 10Mb/s(Bits Per Second)，即每秒传送 1000 万的比特(即二进制位)，目前速度比其高 10 倍的 100Mb/s 的以太网已相当普及，而速度再提高 10 倍，达 Gb/s(即 1000Mb/s)的产品也很多。从远距离网络来看，早期按照 CCITT X 建议组建的公用分组交换数据网的数据传输速率只有 64Kb/s，后来采用了帧中继(Frame Relay)技术，已提高至 2Mb/s；近年来出现的异步传输模式 ATM(Asynchronous Transfer Mode)的数据传输速率可达到 155Mb/s、622Mb/s，甚至 2.5Gb/s；更新的波分多路复用 WDM(Wave Division Multiplexing)技术已开始展露其姿容，将可达到几十 Gb/s，甚至更高的数据速率。

(2) 早期计算机网络中传输的主要是数字、文字和程序等数据，随着应用的扩展，提出了越来越多的图形、图像、声音和影像等多媒体信息在网络中传输的需求，这不但要求网络有更高的数据速率，或者说带宽，而且对延迟时间(实时性)、时间抖动(等时性)、服务质量 QOS(Quality of Service)等方面都提出了更高的要求。

(3) 目前电话、有线电视和数据业务等都有各自不同的网络，随着多媒体网络的建立和日趋成熟，电信网、有线电视网、计算机网的"三网融合"甚至"多网融合"是一个重要的发展方向。

未来计算机网络结构处于核心的是能传输各种多媒体信息的高速宽带主干网，它外连许多汇聚点(Point Of Presence，POP)，端用户(User)可以通过电话线、电视电缆、光缆、无线信道等不同的传输媒体进入由形形色色的技术组成的不同接入网(Access Network)，再由汇聚点集中后连入主干网，网络覆盖的地理范围将不断扩大，向全球延伸，并逐步深入每个单位、每个办公室以至于每个家庭。有人描述未来通信和网络的目标是实现 **5W** 的**个人通信**，即任何人(Whoever)在任何时间(Whenever)、任何地方(Wherever)都可以和任何另一个人(Whoever)通过网络进行通信，以传送任何信息(Whatever)，这是很诱人的发展前景。

1.2　计算机网络概述

21 世纪的一些重要特征就是数字化、网络化和信息化，它是一个以网络为核心的信息时代，计算机网络现已成为信息社会的命脉和发展知识经济的重要基础。本节讲述计算机网络的定义、特点、功能、应用以及计算机网络的组成等问题，以使读者能够对计算机网络的相关基本概念有个大致了解。

1.2.1　计算机网络的定义

从本质上说，计算机网络以信息传递和资源共享为主要目的，借以发挥分散的各不相连的计算机之间的协同功能。因此可做如下定义：计算机网络是将处于不同地理位置，并具有独立计算能力的计算机系统经过传输介质和通信设备相互联接，在网络操作系统和网络通信软件的控制下，实现资源共享的计算机的集合。

这个定义主要包含三个方面的阐述：①一个计算机网络中包含多台具有自主功能的计算机，所谓具有自主功能，是指这些计算机离开了网络也能独立运行与工作；②这些计算机之间是相互联接的(有机连接)，所使用的通信手段形式各异，距离可远可近，连接所用的媒体可以是双绞线(如电话线)、同轴电缆(如闭路有线电视所用的电缆)或光纤，甚至还可以是卫星或其他无线信道等，信息在媒体上传输的方式和速率也可以不同；③计算机之所以要相互联接，是为了进行信息交换、资源共享或协同工作。

对于计算机网络的概念，目前并没有一个统一的、精确的定义，但不管什么样的定义，都离不开以下 4 个基本要素。

(1) 两台以上的计算机。

(2) 连接计算机的线路和设备。

(3) 实现计算机之间通信的协议。

(4) 按协议制作的软件、硬件。

计算机网络由通信子网和资源子网两部分构成，如图 1-2 所示。通信子网负责计算机间的数据通信，也就是信息的传输。通信子网覆盖的地理范围可能只是很小的局部区域，甚至就在一幢大楼内或一个房间中；也可能是远程的，甚至跨越国界，直至洲际或全球。因为信号在传输过程中有衰减，因此数据要传输很远的距离时，中间要增加节点(如中继器)，节点只负责通信、传递信号。通信子网中除了包括传输信息的物理媒体外，还包括诸如转发器、交换机之类的通信设备。信息在通信子网中的传输方式可以从源出发，经过若干中间设备的转发或交换，最终到达目的地。通过通信子网互联在一起的计算机则负责运行对信息进行处理的应用程序，它们是网络中信息流动的源与宿，向网络用户提供可共享的硬件、软件和信息资源，构成了资源子网。

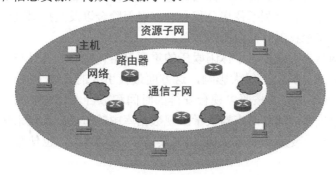

图 1-2　通信子网和资源子网

1.2.2　计算机网络在信息时代的应用

人类社会已进入信息化时代，以因特网为代表的计算机网络已成为人类社会最重要的信息服务基础设施，它就像自来水、电力、煤气和暖气等基础设施一样，已经成为人们生活中不可或缺的一部分。

(1) 计算机网络为分布在各地的用户提供了强有力的人际通信手段。通过计算机网络传送电子邮件和发布新闻消息，已经得到了普遍的应用。当生活在不同地方的许多个人进行合作时，若其中一个人修改了某些文件，那么其他人通过网络都可立即看到这个变化，从而大大地缩短了信息传递所需要的时间。效率的提高可以轻易地实现过去绝无可能的合作。电子邮件长期以来是 Internet 上一项最重要的应用功能之一，现在许多人的名片上不仅有邮政地址、电话和传真号码，还有电子邮件(E-mail)地址。电子邮件的使用，极大地缩短了人际通信的时间和空间距离。Internet 上还有许多特殊兴趣组，例如 QQ 群，加入某一组后就能和分布在世界各地的许多人就某一共同感兴趣的主题不断交换意见，并展开讨论。网络公告牌系统 BBS(Bulletin Board System)从某种意义上也有类似的功能，其作用如其名，既可供公众阅读，也可张贴布告。

(2) 计算机网络是各行各业的重要生产力，在工业、农业、交通运输、邮电通信、文化教育、商业、国防以及科学研究等领域获得越来越广泛的应用。工厂企业可用网络来实现生产的监测、过程控制、管理和辅助决策等。铁路部门可用网络来实现报表收集、运行管理和行车调度等。邮电部门可利用网络来提供世界范围内快速而廉价的电子邮件、传真和 IP 电话服务等。教育科研部门可利用网络的通信和资源共享来进行情报资料的检索、计算机辅助教育和计算机辅助设计、科技协作、虚拟会议以及远程教育等。计划部门可利用网络来实现普查、统计、综合、平衡和预测等。国防工程能利用网络来进行情报的快速收集、跟踪、控制与指挥等。商用服务系统可利用网络实现制造企业、商店、银行和顾客间的电子商务等。

(3) 计算机网络的应用已经深入社会的各个方面。例如，我国在政府上网方面迈进一大步，即电子政务。这一方面可以将许多政务信息、政策法规、办事制度等通过网络更快更广泛地向民众宣传，向民众公开；另一方面也可以更及时地获得民众的反馈意见，进一步缩短政府和民众间的距离。而且，通过政府内部网络实现政务办公自动化，逐步向无纸办公的方向发展，也可大大提高政府部门的办事效率，从而更有效地为人民服务。又如，社会保障网络的建立，将有利于住房公积金、养老保险金以及医疗保险金等的统一管理使用与监控，进一步完善我国的社会保障体系。

(4) 计算机网络为大众提供了休闲娱乐的重要平台。网络的普及与应用也会对每个人的日常生活甚至娱乐方式产生很大影响，这方面最吸引人的莫过于视频点播 VOD(Video On Demand)，人们不再需要按照电视台安排的时间和节目表收看电视节目，而可以按照个人的爱好，自己安排时间随时点播大量影视数据库中的节目。近年来流行的网络游戏和网络直播等娱乐方式，更是吸引了大批的(尤其是年轻的)网民，也使得传统的线下娱乐行业面临重大挑战。

1.2.3　计算机网络的组成

计算机网络包括通信子网和资源子网两大部分。通信子网完成信息分组的传递工作，每个通信节点具有存储转发功能；资源子网包含所有由通信子网连接的主机，向网络提供各种类型的资源。通信子网和资源子网可分别建设。**计算机网络系统由网络硬件和网络软件组成。**

1. 网络硬件

网络硬件是指在计算机网络中所采用的物理设备，包括以下内容。

(1) 网络服务器，提供网络资源。

(2) 工作站，用户机。

(3) 网络设备。

① 网卡(网络适配器)。

② 集线器，接线(Hub)。

③ 中继器，完成信号的再生与放大。

④ 网桥，两个局域网连接，起桥接作用。

⑤ 路由器，局域网与广域网的连接，连接两个不同的网段。

(4) 传输介质，同轴电缆、双绞线、光缆、无线电、微波等。

2. 网络软件

协议和软件在网络通信中扮演了极为重要的角色，网络软件可大致分为网络系统软件和网络应用软件。

网络系统软件是控制和管理网络运行、提供网络通信和网络资源分配与共享功能的软件，它为用户提供了访问网络和操作网络的友好界面。网络系统软件主要包括网络操作系统(NOS)、网络协议软件和网络通信软件等，著名的网络操作系统 Windows Server 和广泛应用的 TCP/IP 协议软件以及各种类型的网卡驱动程序都是重要的网络系统软件。

网络应用软件是指为某一个应用目的而开发的网络软件，它为用户提供一些实际的应用。网络应用软件既可用于管理和维护网络本身，也可用于某一个业务领域，如网络管理监控程序、网络安全软件、分布式数据库、管理信息系统(MIS)、数字图书馆、Internet 信息服务、远程教学、远程医疗、视频点播等。网络应用的领域极为广泛，应用软件也极为丰富。

1.3 计算机网络的分类

计算机网络的分类方法可以是多样的，其中最主要的两种方法是：按照网络所使用的传输技术分类和按照网络的覆盖范围分类。

1.3.1 按传输技术划分

网络所采用的传输技术决定了网络的主要技术特点，因此根据网络所采用的传输技术对网络进行分类是一种很重要的方法。

在通信技术中，通信信道的类型有两类：广播通信信道与点对点通信信道。在广播通信信道中，多个节点共享一个通信信道，一个节点广播信息，其他节点必须接受信息。而在点—点通信信道中，一条通信线路只能连接一对节点，如果两个节点之间没有直接连接的线路，那么它们只能通过中间节点转接。显然，网络要通过通信信道完成数据传输任务，因此网络所采用的传输技术也只能有两类，即广播(Broadcast)方式与点对点(Point-to-

Point)方式。

(1) 广播式网络(Broadcast Network)。网络中只有一个单一的通信信道，由这个网络中所有的主机所共享。即多个计算机连接到一条通信线路上的不同分支点上，任意一个节点所发出的报文被其他所有节点接收。分组中有一个地址域，指明了该分组的目标接收者。一台机器收到了一个分组以后，检查地址域，如果该分组正是发送给它的，那么它就处理该分组；如果该分组是发送给其他机器的，那么就忽略该分组。局域网基本上都是广播式网络。

(2) 点对点式网络(Point-to-Point Network)。与广播式网络相反，在点对点式网络中，每条物理线路连接一对计算机。假如两台计算机之间没有直接连接的线路，那么它们之间的分组传输就要通过中间的节点接收、存储、转发，直至目的节点。由于连接多台计算机之间的线路结构可能是复杂的，因此从源节点到目的节点可能存在多条路由。决定分组从通信子网的源节点到达目的节点的路由需要有路由选择算法。采用分组存储转发与路由选择是点对点式网络与广播式网络的重要区别之一。

1.3.2 按覆盖范围划分

计算机网络按照其覆盖的地理范围进行分类，可以很好地反映不同类型网络的技术特征。由于网络覆盖的地理范围不同，它们所采用的传输技术也就不同，因而形成了不同的网络技术特点与网络服务功能。按覆盖的地理范围不同，计算机网络可以分为四类：局域网、城域网、广域网、个域网。

1. 局域网(Local Area Network，LAN)

局域网的分布范围一般在几千米以内，最大距离一般不超过 10 千米，它是一个部门或单位组建的网络，工作范围在几米到几千米数量级，如同一栋楼房、校园内、宿舍区内等。

2. 城域网(Metropolitan Area Network，MAN)

城域网原本指的是介于局域网和广域网之间的一种大范围的网络，因为随着局域网的广泛使用，人们逐渐要求扩大局域网的使用范围，或者要求将已经使用的局域网互相连接起来，形成一个规模较大的城市范围内的网络，工作范围在 1km 到几十千米数量级，如同一个城市。

3. 广域网(Wide Area Network，WAN)

广域网也称远程网，一般跨越城市、地区、国家甚至洲。它往往以连接不同地域的大型主机系统或局域网为目的，工作范围在几十千米到几千千米数量级，比如同一个国家、同一个洲，甚至全球。

4. 个域网(Personal Area Network，PAN)

个域网也称为个人区域网，它是最近新流行起来的一种网络，不是用来连接普通的计算机，而是采用无线技术将个人工作使用的设备(如便携式计算机、打印机、鼠标、键盘、耳机、眼镜盒头盔等)连接起来形成网络，其范围一般不超过 10m，有些人也将其称

为无限个人区域网(Wireless PAN，WPAN)。

1.3.3 其他几种较常见的分类方法

1. 按传输媒体划分

(1) 有线网(Wired Network)。传输介质可以是双绞线、同轴电缆和光纤等。

(2) 无线网(Wireless Network)。传输介质包括无线电波、微波、红外线、激光、声波等各种无线信号。

2. 按拓扑结构划分

计算机网络的拓扑结构是指抛开网络中的具体设备，用点和线来抽象描述出来的计算机网络系统的逻辑结构，可分为星形、总线形、环形、树形、网状结构等，将在下一节的内容中详细介绍这些拓扑结构。

3. 按网络用户的类别划分

(1) 公用网(Public Network)。指的是由电信公司等 ISP 出资建造的大型网络，"公用"的意思是所有愿意缴纳费用的用户都可以使用这个网络，这种网络也被称为公众网。

(2) 专用网(Private Network)。指的是某个单位或部门为本单位的特殊业务需要而建造的网络，这种网络不向本单位以外的人提供服务，比如军队、铁路、电力、邮政等系统的网络。

4. 按照在网络中所处的位置划分

(1) 接入网(Access Network)。接入网是用来把用户接入因特网的网络，由 ISP 提供的接入网只起到让用户能够与因特网连接的"桥梁"作用。

(2) 传输网(Transmission Network)。传输网是一个将复接、线传输及交换功能集为一体的，并由统一管理系统操作的综合信息传送网络，可实现诸如网络的有效管理、性能监视、动态网络维护、不同供应厂商设备的互通等多项功能，它大大提高了网络资源利用率，并显著降低了管理和维护的费用，实现了灵活可靠和高效的网络运行与维护，因而在现代信息传输网络中占据重要地位。

1.4 计算机网络拓扑结构

计算机网络拓扑结构，是指网上计算机或设备与传输媒介形成的节点(有的文献中称为结点)与线的物理构成模式。网络的节点有两类：①转换和交换信息的转接节点，包括节点交换机、集线器和终端控制器等；②访问节点，包括计算机主机和终端等。线则代表各种传输媒介，包括有形的和无形的。

本部分主要介绍计算机网络拓扑结构的定义、两种主要的拓扑结构以及 5 种常见的拓扑构型。

1.4.1　计算机网络拓扑的定义

为了应付复杂的网络结构设计问题，人们引入了网络拓扑的概念。

拓扑学是几何学的一个分支，它是从图论演变过来的。拓扑学首先把实体抽象成与其大小、形状无关的点，用连接实体的线路之间的几何关系表示网络结构，反映网络中各实体间的结构关系。**拓扑结构设计是建设计算机网络的第一步，也是实现各种网络协议的基础，它对网络性能、系统可靠性与通信费用都有重大影响。**通过优化拓扑结构，选择适当的线路、线路容量、连接方式，可以在保证一定的网络响应时间、吞吐量和可靠性的条件下，使整个网络的结构合理、成本低廉。

计算机网络拓扑主要是指通信子网的拓扑构型。

网络的拓扑结构是抛开网络物理连接来讨论网络系统的连接形式，网络中各站点相互联接的方法和形式称为网络拓扑。拓扑结构图给出网络服务器、工作站的网络配置和相互间的连接，它的结构主要有星形结构、总线结构、树形结构、网状结构、环形结构等。

1.4.2　两类网络拓扑

网络拓扑可以根据通信子网中的通信信道类型分为两类。

(1) 点对点线路子网的拓扑。在采用点对点线路的通信子网中，每条物理线路连接一对节点。采用点对点线路的通信子网的基本拓扑构型有 4 种：星形、环形、树形、网状形。

(2) 广播信道子网的拓扑。在采用广播信道的通信子网中，一个公共的通信信道被多个网络节点共享。采用广播信道通信子网的基本拓扑构型主要有 4 种：总线形、树形、环形、无线通信形。

1.4.3　常见的几种网络拓扑

1. 总线形拓扑

定义：总线形拓扑结构采用单根传输线作为传输介质，所有的站点(包括工作站和文件服务器)均通过相应的硬件接口直接连接到传输介质或总线上，各工作站地位平等，无中心节点控制，如图 1-3 所示。

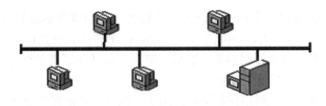

图 1-3　总线形拓扑结构

特点：结构简单，可扩充性好，但维护难，分支节点故障查找难。

总线形拓扑结构的总线大都采用同轴电缆。总线上的信息多以基带信号形式串行传送。某个站点发送报文(把要发送的信息叫报文)，其传送的方向总是从发送站点开始向两端扩散，如同广播电台发射的信息一样，又称为广播式计算机网络。总线网络上的所有站点都能接收到这个报文，但并不是所有的都接收，而是每个站点都会把自己的地址与这个报文的目的地址相比较，只有与这个报文的目的地址相同的工作站才会接收报文。

以太网(Ethernet)是一种流行的公共总线网络，它的公共总线就是以太网电缆，材料是铜线、光纤或两者的组合(也可以使用微波和红外线进行连接)。它的设计使终端、PC、磁盘存储系统和商用机器能够实现通信。以太网最主要的优点在于为网络添加新的设备非常容易。

2. 星形拓扑

定义：星形拓扑是指所有的网络节点都通过传输介质与中心节点相连，采用集中控制，即任何两节点之间的通信都要通过中心节点进行转发。

特点：结构简单，便于管理；控制简单，便于建网；网络延迟时间较小；传输误差较低；但成本高、可靠性较低、资源共享能力也较差。

在星形拓扑结构中，节点通过点对点的通信线路与中心节点连接。中心节点控制全网的通信，任何两节点之间的通信都要通过中心节点。星形拓扑构型虽然结构简单、易于实现、便于管理，但是网络的中心节点是全网可靠性的瓶颈，中心节点的故障可能造成全网瘫痪。

星形拓扑结构(见图 1-4)使用一台中心计算机(或网络设备)与网络中的其他设备通信，采用集中控制的方式。一个需要通信的设备把数据传输给中心计算机，然后计算机把数据送往目标节点。中央控制的方式使责任明确，这也正是星形拓扑结构的一大优势。然而相比之下，总线拓扑结构具有更多的优点。不采用中央控制，加入一个新设备就非常简单，因为设备间不相互影响。

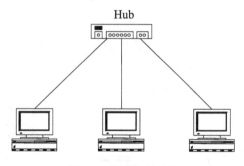

图 1-4　星形拓扑结构

3. 环形拓扑

定义：由网络中若干节点通过点到点的链路首尾相连，形成一个闭合的环。

特点：信息流在网中是沿着固定方向流动的，两个节点仅有一条道路，故简化了路径选择的控制；环路上各节点都是自举控制，故控制软件简单；但可靠性低，一个节点故障，将会造成全网瘫痪；维护难，对分支节点故障定位较难。环形拓扑的另一个缺点是，当一个节点要往另一个节点发送数据时，它们之间的所有节点都得参与传输，这样，比起总线拓扑来，更多的时间被花在替别的节点转发数据上，如图 1-5 所示。

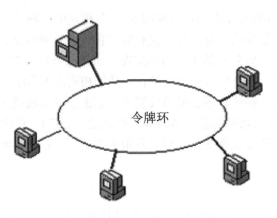

图 1-5　环形拓扑结构

　　环形网络的通信可以是单向的，也可以是双向的，常被用来连接一个办公室或一个部门的 PC。PC 上的应用程序能够访问其他机器的数据，而不需要大型机负责管理通信。事实上，通信管理由一个绕环传送的令牌来实现，节点只有收到令牌才能发送数据，因此这种结构又称为**令牌环**。

4. 树形拓扑

　　定义：是分级的集中控制式网络。树形拓扑结构如图 1-6 所示。

　　特点：通信线路总长度短、成本较低、节点易于扩充、寻找路径比较方便，但任一节点或其相连的线路故障都会使系统受到影响。

　　树形拓扑构型可以看成是星形拓扑的扩展。在树形拓扑构型中，节点按层次进行连接，信息交换主要在上、下节点之间进行。相邻及同层节点之间一般不进行数据交换或数据交换量小。树形拓扑网络适用于汇集信息的应用要求。

5. 网状拓扑

　　网状拓扑构型又称作无规则型。在网状拓扑构型中，节点之间的连接是任意的，没有规律的。网状拓扑结构如图 1-7 所示。

　　特点：它的安装很复杂，但系统可靠性高，容错能力强，有时也称为分布式结构。

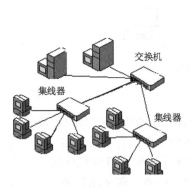

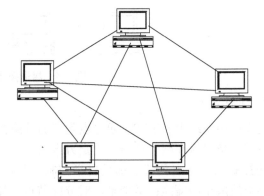

图 1-6　树形拓扑结构　　　　　　　　图 1-7　网状拓扑结构

　　网状拓扑的主要优点是系统可靠性高，但是结构复杂，必须采用路由选择算法与流量控制方法。目前实际存在和使用的广域网基本上是采用网状拓扑构型的。

在实际的网络设计中，也有可能将多种拓扑结构结合，或者将不同拓扑结构的网络互联起来，构成一个更大的网络。但这种网络设计复杂，网络管理、分组交换、路径选择、流向控制的代价都很高，一般在局域网中不采用混合拓扑结构。

1.5 典型的计算机网络通信类型

依信息处理方式的不同，计算机网络的类型常见的主要有以下几种：集中处理的主机—终端机结构、客户机/服务器结构、浏览器/服务器结构、对等网络系统结构以及无盘工作站结构。

1.5.1 集中处理的主机—终端机结构

从计算机的发展来看，20世纪60年代后期曾形成了以一台主机为中心的多用户系统，这是一种集中式网络(Centralized Network)的主机—终端机系统结构，其特点是终端计算机只是简单的输入/输出设备，其本身不做任何处理，所有事务都由主机集中处理。

集中式网络的所有数据都保存在一个安全的地方，因而保证了每个人使用的都是同一个信息。由于数据都存储在服务器上，因此备份数据十分容易；终端上没有、也不处理任何数据，因此软盘机上也不需要软盘驱动器，数据均由服务器处理，因此，服务器是唯一需要安全保护的系统。此外，集中式网络感染病毒的可能性很低；尽管服务器必须是拥有大容量存储空间和功能强大的高性能计算机，但终端机却不需要存储和处理能力。所以系统的整体开销十分低廉。

1.5.2 客户机/服务器(C/S)结构

客户机/服务器结构(简称C/S结构)是在专用服务器结构的基础上发展起来的。每当用户需要一个服务时，由客户机(Client)发出请求，然后由服务器(Server)做出响应，执行相应的服务，并将服务的结果送回客户机，如图1-8所示。

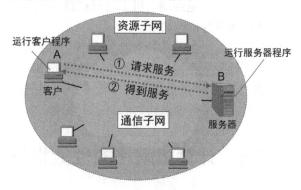

图1-8 客户/服务器通信方式

在C/S方式中，运行在一个客户机上的**客户进程**向运行在服务器上的**服务器进程**发起请求，服务器进程可以接受来自多个客户进程的请求，并进行响应和提供服务，客户进程间一般不直接进行通信。C/S 结构是目前计算机网络通信最流行的方式，很多我们熟悉的网络应用，例如万维网、电子邮件、文件传输(FTP)、网络游戏等，都采用了 C/S 结构。

1.5.3　浏览器/服务器(B/S)结构

浏览器/服务器结构(B/S 结构)是随着 Internet 技术的兴起而流行起来的一种结构，它本质上是一种特殊的 C/S 结构。B/S 和 C/S 唯一的区别就是，B/S 在客户端使用了统一的软件——浏览器(Browser)来完成客户机的所有工作。这是一个明显的优势，任何一台联网计算机，只要安装了浏览器，就能实现支持 B/S 结构的任何网络应用，而不需要再一个一个地安装实现这些应用的客户端软件。因此，当 B/S 流行起来以后，大量的网络应用开始从 C/S 向 B/S 迁移，最典型的应用迁移的例子就是电子邮件。

1.5.4　对等网络结构

对等网络(Peer-to-Peer，P2P)可以实现非结构化地访问网络资源，网络中的所有设备可直接访问数据、软件和其他网络资源。换言之，每一台网络计算机与其他联网的计算机是对等的，它们没有层次的划分，也没有服务器和客户机的区别，严格地说，每一个节点既是服务器，也是客户机。

对等方式可以支持大量用户(可以多达几百万)同时工作，如图 1-9 所示。现在很流行的下载软件大都采用了 P2P 方式，而更多的软件则是结合了 P2P 和 C/S 两种通信结构的优点，同时使用了这两种技术，比如 PPLive 等网络视频软件。

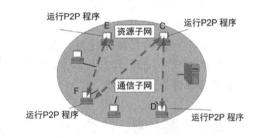

图 1-9　对等方式

1.5.5　无盘工作站结构

无盘工作站结构，顾名思义就是终端主机上没有硬盘。无盘工作站通过网络与服务器连接，通过服务器的硬盘空间进行资源共享。

无盘工作站结构可以实现 C/S 结构的所有功能，唯一的区别是客户机上没有磁盘驱动器，每台工作站都需要从"远程服务器"启动，所以对服务器、工作站以及网络组建的要求较高，因而成本并不比"客户机/服务器"网络低多少，但它的稳定性和安全性是 C/S 结构不具备的，常被一些对安全系数要求较高的企业所喜爱。

1.6　计算机网络的性能指标

本节介绍计算机网络的性能指标，对计算机网络的性能评价包括定量评价指标和定性评价指标两大类。在这些性能指标中，读者对带宽和时延两个概念要深刻理解。

1.6.1 计算机网络的定量评价指标

1. 速率

比特(Bit)是计算机中数据量的单位,也是信息论中使用的信息量的单位。Bit 来源于 Binary Digit,意思是一个"二进制数字",因此,一个比特就是二进制数字中的一个 1 或者 0。

速率即数据率(Data Rate)或比特率(Bit Rate),是计算机网络中最重要的一个性能指标,速率的单位是 b/s,或 kb/s、Mb/s、Gb/s 等,描述的是单位时间内传输位数的多少。速率往往是指额定速率或标称速率。

2. 带宽

带宽有两种不同的含义。

(1) 在通信领域,带宽(Band Width)是指信号具有的频带宽度,单位是赫兹(或千赫、兆赫、吉赫等)。

(2) 在计算机网络领域,带宽是数字信道所能传送的**最高数据率**的同义语,单位是"比特每秒",或 b/s(bit/s)。

从定义可以看出,带宽的单位与速率是相同的,常用的带宽单位包括 b/s(bit/s)、kb/s (10^3 b/s)、Mb/s(10^6 b/s)、Gb/s(10^9 b/s)、Tb/s(10^{12} b/s)等。

其实,带宽的这两种含义之间是有密切联系的。香农定理表明,一条通信链路的频带宽度越大,其传输的最高数据率也就越大。

3. 吞吐量

吞吐量(Throughput)表示在单位时间内通过某个网络(或信道、接口)的数据量。

吞吐量经常用于对现实世界中的网络进行测量,以便知道实际上到底有多少数据量能够通过网络。吞吐量受网络带宽或额定速率的限制。我们可以这样来理解速率、带宽和吞吐量的关系:**带宽是网络理论上的性能上限(理论最高速率),而吞吐量是网络实际的性能表现(实际速率)。**

4. 时延(Delay 或 Latency)

时延是数据从网络的一端传输到另一端所需要的时间或者延迟,而造成这种延迟的原因有很多,如图 1-10 所示。

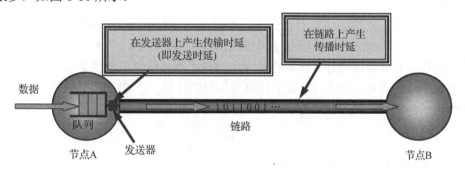

图 1-10　时延的产生

发送端有可能在一瞬间产生大量的需要发送的分组，而发送端的处理能力有限，因此大量的分组需要排队等待发送，因排队而造成的等待时间称为**排队时延**。排队时延的长短往往取决于网络中当时的通信量。

发送分组时，首先要进行查找转发表、数据检查等预备工作，这些为存储转发而进行的一些必要处理需要的时间称为**处理时延**；然后发送分组，分组从节点进入传输媒体所需要的时间称为**发送时延**[可以简单地理解为网卡把二进制数据转化为信道中传输的信号(通常为电磁波)所需要的时间]。发送时延的计算方法如式(1-1)所示；最后，信号在信道中传输也需要时间，这段时间称为**传播时延**，传播时延的计算方法如式(1-2)所示。

$$发送时延=\frac{数据块长度(比特)}{信道带宽(比特/秒)} \tag{1-1}$$

$$传播时延=\frac{信道长度(米)}{信号在信道上的传播速率(米/秒)} \tag{1-2}$$

数据经历的总时延就是发送时延、传播时延、处理时延和排队时延之和：

总时延 = 发送时延+传播时延+处理时延+排队时延

容易产生的错误概念：对于高速网络链路，我们提高的仅仅是数据的发送速率而不是比特在链路上的传播速率；提高链路带宽也就减小了数据的发送时延。

5. 时延带宽积

传播时延和带宽的乘积叫作时延带宽积，如图 1-11 所示。这是一个代表链路的圆形管道，管道的长度是链路的传播时延，而管道的截面积是链路的带宽，因此，时延带宽积是这个管道的体积，表示这样的链路可容纳多少个比特。

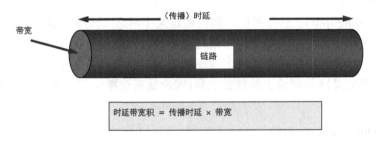

图 1-11 时延带宽积

6. 利用率

信道利用率用于指出某信道有百分之几的时间是被利用的(有数据通过)。完全空闲的信道的利用率是零。网络利用率则是全网络的信道利用率的加权平均值。

信道利用率并非越高越好。根据排队论的理论，当某信道的利用率增大时，该信道引起的时延也就迅速增加。若令 D_0 表示网络空闲时的时延，D 表示网络当前的时延，则在适当的假定条件下，可以用式(1-3)表示 D 和 D_0 之间的关系：

$$D=\frac{D_0}{1-U} \tag{1-3}$$

式中：U 是网络的利用率，数值为 0～1[由式(1-3)可以推导出]。

计算机网络技术基础(微课版)

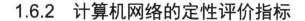

1.6.2　计算机网络的定性评价指标

1. 费用

网络的价格是必须考虑的，因为网络的性能与其价格密切相关。一般来说，网络的速率越高，其价格也越高。

2. 质量

网络的质量影响到很多方面，如网络的可靠性、网络管理的简易性，以及网络的其他一些性能。但是，网络的性能与网络的质量并不是一回事。

3. 标准化

网络硬件和软件的设计既可以按照通用的国际标准，也可以遵循特定的专用网络标准。最好是采用国际标准设计，这样可以得到更好的互操作性，更易于升级换代和维修，也更易得到技术上的支持。

4. 可靠性

可靠性和网络的质量与性能都有密切的关系。速率更高的网络的可靠性不一定会更差。但速率更高的网络要可靠地运行，则往往更加困难，同时需要的费用也会较高。

5. 可扩展性和可升级性

在构造网络时就应当考虑到网络今后可能会需要扩展(即规模扩大)和升级(即性能和版本的提高)。网络的性能越高，其扩展费用往往也越高，难度也会相应增加。

6. 易于管理和维护

网络如果没有良好的管理和维护，就很难达到和保持所设计的性能。例如，随着企业对电子邮件的需求日益增长，越来越多的企业重视建立公司品牌的企业邮箱或者自建邮件系统。在系统后续的长期使用过程中，有效的邮件管理和维护变得更为重要。尽管垃圾邮件让人深恶痛绝，但电子邮件还是成为企业所必需的通信方式。低廉的通信成本、快速的信息传递并能提高企业通信效率，是企业选择电子邮件系统的主要原因。电子邮件在为企业业务增值的同时，一套不适合的企业邮箱也能成为企业发展的瓶颈。IT 系统通常的观点及系统部署背后的理由都是系统不应该给任何人带来麻烦，并且可以确保业务损失最小化、IT 投资收益最大化。时至今日，简易的软件管理和维护已成为软件行业发展和立足的重要保障。

1.7　计算机网络体系结构

大多数的计算机网络采用层次式结构，即将一个计算机网络分为若干层次，处在高层次的系统仅是利用较低层次的系统提供的接口和功能，无须了解底层实现该功能所采用的算法和协议；较低层次也仅是使用从高层系统传送来的参数，这就是层次间的无关性。因为有了这种无关性，层次间的每个模块可以用一个新的模块取代，只要新的模块与旧的模块具有相同的功能和接口就行，即使它们使用的算法和协议都不一样也没关系。

本部分主要介绍网络体系结构的基本概念、计算机网络的层次体系结构以及计算机网络的层次模型三个基本问题。

1.7.1　网络体系结构的基本概念

计算机网络由多个互联的节点组成，节点之间要不断地交换数据和控制信息。要做到有条不紊地交换数据，每个节点都必须遵守一些事先约定好的规则。两台计算机通信时，对传送信息内容的理解、信息表示形式以及各种情况下的应答信号都必须遵循一个共同的约定规则，这些规则精确地规定了所交换数据的格式和时序。这些为网络数据交换而制定的规定、约束与标准被称为网络协议(Protocol)。一个网络协议主要由以下三个要素组成。

(1) 语法。用户数据与控制信息的结构和格式。

(2) 语义。需要发出何种控制信息以及完成的动作和做出的响应。

(3) 时序(同步)。对事件实现顺序的详细说明。有的文献也将此问题称为同步问题。

网络协议对于计算机网络是不可缺少的，一个功能完备的计算机网络需要制定一套复杂的协议集，对于复杂的计算机网络协议，最好的组织方式就是层次结构模型。计算机网络体系结构(Network Architecture)是计算机网络层次结构模型和各层协议的集合，是对计算机网络应完成的功能的精确定义，而这些功能用什么样的硬件和软件实现，则是具体的实现问题。体系结构是抽象的，而实现是具体的，其具体实现是通过特定的硬件和软件来完成的。

1.7.2　计算机网络的层次模型

将多台位于不同地点的计算机设备通过各种通信信道和设备互联起来，使其能协同工作，以便于计算机的用户应用进程交换信息和共享资源，这是一个复杂的工程设计问题。将一个比较复杂的问题分解成若干个容易处理的子问题，而后"分而治之"，逐个加以解决，是工程设计中常用的手段。分层就是系统分解的最好方法之一。

综上所述，计算机网络体系结构是指计算机网络层次结构模型和各层协议的集合。结构化是指将一个复杂的系统设计问题分解成一个个容易处理的子问题，然后加以解决。层次结构是指将一个复杂的系统设计问题分成层次分明的一组组容易处理的子问题，各层执行自己所承担的任务。各层之间相互独立，即不需要知道低层的结构，只要知道是通过层间接口所提供的服务即可。灵活性好，是指只要接口不变就不会因层的变化(甚至是取消该层)而变化。各层采用最合适的技术实现而不影响其他层。有利于促进标准化，这是因为每层的功能和提供的服务都已经有了精确的说明。

实际上，单台计算机系统的体系结构也是一种层次结构，如图 1-12(a)所示。最内层是裸机，从内向外依次为操作系统、汇编语言处理程序、高级语言处理程序、应用程序等，每一层都直接使用内层向它提供的服务，并完成其自身确定的功能，然后向外层提供"增值"后的更高级的服务。n 层向 $n+1$ 层提供服务，$n+1$ 层使用 n 层提供的服务，于是，系统的功能也就逐层加强与完善了。在图 1-12(b)所示的一般分层结构中，n 层是 $n-1$ 层的用户，又是 $n+1$ 层的服务提供者。$n+1$ 层的用户虽然只直接使用了 $n+1$ 层提供的服务,实际上它通过 n+1 层还间接使用了 n 层的服务,并更间接地使用了 n-1 层以及以下所有各层的服务。层次结构的好处在于使每一层实现一种相对独立的功能,每一层不必知道下面一层是如何实现的,只要知道下层通过层间接口提供的服务是什么以及本层应向上层提供什么样的服务,就能独立地设计。由于系统已被分解为相对简单的若干层次,故易于实现和维护。此外,当由于技术的变化或其他因素,某层的实现需要更新或被替代时,只要它和上、下层的接口服务关系不变,则其他的层次不受其影响,具有很大的灵活性。分层结构还易于交流、易于理解和易于标准化,对于计算机网络这种涉及两个不同实体间通信的系统来说,就更有其优越性。

现代计算机网络都采用了层次化的体系结构,但由于计算机网络涉及多个实体间的通信,其层次结构画成图 1-13 所示的垂直模型要比图 1-12 所示的"洋葱"式的模型更为清晰。

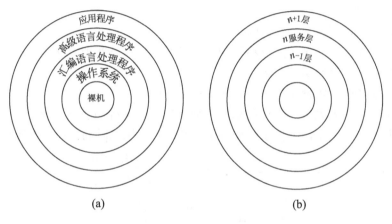

图 1-12 层次结构

在 A.S.Tanenbaum 所著的 *Computer Networks* 一书中,曾经举了一个生动的例子,有两位不同国家的哲学家要进行对话,他们使用不同的语言。他们可以看成是在最高层,比如说第三层。他们对所要通话的内容需要有共同的兴趣和认识,但是使用不同的语言不能直接通话,因而,他们每个人都请来了一个译员,将他们各自的语言翻译成两个译员都懂的第三国语言。这里,译员就在下面一层,比如第二层,他们向第三层提供语言翻译服务。两个译员可以使用共同懂得的语言交流,但是由于他们在不同的国家,还是不能直接对话。两个译员都需要一个工程技术人员,按事先约定的方式(如电话或电报)将交谈的内容转换成电信号在物理媒体上传送至对方。这里,工程技术人员就在最下一层,即第一层,他们都知道如何按约定的方式(如电话)将语音转换成电信号,然后发送到物理媒体(比如说电话线)上传送至对方,为上一层的译员提供传输服务。这个例子中有三个不同的层次,从下到上不妨依次称为传输层、语言层和认识层。在认识层上对话的两个实体,即两个哲学家,只意识到他们之间在进行通信,这种通信能够进行的前提是他们对所交谈的内容有共同的兴趣和认识,抽象地说,就是遵循着共同的认识层的协议。他们之间的交谈并不是直接进行的,所以称为虚通信。这个虚通信是通过语言层接口处译员所提供的语言翻译以及译员间的交谈来实现的。抽象地说,就是上一层的虚通信是通过下一层接口处提供的服务以及下一层的通信来实现的。这里,语言层的两个译员都必须将通信内容翻译成共同懂得的第三国语言,这个第三国语言就可看成是语言层的协议。抽象地说,就是对等层的通信必须遵循协议。对语言层的译员来说，不必关心哲学家的交谈内容，而只是将其准确地翻译成第三国语言即可。此外，译员间的通信也是虚通信，这是通过传输层工程技术人员提供的服务以及传输层的通信来实现的。传输层的工程技术人员只负责按共同的约定将语言转换为电信号，既不要管使用的是什么语言，更不用管交谈的是什么哲学问题。传输层工程技术人员仍然是遵循他们之间的协议进行虚通信。真正的实通信是由电信号在物理媒体即电话线上进行的。

上述例子能够很好地帮助我们理解图 1-13 所示的层次体系结构以及对等层的虚通信、协议、相邻层间的接口和提供的服务这些抽象概念。我们把要点归纳如下。

(1) 除了在物理媒体上进行实通信外，其余各对等层实体间都是进行虚通信。

(2) 对等层的虚通信必须遵循该层的协议。

(3) n 层的虚通信是通过 $n-1/n$ 层间接口处 $n-1$ 层提供的服务以及 $n-1$ 层的通信(通常也是虚通信)来实现的。

分层可以遵守以下两个主要原则。

(1) 每层功能应是明确的并且相互独立。当某一层具体实现方法更新时，只要保持层间接口不变，就不会对邻层造成影响。

(2) 接口层清晰，跨越接口的信息量应尽可能少。

层数应当适中。若太少，则层间功能划分不明确，多种功能混杂在一层中，造成每一层的协议太复杂。若太多，则体系结构过于复杂，各层组装时的任务会困难得多。

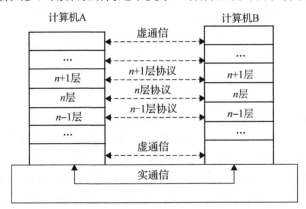

图 1-13　计算机网络的层次模型

计算机网络中采用层次结构，可以有以下好处。

(1) 各层之间相互独立。高层并不需要知道低层是如何实现的，而仅需要知道该层通过层间的接口所提供的服务。

(2) 灵活性好。当任何一层发生变化时，例如，由于技术的进步促进实现技术的变化，只要接口保持不变，则该层以下各层均不受影响。另外，当某层提供的服务不再需要时，甚至可将该层取消。

(3) 各层都可以采取最合适的技术来实现，各层实现技术的改变不影响其他层。

(4) 易于实现和维护。因为整个系统已被分解为若干个易于处理的部分，这种结构使得一个庞大而又复杂系统的实现和维护变得容易控制。

(5) 有利于促进标准化。这主要是因为每一层的功能和所提供的服务都已经有了明确的说明。

1.7.3 OSI 参考模型

世界上第一个网络体系结构是 IBM 公司于 1974 年提出的,命名为"系统网络体系结构 SNA"。在此之后,许多公司纷纷提出了各自的网络体系结构,这些网络体系结构的共同之处在于它们都采用了分层技术,但层次的划分、功能的分配与采用的术语均不相同。随着信息技术的发展,各种计算机系统联网和各种计算机网络的互联成为人们迫切需要解决的课题。开放系统互联参考模型就是在这样一个背景下提出和研究的。

开放系统互联参考模型(Open System Interconnect,OSI),是国际标准化组织(ISO)和国际电报电话咨询委员会(CCITT)联合制定的开放系统互联参考模型,为开放式互联信息系统提供了一种功能结构的框架。

OSI 模型共分为 7 层,从下到上依次为物理层(Physical Layer)、数据链路层(Data Link Layer)、网络层(Network Layer)、传输层(Transport Layer)、会话层(Session Layer)、表示层(Presentation Layer)和应用层(Application Layer)等,如图 1-14 所示。

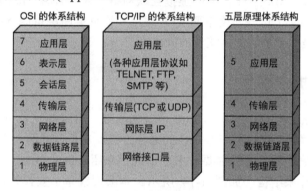

图 1-14 三种体系结构的对比

不同开放系统对等层之间的虚通信必须遵循相应层的协议,每层的协议由 OSI 基本标准集中的其他国际标准给出。在同一开放系统中,相邻层次间的界面称为**接口**,在接口处由低层向高层提供**服务**。例如,在会话层和表示层的接口处由会话层向表示层提供会话服务,具体每层应向高层提供怎样的服务,也由 OSI 基本标准集中的其他国际标准给出。在相邻层提供服务过程中以及对等层通信过程中,都涉及信息的交换,信息的基本单位在 OSI 中统称为**数据单元**(Data Unit)。虽然 OSI 最终并没有推向市场,但其提出的实体、接口和服务等概念和对等层通信的思想,已被广泛接受和使用。

1.7.4 TCP/IP 参考模型

早在 OSI 诞生之前 TCP/IP 就已经存在了。TCP/IP 体系结构起源于 APARNET,并被 Internet 继承和发展。由于 Internet 的迅猛发展和空前巨大的影响力,目前 TCP/IP 已成为计算机网络**事实上的国际标准**。而真正的国际标准 OSI 参考模型,则成为一纸空文。可以说,OSI 在和 TCP/IP 的市场竞争中已经彻底失败了。

造成 OSI 失败的原因是多方面的。

(1) OSI 的制定者以专家、学者为主，缺乏实际经验，不了解市场。

(2) OSI 实现起来过于复杂，效率很低。

(3) OSI 制定得太晚，当 OSI 制定完成时，其竞争对手已经在大肆占领市场。

(4) OSI 层次划分不太合理，有些层次的功能是重复的。

图 1-14 给出了 TCP/IP 参考模型及与 OSI 参考模型的层次对应关系。可见 TCP/IP 模型只有 4 层，从下到上分别为网络接口层(又称网际接口层，对应 OSI 的物理层和数据链路层)、网际层(又称 IP 层，对应 OSI 的网络层)、传输层(对应 OSI 的传输层)、应用层(对应 OSI 的会话层、表示层和应用层)。

可以看到，TCP/IP 的层次结构大大简化了，而且它的最底层——网际接口层仅仅定义了接口规范，这一层是开放的，或者说空白的。这不但不是缺陷，反而是 TCP/IP 体系结构的主要优势之一，由于开放了网络层接口，任何符合网络层规范的网络都可以接入 TCP/IP 网络实现互联互通。世界上有各种各样的网络，有线的、无线的、高速的、低速的等，它们的物理层和数据链路层规范也千差万别。通过统一的、开放的网络层接口，这些网络能够互相连接，形成一个巨大的**虚拟互联网络**。为什么叫"虚拟"的互联网络呢？因为共同的网络层屏蔽了这些网络下两层(物理层和数据链路层)的差异，让它们互联起来以后，看起来好像是一个平坦的、统一的大网络。

1.7.5　五层的折中模型

本书对网络体系结构的介绍以 TCP/IP 模型为基础，然而由于 TCP/IP 对网络层以下未做定义，为了方便学习，我们再借鉴 OSI 的划分方法，对目前的两大类网络，即有线网和无线网的物理层和数据链路层的主要技术分别进行介绍，由此形成了一个 5 层的折中模型，或者称为**原理体系结构**，如图 1-14 所示。本书后续章节安排均以该 5 层模型为基础，从最底层向上进行逐一介绍。

现简要介绍 5 层模型中各层的主要功能，使读者对各层有一个大致的印象，但这里面的很多术语、概念和理论，需要对后续各章节深入学习后才能够真正体会。

1，物理层(Physical Layer)

物理层位于体系结构的最底层，它完成计算机网络中最基础的任务——**在传输媒体上传输比特流**。**物理层传输数据的单位是比特**，也就是 0 和 1。因此物理层需要考虑的就是如何将 0 和 1 转换为能够在传输媒体上传播的信号，比如采用多大的电压、多高的频率等，以及接收方在接收到信号后，按照什么样的规则再还原成比特。光纤、双绞线、同轴电缆、无线传输等不同的传输媒体的物理特性差异很大，因此物理层的协议也各自不同。

2. 数据链路层(Data Link Layer)

数据链路层也简称为链路层，由主机、路由器和连接它们的链路组成。从源主机发送的目的主机的分组必须在一段一段的链路上传送。**数据链路层的任务就是将分组从链路的一端传送到另一端，或者可称为实现"一跳的传输"。数据链路层的数据单元称为帧**

(Frame)。

每一个帧都由多个比特组成，它包含了用户的数据和一些必要的控制信息，比如时钟同步、差错检验等。差错检验使得链路层具有筛选分组的能力，在传输过程中出错的分组可以被及时丢弃，而不会过多地浪费网络资源。这些功能恰恰是物理层所缺乏的。在物理层和链路层的合作下，分组顺利地从网络中的一个节点(主机或路由器)传输到相邻的另一个节点。

3. 网络层(Network Layer)

网络层为分组交换网中不同的主机之间提供通信服务，也可以称为端到端的服务。在TCP/IP 体系结构中，网络层使用 IP 协议，因此又叫作 IP 层或网际层。在**网络层中传输的数据单元叫作分组，又叫作 IP 数据报或数据报**。

实现网络层功能的关键设备叫作**路由器。路由器有两大功能：路由和转发。**

路由(Route)又叫作路由选择，指的是确定一条明确的，从源站点到目的站点的转发路线。就好比我们出发之前首先观察地图，确定一条到达目的地的最优路线，然后沿着这条路线一步一步地走下去，直至到达目的地。这恰恰是数据链路层不具备的能力。数据链路层在"迈出一步"后(实现一跳的转发)，并不知道第二步应该迈向何方。

转发则是根据确定好的路由，查找路由器的转发表(也叫作路由表)，然后按照转发表中相应的接口将分组转发出去。

4. 传输层(Transport Layer)

传输层的主要任务是为两台主机的进程之间的通信提供端到端的数据传输服务。

计算机通信的本质是进程之间的通信，进程是驻留在计算机内存中的一段程序代码，不同的进程代表着不同的网络应用。当网络层把分组发送到目的主机的时候，它并不知道这个分组应当发给目的主机的哪一个进程，这时候就需要用到传输层了。

传输层通过端口号来区分不同的应用进程。在 TCP/IP 体系结构中，传输层包含两个主要的协议：TCP 和 UDP。

① 传输控制协议(Transmission Control Protocol，TCP)。提供面向连接的、可靠的数据传输服务，TCP 的数据单元叫作**报文段**(Segment)。

② 用户数据报协议(User Datagram Protocol，UDP)。提供无连接的，尽最大努力交付(即不可靠的)数据传输服务，UDP 的数据单元叫作**用户数据报**。

5. 应用层(Application Layer)

应用层位于体系结构的最高层，通过应用进程之间的交互通信来**实现各种网络应用**。不同的网络应用需要不同的应用层协议，因此应用层协议非常多，并且随着新的网络应用的诞生而不断增多。

比较典型的，影响深远的应用层协议有很多，比如支持万维网应用的 HTTP 协议、支持文件传输的 FTP 协议、支持电子邮件的 SMTP 协议等。应用层传输的数据单元叫作**报文**(Message)。

1.8　实体、协议、服务和服务访问点

本节介绍计算机网络体系结构的相关概念和术语，包括协议栈、实体、服务、服务访问点和协议簇等。读者通过对本节的学习，能够对计算机网络的体系结构有一个更加全面、深入和完整的认识。

1.8.1　协议栈和数据的传递过程

当把体系结构的很多个层次画在一起后，它看起来很像一个堆栈(Stack)的结构，因此在很多文献中将这种结构定义为**协议栈**(Protocol Stack)。

我们可以观察一下数据在协议栈中是如何流动的。如图 1-15 所示，有一个分组从发送端主机的应用程序中产生，在它准备发送到接收端的过程中，在本地的协议栈中层层向下传递，每传递一层都要加上一个**首部**(包含了该层协议的控制信息)。当传递到物理层以后，通过传输媒体发送到接收方。接收方收到分组后，层层向上传递，并且每传递一层都要删去该层相对应的首部。直到最高层，接收方的应用程序才收到了还原后的数据。

分组在网络中转发有可能需要路由器的帮助才能到达接收端，由于路由器的任务只是实现路由选择和转发，它并不需要传输层和应用层的功能，因此路由器只有下三层：物理层、数据链路层和网络层。尽管如此，在路由器中数据的流向和在主机端是一模一样的：**接收数据时，从最底层流向最高层，发送数据时，从最高层流向最底层。**

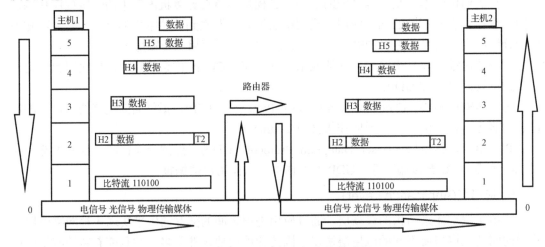

图 1-15　数据在各层之间的传递过程

1.8.2　实体、协议、服务和服务访问点概述

当研究在开放系统中进行交换信息时，发送或接收信息的不管是一个进程、一个文件，还是一个终端，都没有实质上的影响。为此，可以用**实体**这一较为抽象的名词表示**任何可发送或接收信息的硬件或软件进程**。在许多情况下，实体就是一个特定的软件模块。

协议是控制两个对等实体进行通信的规则的集合。协议语法方面的规则定义了所交换信息的格式，而协议语义方面的规则定义了发送者或接收者所要完成的操作，例如，在何种条件下数据必须重发或丢弃。

在协议的控制下，两个对等实体间的通信使得本层能够向上一层提供**服务**，要实现本层协议，还需要使用下面一层所提供的服务。

协议和服务在概念上是不一样的。

协议的实现保证了能够向上一层提供服务，本层的服务用户只能看见服务而无法看见下面的协议，下面的协议对上面的服务用户是透明的。

协议是"水平的"，即协议是控制对等实体之间通信的规则。但**服务是"垂直的"，**即服务是由下层向上层通过层间接口提供的。另外，并非在一个层内完成的全部功能都称为服务，只有那些能够被高一层看得见的功能才能称为服务。上层使用下层所提供的服务必须通过与下层交换一些命令，这些命令在 OSI 中称为服务原语。

在同一系统中，相邻两层的实体进行交互(即交换信息)的地方，通常称为**服务访问点**(Service Access Point，SAP)。服务访问点 SAP 是一个抽象的概念，它实际上就是一个逻辑接口，有些像邮政信箱，但和通常所说的两个设备之间的硬件并行接口或串行接口是很不一样的。OSI 将层与层之间交换的数据的单位称为服务数据单元 SDU(Service Data Unit)，它可以与 PDU 不一样。例如，可以是多个 SDU 合成为一个 PDU，也可以是一个 SDU 划分为几个 PDU。

综上所述，任何相邻两层之间的关系可概括为图 1-16 所示的样子。这里要注意的是，某一层向上一层所提供的服务实际上已包括了在它以下各层所提供的服务。所有这些对上一层来说就相当于一个服务提供者。服务提供者的上一层的实体，也就是"服务用户"，它使用服务提供者所提供的服务。图 1-16 中两个对等实体(服务用户)通过协议进行通信，为的是可以向上提供服务。

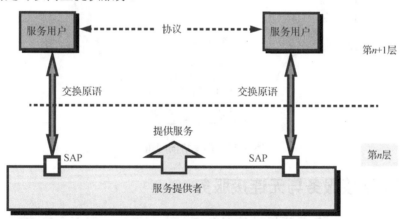

图 1-16 相邻两层之间的关系

计算机网络的协议还有一个很重要的特点，就是协议必须将所有不利的条件事先都估计到，而不能假定将在很顺利的条件下进行通信。例如，两个朋友在电话中约定好，下午 3 时在某公园门口碰头，并且约定"不见不散"。这就是一个很坏的协议，因为任何一方临时有急事来不了而又无法通知对方时(如对方的手机都无法接通)，则按照协议另一方就必须永远等待下去。因此，看一个计算机网络协议是否正确，不仅要看在正常情况下协议是否正确，而且还必须非常仔细地检查这个协议能否应付所有不利情况。

下面是一个有关网络协议的非常著名的例子，如图1-17所示。

占据东、西两个山顶的蓝军1和蓝军2与驻扎在山谷的白军作战。其力量对比是：单独的蓝军1或蓝军2打不过白军，但蓝军1和蓝军2协同作战则可战胜白军；现蓝军1拟于次日正午向白军发起攻击，于是用计算机发送电文给蓝军2，但通信线路很不好，电文出错或丢失的可能性较大(没有电话可使用)，因此要求收到电文的友军必须送回一个确认电文。但此确认电文也可能出错或丢失。试问：能否设计出一种协议使得蓝军1和蓝军2能够实现协同作战而一定(即100%而不是99.999…%)取得胜利呢？

蓝军1先发送："拟于明日正午向白军发起攻击，请协同作战和确认。"

假定蓝军2收到电文后发回了确认。

然而现在蓝军1和蓝军2都不敢下决心进攻，因为，蓝军2不知道此确认电文对方是否正确地收到了。如未正确收到，则蓝军1必定不敢贸然进攻，因为在此情况下，自己单方面发起进攻就肯定要失败。因此，必须等待蓝军1发送"对确认的确认"。

假定蓝军2收到了蓝军1发来的确认，但蓝军1同样关心自己发出的确认是否已被对方正确地收到。因此还要等待蓝军2的"对确认的确认的确认"。

这样无限循环下去，蓝军1和蓝军2都始终无法确定自己最后发出的电文对方是否已经收到。因此，没有一种协议能够使蓝军1和蓝军2能够100%地确定双方将于次日正午发起协同进攻。

从这个例子可以看出，**不可能设计出100%可靠的协议**。

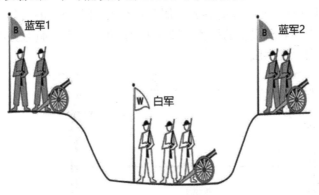

图 1-17 两军协同问题

1.8.3 面向连接服务与无连接服务

从通信的角度看，各层所提供的服务可分为两大类，即面向连接的(Connection-Oriented)与无连接的(Connection Less)。现分别介绍如下。

1. 面向连接服务

所谓连接，就是两个对等实体为进行数据通信而进行的一种结合。

面向连接服务具有连接建立、数据传输和连接释放这三个阶段。面向连接服务，在数据交换之前，必须先建立连接；当数据交换结束后，则必须终止这个连接。数据是按序传送的。面向连接服务比较适合于在一定期间内要向同一目的地发送许多报文的情况。对于发送很短的零星报文，面向连接服务的开销就显得过大了。

2. 无连接服务

在无连接服务的情况下，**两个实体之间的通信不需要先建立好一个连接**，因此其下层的有关资源不需要事先进行预定保留。这些资源将在数据传输时动态地进行分配。

无连接服务的另一特征就是它不需要通信的两个实体同时是活跃的(Active)。当发送端的实体正在进行发送时，它才必须是活跃的。这时接收端的实体并不一定必须是活跃的。只有当接收端的实体正在进行接收时，它才必须是活跃的。

无连接服务的优点是灵活方便和比较迅速，但不能防止报文的丢失、重复或失序。

无连接服务的特点是不需要接收端做任何响应，因而是一种不可靠的服务。这种服务常被称为"尽最大努力交付"(Best Effort Delivery)或"尽力而为"。但这只是换成了一个比较好听的说法。显然，要实现可靠的服务，无连接服务还需要和上层的面向连接服务配合起来使用。

在这里需要明确的就是：**面向连接服务并不等同于"可靠的服务"**。面向连接服务是可靠服务的一个必要条件，但并不充分。面向连接服务还要加上一些措施才能实现可靠的服务。

1.8.4 TCP/IP 协议簇

事实上，TCP/IP 体系结构所包含的远远不止 TCP 和 IP 这两个协议，而是一个能够容纳成百上千个协议的巨大的集合。因此也有人把这种体系结构叫作 **TCP/IP 协议簇**。其命名之所以使用了 TCP 和 IP，主要是因为这两个协议在体系结构中起到了最关键、最核心的作用。

图 1-18 给出了 TCP/IP 协议簇的一种表示方法，它的特点是上下两头大而中间小，上边的应用层和下边的网络接口层都有很多种协议，而中间的 IP 层很小，上层的各种协议都向下汇聚到 IP 协议中，这种像沙漏计时器形状的 TCP/IP 协议簇表明，**TCP/IP 协议可以为各种各样的网络应用提供服务(Everything Over IP)**，而与此同时，**TCP/IP 协议也可以兼容各式各样的网络实现互联互通(IP Over Everything)**。正是因为如此，基于 TCP/IP 体系结构的因特网才能够迅速发展到今天的规模，从中不难看出 IP 协议在因特网中是多么重要。

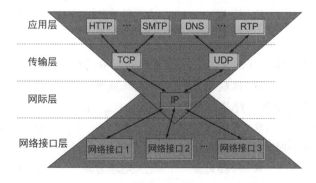

图 1-18 沙漏计时器形状的 TCP/IP 协议簇

习题与思考题一

一、单项选择题

1. 在一座大楼内组建的一个计算机网络系统,属于(   )。

    A. WAN   B. LAN   C. MAN   D. PAN

2. 全球最大的互联网是(   )。

    A. 因特网   B. 局域网   C. ATM 网   D. 交换网

3. 网络中管理计算机通信的规则称为(   )。

    A. 协议   B. 介质   C. 服务   D. 网络操作系统

4. 在 OSI 参考模型中,第 N 层和其上的第 $N+1$ 层的关系是(   )。

    A. 第 $N+1$ 层将为从第 N 层接收的信息增加一个信头

    B. 第 N 层利用第 $N+1$ 层的服务

    C. 第 N 层对第 $N+1$ 层没有任何作用

    D. 第 N 层为第 $N+1$ 层提供服务

5. 开放系统互联参考模型 OSI 中,哪一层的数据单元为帧?(   )

    A. 数据链路层   B. 网络层   C. 传输层   D. 会话层

6. 在 OSI 7 层模型中,网络层的功能是(   )。

    A. 在信道上传送比特流

    B. 确定数据包如何转发与路由

    C. 建立端到端的连接,确保数据的传送正确无误

    D. 保证数据在网络中的传输

7. 网络层的数据传输单元是(   )。

    A. 比特   B. 帧   C. IP 数据报   D. 报文

8. 典型的计算机网络通信类型不包括(   )。

    A. C/S 方式   B. P2P 方式   C. 分层方式   D. 无盘站

9. 单位时间内通过某个网络(或信道、接口)的数据量叫作(   )。

    A. 吞吐量   B. 速率   C. 带宽   D. 利用率

10. 网络协议的三要素不包括(   )。

    A. 语法   B. 语义   C. 同步(时序)   D. 原语

二、多项选择题

1. 从计算机网络的作用范围分类,计算机网络可分为(   )。

    A. 局域网   B. 传输网   C. 城域网   D. 广域网

2. 从网络的使用者分类,计算机网络可以分为(   )。

    A. 公用网   B. 有线网   C. 专用网   D. 无线网

3. 网络中端到端的时延由哪些部分组成?(   )

    A. 发送时延   B. 传播时延   C. 处理时延   D. 排队时延

4. 下面关于体系结构的说法正确的有(   )。

A. 服务是"垂直的"

B. 协议是"水平的"

C. 数据在协议栈中传递时,每向上交付一层,都需要添加该层相应的首部

D. 面向连接的服务总是可靠的

5. TCP/IP 体系结构不包含哪些层次?(　　)

A. 网际接口层　　B. 会话层　　　　C. 表示层　　　　D. 传输层

三、判断题

1. 网络的利用率越高越好。　　　　　　　　　　　　　　　　　　　(　　)

2. 单纯提高链路的带宽一定可以改善网络性能。　　　　　　　　　　(　　)

3. 计算机网络由通信子网和资源子网两部分组成。　　　　　　　　　(　　)

4. 计算机网络使用的通信方式是分组交换。　　　　　　　　　　　　(　　)

5. 面向连接服务具有连接建立、数据传输和连接释放这三个阶段。　　(　　)

第2章 物 理 层

本章主要讲解物理层的基本概念，数据通信的基本知识、基本概念和理论，几种常见的物理层传输介质，几种常见的多路复用技术，以及几种主流的接入网技术。通过本章的学习，应该达到以下学习目标。

● 掌握物理层的基本特性和基本概念。
● 掌握数据通信的理论基础。
● 熟练掌握数字通信系统的基本概念和原理。
● 熟练掌握数字编码技术和数字调制技术，了解脉冲编码调制技术。
● 熟练掌握数据的常见通信方式和交换方式。
● 熟练掌握几种多路复用技术。
● 熟练掌握几种传输介质的特点。
● 了解 xDSL、HFC、光纤接入、无线接入等接入网技术的特点和原理。

2.1 物理层的基本特性

物理层考虑的是怎样才能在连接各种计算机的传输媒体上传输数据比特流，而不是指连接计算机的具体物理设备或具体的传输媒体。现有的计算机网络中的物理设备和传输媒体的种类繁多，而通信手段也有许多不同方式，物理层的作用正是要尽可能地屏蔽掉这些差异，使物理层上面的数据链路层感觉不到这些差异，这样就可以使数据链路层只需要考虑如何完成本层的协议和服务，而不必考虑网络具体的传输媒体是什么。用于物理层的协议也常称为物理层规程(Procedure)，物理层规程也就是物理层协议。

物理层的主要任务描述为确定与传输媒体的接口的一些特性，主要包括如下几种。

(1) **机械特性**。指明接口所用接线器的形状和尺寸、引线数目和排列、固定和锁定装置等。

(2) **电气特性**。指明在接口电缆的各条线上出现的电压的范围。

(3) **功能特性**。指明某条线上出现的某一电平的电压表示何种意义。

(4) **过程特性**。指明对于不同功能的各种可能事件的出现顺序。

物理连接一般采取**串行传输**，即一个一个比特按照时间先后顺序传输，但有时也可以采用多个比特的**并行传输**方式，出于经济上的考虑，远距离传输通常都是串行传输。

具体的物理层协议是相当复杂的，这是因为物理连接的方式很多(例如，可以是点对点的，也可以是点对多点的连接或广播连接)，而传输媒体的种类也非常多(例如，可以是架空明线、双绞线、对称电缆、同轴电缆、光缆以及各种波段的无线信道等)，因此，在学习物理层时，应将重点放在掌握基本概念上。

2.2　数据通信的理论基础

信号是消息(或数据)的一种电磁编码，信号中包含了所要传递的消息，信号按其因变量的取值是否连续，可分为**模拟信号**和**数字信号**，相应地也可将通信分为模拟通信和数字通信。傅立叶已经证明，任何信号(不管是模拟信号还是数字信号)都是由各种不同频率的谐波组成的，任何信号都有相应的带宽，而且任何信道在传输信号时都会对信号产生衰减，因此，**任何信道在传输信号时都存在数据传输率的限制**，这就是 Nyquist(奈奎斯特)定理和 Shannon(香农)定理所要告诉我们的结论。

2.2.1　数字通信系统

1. 数字通信系统的组成

有一些信源的信息本来就是离散的，如电报符号和数据等。所谓离散消息，也称为数字信息，其信息的状态是可数的，不随时间做连续变化，最简单的一种数字信号如图 2-1 所示。

图 2-1　数字信号

数字信息在时间上是不连续的，在幅度上只有两个值，即"1"和"0"。另外，还可把信源的连续信息变为离散信息进行传输，到接收端再把它反向变换成连续信息。对这两种原始信息(无论是离散的还是连续的)进行各种数字处理的通信系统，都称为**数字通信系统**，其构成模型如图 2-2 所示。

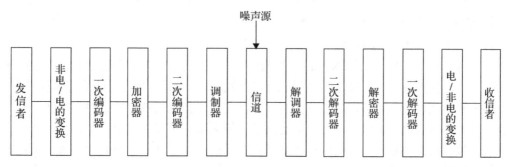

图 2-2　数字通信系统

在该系统中，如果原始消息是模拟的，要进行数字通信则需从左边第一个方框开始；如果原始信号已经是数字信号如数据信号等，则它相当于一次编码器的输出，一次编码器输出的信号在数字系统中称为基带信号。假设发信者发的是语音信号，经过"非电/电"变换器(发话器)变成模拟的电信号，然后经一次编码器，把模拟信号转换为数字信号，这种变换通常称为模拟/数字变换。有时通信需要保密，则上面的数字信号可经过加密器，按照内定的规律加上一些密码，对一次信号进行"扰乱"。有时为了控制由于信道噪声使传输的数字信号造成的差错，可以在数字信号内再附加上一定数量的数字码，形成新的数字信号，使其内部数码间的关系形成一定的规律性，一旦新的数字信号发生差错，接收端就会按照一定的规律自动检查出来或进行自动纠正。这种功能叫作自动差错控制，它由二次编码器(差错控制编码器)完成。为了使这一级输出信号能适应信道传输的要求，有时还需要再加一级调制器，使信号能较好地通过信道到达接收端。接收端的几个方框，其功能是进行与发送端的几个方框一一对应的反向变换。具体的通信系统需要哪些变换器要视具体的应用系统而定。

2. 数字通信的特点

1) 优点

(1) 抗干扰能力强，尤其是数字信号通过中继再生后可消除噪声积累，理论上数字信号可以传送无限远。

(2) 数字通信可以通过差错控制编码，提高通信的可靠性。

(3) 由于数字信号传输一般采用二进制码，使用计算机对数字信号进行处理。数字通信可以完成计算机之间的通信，实现复杂的距离控制，例如由雷达、数字通信、计算机及导弹系统组成的自动化防控系统。

(4) 数字通信系统可以传送各种消息(模拟的和离散的)，使通信系统灵活、通用，因而可以构成信号处理、传送、交换的现代数字通信网。

(5) 数字信号易于加密处理，所以数字通信保密性强。

另外，数字通信系统还具有集成化、体积小、质量轻、可靠性高等优点。

2) 缺点

数字通信较突出的缺点是比模拟通信占用频带宽，如一路模拟电话占 4kHz 带宽，而一路数字电话占 20k～64kHz 的带宽。由于卫星通信和光纤通信的工作频率带宽可达几十兆赫、几百兆赫甚至更高，所以数字通信占用频带宽的矛盾可以得到解决。

3. 数字通信系统的主要技术指标

1) 奈奎斯特(Nyquist)定理

早在 1924 年，奈奎斯特(Nyquist)推导出非理想有限带宽无噪声信道的最大数据传输率的表达式。任意信号通过带宽为 H 的低通滤波器时，如果对被通过的信号每秒采样 $2H$ 次，将采样值经过量化、编码然后变为矩形脉冲传送，接收端依据接收的采样脉冲的编码值就可完整地重现这个滤波的信号，取更高的采样频率对恢复原波形已无意义，因为信号的高频分量已被滤波器滤掉，无法再恢复了。如果被传信号电平分为 V 级，奈奎斯特定理限定的最高数据率 R_b 为：

$$R_b = 2H\log_2 V \text{(bps)} \tag{2-1}$$

这个定理为估算已知带宽的信道最高速率提供了依据。虽然实际传送数据的速率远达不到这个极限值。

奈奎斯特定理的另一种表述方式为：

$$\text{理想的低通信道最高码元传输率} = 2W \text{Baud} \tag{2-2}$$

理想的带通信道最高码元传输率=WBaud　　　　　　　(2-3)

理想的低通信道是指信号的所有低频分量，只要其频率不超过某个上限值，都能够不失真地通过此信道，而频率超过该上限值的所有高频分量都不能通过该信道。理想的带通信道是指，频率在下限 f_1 和上限 f_2 之间的频率分量能够不失真地通过该信道，而不在此范围内的所有频率分量都不能通过该信道。在公式中，W 表示信道带宽，单位为赫兹(Hz)，Baud 表示**波特**，是码元的传输速率单位，表示 1s 内传送了多少个码元。

2)　香农(Shannon)定理

实际的信道总是有噪声的，噪声影响信号的正常传送。相对于信号大小的噪声大小，经常用信噪比来度量。用 S 表示信号功率，N 表示噪声功率，则**信噪比**为 S/N。信噪比常用 dB 表示，即 $10\lg S/N$，若 $S/N=10$，则 S/N 为 10dB；若 $S/N=100$，则 S/N 为 20dB。1984 年，香农关于有噪声信道的主要结论是，带宽为 H，信噪比为 S/N 的信道，其最大数据传输率为 R_b：

$$R_b=H\log_2(1+S/N)(\text{bps})$$

例如，信道带宽 H 为 3000Hz，信噪比为 30dB，即 S/N 为 1000，则极限数据率 R_b 约为 3000bps。**香农定理为我们提供了估计有噪声信道的最高极限速率的依据。**

3)　码元传输速率 R_B

码元传输速率 R_B 又称**波特率**，是单位时间(每秒)内传送码元的数目，单位为"波特"(Baud)。注意波特与比特不是一回事。

4)　信息传输速率 R_b

信息传输速率 R_b 又称**比特率**，是单位时间(每秒)内传送的信息量，单位为比特/秒(bit/s)。

码元传输速率 R_B 和信息传输速率 R_b 统称为系统的传输速率。在二进制码元的传输中，每个码元代表一个比特的信息量，所以码元传输速率 R_B 和信息传输速率 R_b 在数值上是相等的，即 $R_B=R_b$，只是单位不同。而在多进制脉冲传输中，码元传输速率 R_B 和信息传输速率 R_b 不相等。如在 M 进制中，每个码元脉冲代表 $\log_2 M$ 个比特的信息量，这时传码率和传信率的关系是：$R_b=R_B\log_2 M(\text{bit/s})$。

例如在 4 进制中($M=4$)，已知码元传输速率 $R_B=1200$，则信息传输速率 $R_b=1200(\text{bit/s})$。

5)　误波率 p_e

误波率指通信过程中系统传错码元的数目与所传输的总码元的数目之比，也就是传错码元的概率，即：

$$P_e=\text{出错码元的数量/传输的码元总数量}　　　　　　(2-4)$$

6)　误码率 p_b

误码率是指传错信息的比特数目与所传输的总信息比特数之比，即：

$$P_b=\text{出错的比特数/传输的总比特数}　　　　　　(2-5)$$

2.2.2　数字编码技术

通常人们将数字数据转换为数字信号的过程称为**编码**(Coding)，而将数字数据转换为模拟信号的过程称为**调制**(Modulation)。我们首先来了解一下主要的编码方式。

1. 二电平码

二电平码是最基本的一种码型，它采用两种不同的电平来分别表示二进制中的"0"和"1"。例如，用恒定的正电平表示"1"，用无电平的状态表示"0"。下面主要介绍非归零电平码(NRZ-L)，它是一种负逻辑的码型。

1) 码型构成

用正电平表示 0，用负电平表示 1。

2) 波形

波形如图 2-3 所示。

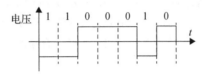

图 2-3　非归零电平码

3) 特点

优点：码型简单，易于实现。

缺点：具有直流成分，不适于使用变压器和交流耦合的情况。在发送连续的 1 比特和 0 比特时难以实现同步。

2. 差分码

差分码是一种以电平跳变来表示数据信息的码型。以差分码传输数据时，在一个比特传输的持续时间内信号电平不会出现跳变，而且这段时间内的电平值与数据无关。这里以非归零反相码(Not Return to Zero-Invert on ones，NRZ-I)为代表介绍差分码。

1) 码型构成

传输一个比特的起始电平发生跳转，这个比特表示二进制的 1；如果此刻电平没有发生跳转，这个比特表示二进制的 0。

2) 波形

波形如图 2-4 所示。

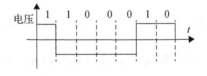

图 2-4　差分非归零反相码

3) 特点

优点：抗干扰能力强，在传输连续的比特 1 时，每个比特开始时刻都将发生电平的转换，此时信号具备了同步信息。

缺点：在传输连续的比特 0 时，依然不具备同步能力。

3. 双极性码

用三种电平(正、负、零)表示二进制数的码型。常用的双极性码有信号交替反转码

(AMI)、8 零替换码(B8ZS)和高密度双极性 3 零码(HDB3)。其中，8 零替换码(B8ZS)和高密度双极性 3 零码(HDB3)均是信号交替反转码(AMI)的变种，主要解决在数据序列中传输连续的比特 0 时，信号的同步问题。

1) 信号交替反转码(AMI)

(1) 码型构成。信号交替反转码用无电压的状态表示二进制的 0，用交替的正、负电平表示 1。

(2) 波形如图 2-5 所示。

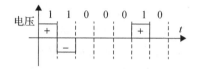

图 2-5 信号交替反转码

(3) 特点。

优点：其所含的直流分量为 0，大部分情况下能取得同步信号。

缺点：在传输连续的比特 0 时，依然不具备同步能力。

2) 双极性 8 零替换码(B8ZS)

8 零替换码是北美地区使用的一种 AMI 的变形码，它可以解决"长 0 串不能同步"的问题。

(1) 替换方法。B8ZS 通过对连续 8 个比特 0 进行替换来实现上述功能，具体的替换方法如图 2-6 所示。两种模式的选择取决于待转换序列的前导比特 1 所采用的极性。

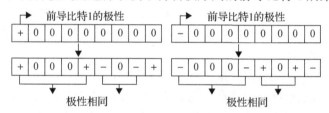

图 2-6 B8ZS 的替换方法

(2) 接收端解码。无论选择哪种模式，替换后的序列中均会出现两次相邻非零电平同极的现象，接收端正是通过检测这个特征来确定被替换序列的位置，以便把它还原成连续的 8 个比特 0。

波形如图 2-7 所示。

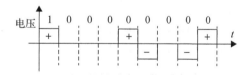

图 2-7 双极性 8 零替换码

3) 高密度双极性 3 零码(HDB3)

HDB3 码也是为了解决"长 0 串不能同步"问题而出现的。在它的码字中最长连续"0"数不超过 3 个。

(1) HDB3 码的编码规则如下。

① 在传输的二进制序列中，当连续 0 码不大于 3 个时，HDB3 码的编码规律与 AMI 码相同，即 1 码变为+1、-1 的交替脉冲，0 码保持不变。

② 当代码序列中出现 4 个连续 0 码或超过 4 个连续 0 码时，把连续 0 码按 4 个 0 分节，并使第 4 个 0 码变为 1 码，用 V 脉冲表示，即将 0000 变为 000V。为了便于识别 V 脉冲，要使 V 脉冲的极性与前一个 1 码脉冲极性相同。由于连续 0 节的这种安排破坏了 AMI 码的极性交替变化规律，故称 V 脉冲为破坏点脉冲，000V 称为破坏节。

③ 为使代码序列不含直流分量，要使相邻破坏点 V 脉冲的极性交替变化。

④ 要使两个相邻的破坏点 V 脉冲之间有奇数个 1 码。如果原序列中两个相邻的破坏点之间 1 码的个数为偶数个，则必须补为奇数，这就要使破坏节中的第一个 0 变为 1 码，并用 B 脉冲表示，破坏节变为 B00V 的形式。B 脉冲的极性要求与前一个 1 脉冲相反，而保持与 V 脉冲极性相同。

例 2.1 将二进制信息 10110000000110000001 编为 HDB3 码。

解： 二进制码：1 0 1 1 0 0 0 0 0 0 0 1 1 0 0　0 0 0 1

HDB3 码①：+10-1+1 0 00V$_{+1}$ 0 0 0-1+1B$_{-1}$ 00 V$_{-1}$ 0+1

HDB3 码②：+10-1+1 B$_{-1}$ 00 V$_{-1}$ 000+1-1 B$_{+1}$ 00 V$_{-1}$ 0-1

上例中，HDB3 码①是指左边一个破坏点到假设破坏点 V$_0$ 脉冲之间有奇数个 1 脉冲的情况。

而 HDB3 码②指左边一个破坏点到假设破坏点 V$_0$ 脉冲之间有偶数个 1 脉冲的情况。所以第②种情况的第一个破坏节用 B$_{-1}$00 V$_{-1}$ 表示。

需要指出的是：B$_{+1}$、B$_{-1}$ 和 V$_{+1}$、V$_{-1}$ 脉冲代表+1、-1 脉冲，其波形是相同的。另外，HDB3 码的波形不是唯一的，它与出现 4 个连续 0 码元前的状态有关。

(2) HDB3 码的特点。

① 正负脉冲平衡，无直流分量，便于直接传输。

② 克服了出现长连续 0 的缺点，也避免了因失去定时信息而造成的问题。

③ HDB3 码具有检错能力，当传输过程出现单个误码时，破坏点序列的极性交替规律将受到破坏。在接收端通过检查相邻的破坏点脉冲的极性是否符合极性交替规律便可进行差错检查，而且检查设备比较简单。正因为如此，HDB3 码在 PCM 基带传输和高次群传输中得到了广泛的应用。

波形如图 2-8 所示。

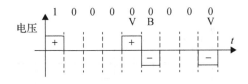

图 2-8　高密度双极性 3 零码

4. 裂相码

裂相码是一种在**比特中点位置上电平跳转为相反极**的码型。常用的两种裂相码是：曼彻斯特码和差分曼彻斯特码。

1) 曼彻斯特码

码型构成：在比特中点位置上电平的跳变既作为数据信息又作为同步信息。在比特中点位置上出现的从负电平到正电平的跳变表示二进制的 1 码，从正电平到负电平的跳变表示二进制的 0 码。

波形如图 2-9 所示。

2) 差分曼彻斯特码

码型构成：以比特中点位置上电平的跳变作为同步信息，以比特开始时刻是否出现电平跳变作为数据信息。如果比特开始时刻出现电平跳变，则该比特表示 0，否则表示 1。

波形如图 2-10 所示。

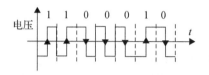 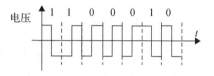

图 2-9　曼彻斯特码波形图　　　　　图 2-10　差分曼彻斯特码波形图

3) 裂相码的特点

裂相码通过位于比特中点电平跳变使数据信号自身夹带了时钟节拍，从而确保收发双方能够同步工作，但传输裂相码时需要更大的带宽。

以太网(Ethernet)中使用了曼彻斯特码、差分曼彻斯特码技术。

5. 多电平码

1) 码型构成

多电平码是一种以 M 个电平状态表示由 n 个比特组成的码元的编码(其中 n 与 M 的关系是 $n=\log_2 M$)。常用多电平码有自然码、格雷码，多电平码所需的 M 个电平是以 0 电平为中心对称等距离设置的。例如，当 $M=4$ 时，多电平码所选用的 4 个电平为 3a、a、-a 和-3a。表 2-1 列出了 4 电平自然码和 4 电平格雷码中电平与码元的对应关系。

表 2-1　$M=4$ 时自然码和格雷码的定义表

自 然 码		格 雷 码	
电　平	码　元	电　平	码　元
-3a	00	-3a	00
-a	01	-a	01
a	10	a	11
3a	11	3a	10

2) 波形图

4 电平自然码波形如图 2-11 所示，4 电平格雷码波形如图 2-12 所示。

3) 特点

优点：提高了传输效率和带宽利用率。

缺点：M 越大抗干扰能力越低，M 一般不超过 16。

通过上面的介绍可知，常用的码型很多，每种码型都各有其特点，在选择码型过程中根据实际情况从差错检测能力、信号的自同步能力、抗干扰能力、实现费用等因素出发进行综合考虑。

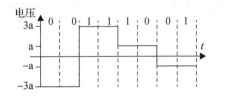

图 2-11　4 电平自然码

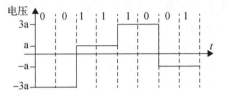

图 2-12　4 电平格雷码

2.2.3　数字调制技术

数据通信中数字信号的传输方式分为基带传输和频带传输。

(1) 基带传输。当二进制编码的 0 和 1 的符号用电脉冲的"正""负"表示时，形成的是基带信号，将基带信号直接在信道上传输的方式称为基带传输方式。

(2) 频带传输。将数字基带信号变换成适合信道传输的数字频带信号，用载波调制方式进行传输，这种传输方式称为频带传输。频带传输系统的基本结构如图 2-13 所示。

图 2-13　频带传输系统的基本结构

数字信号最基本的载波调制有三种方法，即以数字基带信号去控制正弦载波的振幅、频率和相位，实现**幅移键控**(Amplitude-Shift Keying，ASK)、**频移键控**(Frequency-Shift Keying，FSK)、**相移键控**(Phase-Shift Keying，PSK)，三种技术亦可简称为**调幅**、**调频**和**调相**，如图 2-14 所示。

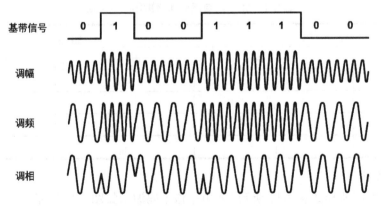

图 2-14　常用的三种数字调制技术

为了达到更高的信息传输速率和抗干扰能力，现实中常常采用更为复杂的混合调制方法。

2.2.4　脉冲编码调制

模拟数据通过数字信道传输有效率高、失真小的优点，而且可以开发新的通信业务，例如，数字电话系统可提供语音信箱的功能。把模拟数据转化成数字信号，要使用一种叫作编码解码器(Codec)的设备。这种设备的作用和调制解调器的作用相反，调制解调器的作用是把数字数据变成模拟信号，经传输到达接收端再解调还原为数字数据。而编码解码器的作用是**把模拟数据(例如，声音、图像等)变换成数字信号，经传输到达接收端再解码还原为模拟数据**。用编码解码器把模拟数据变换为数字信号的过程叫模拟数据的数字化。常用的数字化技术就是所谓的**脉冲编码调制技术 PCM(Pulse Code Modulation)**，简称脉码调制。PCM 的原理如下。

(1) **取样**。每隔一定时间间隔，取模拟信号的当前值作为样本，该样本代表了模拟信号在某一时刻的瞬时值，一系列连续的样本可用来代表模拟信号在某一区间随时间变化的值。以什么样的频率取样，才能得到近似于原信号的样本空间呢？奈奎斯特(Nyquist)取样定理告诉我们：如果取样速率大于模拟信号最高频率的 2 倍，则可以用得到的样本空间恢复原来的模拟信号。即：

$$f_1 = \frac{1}{T_1} > 2 f_{max}$$

其中，f_1 为取样频率，T_1 为取样周期(即两次取样之间的时间间隔)，f_{max} 为信号的最高频率。

(2) **量化**。取样后得到的样本是连续值，这些样本必须量化为离散值，离散值的个数决定了量化的精度。假设把量化的等级分为 16 级，则每个样本都量化为它附近的等级值(见图 2-15)。

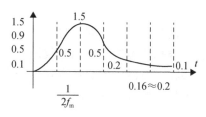

图 2-15　模拟信号采样

(3) **编码**。把量化后的样本值变成相应的二进制代码。按表 2-2 所示的编码方案，得到相应的二进制代码序列，其中每个二进制代码都可用一个脉冲串(4 位)来表示，这 4 位一组的脉冲序列就代表了经 PCM 编码的原模拟信号。

由上述脉码调制的原理看出，取样的速率是由模拟信号的最高频率决定的，而量化级的多少则决定了取样的精度。在实际使用中，我们希望取样的速率不要太高，以免 Codec 的工作频率太快。我们也希望量化的等级不要太多，能满足需要就行了，以免得到的数据量太大。所以这些参数都取下限值。例如，对声音数字化时，由于语音的最高频率是4kHz，所以取样速率是 8kHz，对话音样本的量化则用 128 个等级，因而每个样本用 7 位二进制数字表示，在数字信道上传输这种数字化语音的速率是 7×8000=56kb/s。如果对电视信号数字化，由于视频信号的带宽更大(46MHz)，取样速率就要求更高。假如量化等级更多的话(例如10级)，对数据速率的要求也就更高了。

表2-2 脉冲编码

采样等级	等效的二进制数
0	0000
1	0001
2	0010
3	0011
4	0100
5	0101
6	0110
7	0111
8	1000
9	1001
10	1010
11	1011
12	1100
13	1101
14	1110
15	1111

2.3 通信方式与交换方式

对于点对点之间的通信，按消息传送的方向与时间关系，通信方式可分为单工通信、半双工通信及全双工通信三种。根据传输数字数据时收发双方是否保持时钟同步，可以将传输方式分为同步传输和异步传输。按网络的交换方式可分为电路交换、报文交换、分组交换。本节主要对这些通信方式和交换方式进行简要介绍。

2.3.1 单工、半双工和全双工通信

串行通信中，数据通常在两个站(如终端和微机)之间进行传送，按照同一时刻数据流的方向可分成三种基本传送模式，即全双工、半双工和单工传送，如图2-16所示。

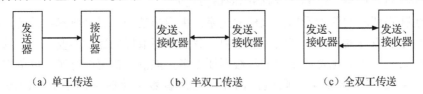

图2-16 三种传送方式

1. 单工通信

当数据的发送和接收方向固定时，采用单工传送方式，即发送方只管发送，接收方只管接收，如图 2-16(a)所示，数据从发送器传送到接收器，为单方向传送。

2. 半双工通信

当使用同一根传输线既作输入又作输出时，虽然数据可以在两个方向上传送，但通信双方不能同时收发数据，这样的传送方式就是半双工方式，如图 2-16(b)所示。采用半双工时，通信系统每一端的发送器和接收器，通过收/发开关接到通信线上，进行方向的切换，因此，会产生时间延迟。收/发开关实际上是由软件控制的电子开关。

3. 全双工通信

当数据的发送和接收分流，分别由两根不同的传输线传输时，通信双方都能同时进行发送和接收操作，此传送方式就是全双工模式，如图 2-16(c)所示。在全双工方式下，通信系统的每一端都设置了发送器和接收器，因此，能控制数据同时在两个方向上传送，即向对方发送数据的同时，可以接收对方送来的数据。全双工方式无须进行方向的切换，因此，这对那些不能有时间延误的交互式应用(例如远程监测和控制系统)十分有利。

2.3.2 异步传输和同步传输

1. 异步传输方式

异步传输方式中，每个字符由 4 个部分组成：起始位(占 1 位)、数据位(占 5~8 位)、奇偶校验位(占 1 位，也可以没有校检位)、停止位(占 1 位或 1 位半或 2 位)，每传送一个字符都是以起始位开始，以停止位结束，字符之间没有固定的时间间隔要求。一帧数据的格式如图 2-17 所示。

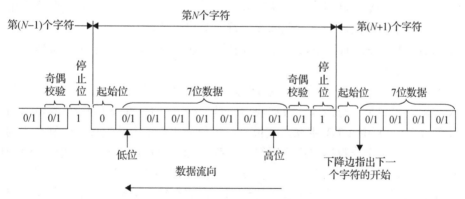

图 2-17 异步传输数据帧的格式

传送时，数据的低位在前，高位在后。比如要传送一个字符"C"，C 的 ASCII 码为 43H(1000011)，要求一位停止位，采用偶校验，数据有效位 7 位，则一帧信息为：0110000111。

由上述工作过程可以看到，**异步通信是按字符传输的，每传送一个字符时用起始位来通知收方，以此来重新核对收发双方同步**。若接收设备和发送设备两者的时钟频率略有偏差，也不会因偏差的累积而导致错位，加之字符之间的空闲位也为这种偏差提供一种缓冲，所以异步串行通信的可靠性高。但由于要在每个字符的前后加上起始位和停止位这样一些附加位，降低了传输效率，大约只有 80%。因此，异步通信一般用在数据速率较慢的场合。在高速传送时，一般要采用同步协议。

2. 同步传输方式

在传送数字信号时，接收端必须有与数据位脉冲相同频率的时钟来逐位将数据读入寄存器。这种在接收端使数据位与时钟在频率和相位上保持一致的机制称为同步，实现这种同步的技术称为同步方式。根据在接收端获取同步信号的方法的不同，同步方式分为字符同步方式和位同步方式，也称异步传输方式和同步传输方式。

同步通信不像异步通信那样一次传送一个字符，而是**一次传送一个字符块**(如 200 个字符)，当然这个数据块的前后也有同步字符和数据校验字符。这种通信方式**要求发送和接收设备要保持完全的时钟同步，因此硬件复杂**。

1) 面向字符的同步协议

面向字符的同步协议一次传送由若干个字符组成的数据块，而不是每次只传送一个字符，并规定了数据块的开头与结束标志以及整个传输过程的控制信息，它们也叫作通信控制字。由于被传送的数据块由字符组成，故被称作面向字符的协议。协议的一帧数据格式如图 2-18 所示。

SYN	SYN	SOH	标　题	STX	数据块	ETB/EXT	块校验

图 2-18　面向字符同步协议的帧格式

面向字符同步协议每一个帧的开始处都加有同步字符 SYN，加一个 SYN 同步字符的称单同步，加两个 SYN 同步字符的称双同步。设置同步字符的目的是起联络作用，传送数据时，接收端不断检测，一旦出现同步字符，就知道是新的一帧开始了。

SOH(Start OF Header)是序始字符，它表示标题的开始，标题中包括源地址、目标地址和路由指示等信息。

STX(Start Of Text)是文始字符，它标志着传送正文(数据块)的开始。数据块就是被传送的正文内容，由多个字符组成。数据块后面是组终字符 ETB(End of Transmission Block)或文终字符 EXT，其中 ETB 用在正文很长，需要分成若干个数据块，分别在不同帧中发送的场合，这时在每个分数据块后面用组终字符 ETB，而在最后一个分数据块后面用文终字符 ETX。一帧的最后是校验码，它对从 SOH 开始直到 ETX(或 ETB)的字段进行校验。

面向字符的同步协议不像异步起止协议那样，需在每个字符前后附加起始和停止位，因此，传输效率大大提高了。同时，由于采用了一些传输控制字，增强了通信控制能力和校验功能。

2) 面向比特的同步协议

面向比特的协议特点是所传输的一帧数据可以是任意位，而不再是字符的整数倍，而且它靠约定的位组合模式，而不是靠特定字符来标志帧的开始和结束，故称"面向比特"的协议，其帧格式如图 2-19 所示。

8 位	8 位	8 位	≥0 位	16 位	8 位
01111110	A	C	I	FC	01111110
开始标志	地址场	控制场	信息场	校验场	结束标志

图 2-19　面向比特同步协议的帧格式

其中，标志字符表示每一帧的边界，以此建立帧同步。地址场用来规定与之通信的次站的地址。控制场可规定若干个命令。跟在控制场之后的是信息场，它包含要传送的数据，并不是每一帧都必须有信息场，即数据场可以为 0，当它为 0 时，则这一帧主要是传输控制命令。紧跟在信息场之后的是两字节的帧校验场，用来检验一个帧是否出错。

2.3.3　交换方式

一个通信网络由许多交换节点互联而成。信息在这样的网络中传输，就像火车在铁路网络中运行一样，经过一系列交换节点(车站)，从一条线路换到另一条线路，最后才能到达目的地。交换节点转发信息的方式就是所谓的交换方式，线路交换、报文交换和分组交换是三种最基本的交换方式。

1. 线路交换(或称电路交换)

线路交换方式把发送方和接收方用一系列链路直接联通。电话交换系统就是采用这种交换方式，当交换机收到一个呼叫后，就在网络中寻找一条临时通路供两端的用户通话。这条临时通路可能要经过若干个交换局的转换，并且一旦建立，就成为这一对用户之间的临时专用通路，别的用户不能打断，直到通话结束才拆除连接。

电路交换的特点是建立连接需要等待较长的时间，由于连接建立后通路是专用的，因而不会有别的用户干扰，不再有传输延迟，这种交换方式适合于传输大量的数据，传输少量信息时效率不高。

2. 报文交换

这种方式不要求在两个通信节点之间建立专用通路。当一个节点发送信息时，它把要发送的信息组织成一个数据包——报文，该数据包中某个约定的位置含有目标节点的地址。完整的报文在网络中一站一站地传送，每一个节点接收整个报文，检查目标节点地址，然后根据网络中的交通情况在适当的时候转发到下一个节点。经过多次的存储—转发，最后到达目标节点，因而这样的网络叫存储—转发网络。其中的交换节点要有足够大的存储空间(一般是磁盘)，用以缓冲收到的长报文。交换节点对各个方向上收到的报文进行排队，寻找下一个转发结点，然后转发出去，这些都带来了传输时间上的延迟。报文交换的优点是不建立专用链路，线路利用率较高，这是由通信中的传输时延换来的。电子邮件系统(E-mail)适合采用报文交换方式(因为传统的邮政本来就是这种交换方式)。

3. 分组交换

按照这种交换方式，数据包有固定的长度，因而交换节点只要在内存中开辟一个小的缓冲区就可以了。进行分组交换时，发节点先要对传送的信息分组，对各个分组编号，加上源和宿地址以及约定的头和尾信息。这个过程也叫信息的打包。一次通信中的所有分组在网络中传播又有两种方式，**数据报**(Datagram)和**虚电路**(Virtual Circuit)。下面分别叙述。

(1) 数据报。类似于报文交换,每个分组在网络中的传播路径完全是由网络当时的状况随机决定的,因为每个分组都有完整的地址信息,所以都可以到达目的地(如果不出意外的话)。但是到达目的地的顺序可能和发送的顺序不一致。有些早发的分组可能在中间某段交通拥挤的线路上耽搁了,比后发的分组到得迟,目标主机必须对收到的分组重新排序才能恢复原来的信息。一般来说发送端要有一个设备对信息进行分组和编号,接收端也要有一个设备对收到的分组拆去头尾,重新排序,因此,通信双方必须各有一个具有分组拆装功能的设备。

(2) 虚电路。类似于电路交换,这种方式要求在发送端和接收端之间建立一个所谓的逻辑连接。在会话开始时,发送端先发送一个要求建立连接的请求消息,这个请求消息在网络中传播,途中的各个交换节点根据当时的交通状况决定取哪条线路来响应这一请求,最后到达目的端。如果目的端给予肯定回答,则逻辑连接就建立了,以后由发送端发出的一系列分组都走这同一条通路,直到会话结束,拆除连接。**和线路交换不同的是,逻辑连接的建立并不意味着别的通信不能使用这条线路。它仍然具有线路共享的优点。**

按虚电路方式通信,接收方要对正确收到的分组给予回答确认,通信双方要进行流量控制和差错控制,以保证数据按顺序正确接收,所以虚电路意味着可靠的通信。当然它涉及更多的技术,需要更大的开销,这就是说,它没有数据报那么灵活,效率不如数据报方式那么高。

虚电路可以是暂时的,即会话开始建立,会话结束拆除,这叫作虚呼叫;也可以是永久的,即通信双方开机后就自动建立,直到一方(或同时)关机才拆除,这叫作永久虚电路。虚电路适合于交互式通信,这是它从线路交换那里继承来的。数据报方式更适合于单向地传送信息。

对于分组交换来说,采用固定的、短的分组相对于报文交换是一个重要的优点。分组交换除了交换节点的存储缓冲区可以小一些外,也带来了传播时延的减小。从图 2-20 可以看出这三种交换方式的不同之处。分组交换也意味着按分组纠错,发现错误只需重发出错的分组,使通信效率提高。广域网络一般采用分组交换方式,按交换的分组数收费(而不像电话网那样按通话时间收费,这当然更合理),而且同时提供数据报和虚电路两种服务,用户可根据需要选用。

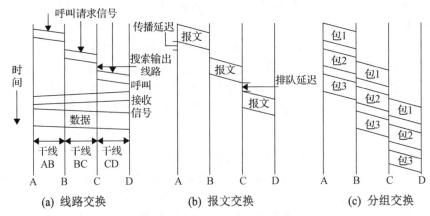

图 2-20 三种交换方式

2.4　多路复用技术

多路复用技术主要解决的是在两地之间同时传送多路信号的问题，最简单的办法是：使用多条线路，在每一条线路上传送一路信号。但这个方法成本太高，在现实中是不可行的。

由于传输介质的带宽与一路信号所用的带宽相比，传输介质的带宽很宽，那么，传输介质的能力远远超过传输单一信号的能力。多路复用就是在一条线路上同时携带多个信号来高效地使用传输介质。换句话说，**多路复用**就是一种将一些彼此无关的低速信号按照一定的方法和规则合并成一路复用信号，并在一条公用信道上进行数据传输，到达接收端后再进行分离的方法。

因此，实现多路复用需要两个设备：**复用器**和**解复用器(分用器)**，如图 2-21 所示。

复用器在发送端，将 n 个输入信号组合成一个单独的传输流。解复用器在接收端，传输流被解复用器接收，并分解成原来的几个独立数据流，并导向所期望的接收设备。

图 2-21　多路复用原理

一条被复用的物理链路称为通路。而通道是指通路中完成一路信号传输的单位，也称**信道**。信道的概念是虚拟的，一条通路可以包含多条信道。

2.4.1　频分复用

频分复用(Frequency Division Multiplexing，FDM)是将线路的频带资源划分成多个子频带，形成多个子信道，复用器将每一路信号调制到不同频率的载波上，接收端由相应的分用器通过滤波将各路信号分开，将合成的复用信号恢复为原始的多路信号。当传输介质的带宽大于要传输的所有信号的带宽之和时，就可以使用 FDM 技术。

FDM 处理过程如图 2-22 所示。

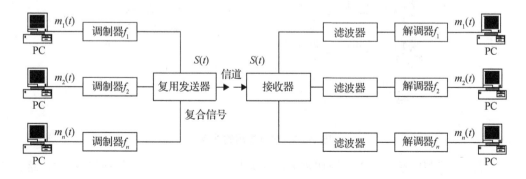

图 2-22　频分复用原理

在复用器中,这些相似的信号被调制到不同的载波频率(f_1,f_2,$\cdots$,f_n)上,将调制后的信号合成为一个复用信号,并通过宽频带的传输媒介传送出去。通道之间要有相应的保护频带,所以调制后的复用信号带宽要大于每个输入信号带宽的 n 倍。

解复用器采用滤波器将复合信号分解成各个独立信号,然后每个信号再被送往解调器,将它们与载波信号分离,最后将传输信号送给接收方处理。

2.4.2 时分复用

时分复用(Time Division Multiplexing,TDM)在传送信号时,将通信时间分成一定长度的帧,每一帧又分成若干时间片,每个时间片被分配来传输一条特定输入线路的数据,如果所有设备以相同的速率发送数据,每个设备就在每帧内获得一个时间片,一帧正是由时间片的完整循环组成的,如图 2-23 所示。

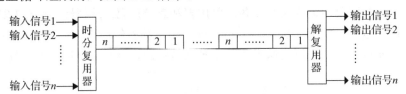

图 2-23 时分复用帧的传输

在 TDM 中,每一帧内时间片的顺序是固定的,每个时间片的长度也是相等的,这样可以保证**所有的用户公平地使用线路资源,实现"平均分配"**。

由于每一帧内时间片的顺序是固定的,所以 TDM 帧不需要地址信息。

在每一帧的开始附加一个或多个同步比特,以便于解复用器根据复用信息进行同步,从而正确地分离各时间片。

2.4.3 统计时分复用

时分复用存在的主要问题是,计算机网络的通信往往是突发性的,难以预见的,固定分配时隙会浪费系统资源。如图 2-24 所示,很多用户在分配给他的时隙内可能并无数据要发送。

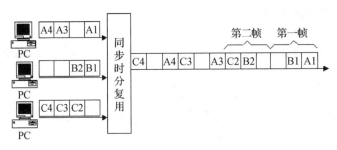

图 2-24 时分复用的缺点

为提高时隙利用率,可以采用按需分配时隙技术,即动态分配所需时隙技术,这种技术称为**统计时分复用**(Statistic TDM,STDM),如图 2-25 所示。

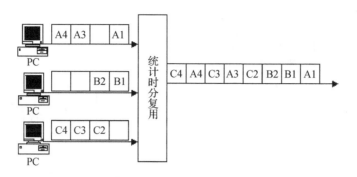

图 2-25 统计时分复用

复用器扫描各个输入信号，只要有数据传送就分配时间片，没有数据传送则继续扫描下一条线路而不分配时间片，循环往复，直到扫描完所有的输入线路。STDM 帧的时隙数 k，通常小于各条低速线路的总和 n，STDM 利用同样速率的数据链路，比 TDM 可复接更多的低速线路。STDM 帧的长度可以不固定，同时时间片的位置也不是固定不变的，接收端要正确分离各路数据，就必须使每一路时隙带有地址信息，这就为 STDM 增加了额外开销。

在 TDM 中，为了使不同用户在正确的时间内使用属于自己的时隙，所有用户的时钟必须保持同步，因此 TDM 又被称为**同步时分复用**。而统计时分复用则无此必要，因此 STDM 也被称为**异步时分复用**。

2.4.4 波分复用

波分复用(Wavelength Division Multiplexing，WDM)就是光的频分复用。波分复用将两种或多种不同波长的光载波信号在发送端经复用器(也叫合波器)汇合在一起，并耦合到光线路的同一根光纤中进行传输的技术；在接收端，经解复用器(也叫分波器)将各种波长的光载波分离，然后由光接收机做进一步处理以恢复原信号。

根据光纤通信系统设计的不同，每个波长之间的间隔宽度也有不同。按照通道间隔的不同，WDM 可以分为**密集波分复用**(Dense WDM，DWDM)和**稀疏波分复用**(Coarse WDM，CWDM)。CWDM 的信道间隔为 20nm，而 DWDM 的信道间隔从 0.2～1.2nm 不等，可见，在同样的通路中 DWDM 的信道数量远大于 CWDM，因此 DWDM 的带宽也远大于 CWDM，但 CWDM 的优势在于实现简单、成本很低。

图 2-26 所示的是波分复用的一个例子，8 路传输速率均为 2.5Gb/s 的光载波(其波长均为 1310nm)经光的调制后，分别将波长变换到 1550～1557nm，每个光载波相隔 1nm。这 8 个波长很接近的光载波经过光复用器(波分复用的复用器又称为合波器)后，就在一根光纤中传输。因此，一根光纤上数据传输的总速率就达到了 8×2.5Gb/s=20Gb/s。

但光信号传输了一段距离后就会衰减，因此必须对衰减了的光信号进行放大才能继续传输。现在已经有了很好的**掺铒光纤放大器** (Erbium Doped Fiber Amplifier，EDFA)，它不需要进行光电转换而直接对光信号进行放大。两个光纤放大器之间的光缆线路长度可达 120km，而光复用器和光分用器之间的无光电转换的距离可达 600km。

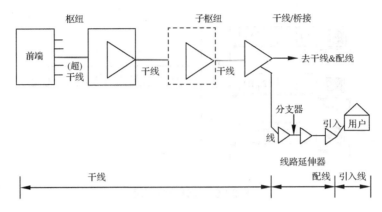

图 2-26 波分复用的原理

在地下铺设光缆是耗资很大的人工工程，因此现在人们总是在一根光缆中放入尽可能多的光纤，然后对每一根光纤再使用密集波分复用技术。目前，一根光缆的总数据率已经达到 Tb/s 的级别(1Tb/s=1000Gb/s=10^{12} b/s)。

2.4.5 码分复用

码分复用(Code Division Multiplexing，CDM)有时也被称为码分多址(Code Division Multiple Access，CDMA)，该系统为每个用户分配了各自特定的地址码(也可以称为码片)，利用公共信道来传输信息。CDMA 系统的地址码相互具有准正交性以区别地址，而在频率、时间和空间上都可能重叠。也就是说，每一个用户有自己的地址码，用于区分每一个用户，地址码彼此之间是互相独立的，也就是互相不影响的，但是由于技术等种种原因，采用的地址码不可能做到完全正交，即完全独立而相互不影响，所以称为准正交。由于有地址码区分用户，所以对频率、时间和空间没有限制，在这些方面它们可以重叠。系统的接收端必须有完全一致的本地地址码，用来对接收的信号进行相关检测。其他使用不同码型的信号，因为和接收机本地产生的码型不同，而不能被解调，它们的存在类似于在信道中引入了噪声或干扰，通常称为多址干扰。

各用户使用经过特殊挑选的不同码型，因此彼此不会造成干扰。这种系统发送的信号有很强的抗干扰能力，其频谱类似于白噪声，不易被敌方发现。

每一个比特时间划分为 m 个短的间隔，称为码片(Chip)。每个站被指派一个唯一的 m bit 码片序列。**如发送比特 1，则发送自己的 m bit 码片序列。如发送比特 0，则发送该码片序列的二进制反码。**

例如，S 站的 8bit 码片序列是 00011011，在使用**向量表示**时，用+1 代表比特 1，用-1 代表比特 0，则 S 站的码片序列的向量表示为(-1 -1 -1 +1 +1 -1 +1 +1)。S 站点发送比特 1 时，就发送序列 00011011，发送比特 0 时，就发送序列 11100100。

每个站分配的码片序列不仅必须各不相同，并且还必须互相**正交**(Orthogonal)。在实用的系统中是使用伪随机码序列。

用数学公式可以很清楚地表示码片序列的这种正交关系。令向量 S 表示 S 站的码片向量，令 T 表示其他任何站的码片向量，**两个不同站的码片序列正交，则其向量的规格化内积为 0**：

$$S \cdot T \equiv \frac{1}{m} \sum_{i=1}^{m} S_i T_i = 0 \tag{2-6}$$

由此也可以得到一个简单的推论，**如果向量 S 和 T 正交，则 S 和 T 的反码也正交，**证明从略。

例如，令向量 S 为(-1 -1 -1 +1 +1 -1 +1 +1)，向量 T 为(-1 -1 +1 -1 +1 +1 +1 -1)。把向量 S 和 T 的各分量值代入式(2-6)就可看出这两个码片序列是正交的。

通过正交关系可以得到两个相应的推论。

推论 1：任何一个码片向量和该码片向量自己的规格化内积都是 1，如式(2-7)所示。

$$S \cdot S = \frac{1}{m} \sum_{i=1}^{m} S_i S_i = \frac{1}{m} \sum_{i=1}^{m} S_i^2 = \frac{1}{m} \sum_{i=1}^{m} (\pm 1)^2 = 1 \tag{2-7}$$

推论 2：任何一个码片向量和该码片反码的向量的规格化内积值是 -1。

在 CDM 系统中，所有的用户都使用相同的频率发送信号，因此多路信号满足**线性叠加**的关系，如图 2-27 所示。为了满足信号的线性叠加，还有一个必要的保证条件，那就是所有的用户必须在同一时刻进行发送，也就是需要保证所有用户的发送是**同步**的。这种同步使用**全球定位系统**(Global Position System，GPS)等技术很容易实现。

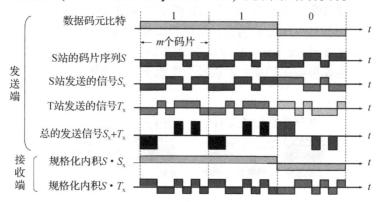

图 2-27　CDMA 的工作原理

那么接收站点是如何接收到发送方消息的呢？我们来看一个例子，假设有三个用户 A、B、C，它们的码片序列分别为 S_A、 S_B 和 S_C，它们在同一时刻发送了各自的信号(假设发送了一个比特)，由于不知道这些用户发送的到底是 0 还是 1，或者不知道他们发送的是各自的码片还是反码，所以将这些用户发送的信号暂时定义为 S'_A、S'_B 和 S'_C，则最后信道上的叠加信号为： $S = S'_A + S'_B + S'_C$。

某一个站点 M 收到了信道上的叠加信号 S，**如果该站点希望知道用户 A 发送了什么，它只需要用叠加信号与 A 的码片做内积运算。**

$$S \cdot S_A = (S'_A + S'_B + S'_C) \cdot S_A = S'_A \cdot S_A + S'_B \cdot S_A + S'_C \cdot S_A = S'_A \cdot S_A$$

综上有关正交的性质和推论可以得出，用一个比特时间的叠加信号与 A 的码片做内积运算后得到的结果如果是 1，则 A 站点发送了比特 1(即 $S'_A = S_A$)；如果运算结果为-1，则 A 站点发送了比特 0(即 $S'_A = S_A$ 的反码)；如果运算结果为 0，则 A 站点什么也没有发送。

2.5　物理层的传输媒体

传输介质是网络中连接收发双方的物理通道，也是通信中实际传送信息的载体。网络中常用的传输介质分为有线传输介质和无线传输介质，也称为**导引型传输媒体**和非**导引型传输媒体**。

导引型传输媒体主要有三种，双绞线、同轴电缆和光纤。而非导引型传输媒体就是指自由空间，在自由空间中的电磁波的传输，也被称为无线传输。

2.5.1　导引型传输媒体

1. 双绞线

1)　物理特性

双绞线由按规则螺旋结构排列的 2 根、4 根、8 根绝缘导线组成。一对线可以作为一条通信线路，**各个线对螺旋排列的目的是使各线对之间的电磁干扰最小。**

在局域网中使用的双绞线分为两类：**屏蔽双绞线**(Shielded Twisted Pair，STP)和**非屏蔽双绞线**(Unshielded Twisted Pair，UTP)，如图 2-28 所示。屏蔽双绞线在双绞线和外层保护套之间增加一层金属屏蔽保护膜，用以减少电磁干扰，传输速率在 1M～155M 之间，一般为 16M。

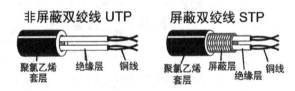

图 2-28　非屏蔽双绞线和屏蔽双绞线

2)　传输特性

局域网中常用的双绞线根据传输特性可以分为 5 类，在典型的以太网中，常用第 3 类、第 4 类、第 5 类、超 5 类非屏蔽双绞线，简称 3 类线、4 类线、5 类线、超 5 类线。

其中，3 类线：带宽为 16MHz，适用于语音及 10Mbps 以下的数据传输。

4 类线：20M 的带宽，16M 的速率，适用于语音传输。

5 类线：带宽为 100MHz，适用于语音及 100Mbps 的高速数据传输，甚至可以支持 155Mbps 的 ATM 数据传输。

超 5 类线：100M 的带宽，100M 的速率，与 5 类相比衰减小，抗干扰能力强。

3)　其他特点

双绞线可以用于点对点连接、多点连接，用于远程中继线时最大距离可达 15km，用于 10Mbps 局域网时，与集线器的距离最大为 100m。双绞线的抗干扰能力取决于一束线中相邻线对的扭曲长度及适当的屏蔽。双绞线的价格低于其他传输介质，安装、维护方便。

50

一般来说，双绞线电缆中的 8 根线是成对使用的，而且每一对都相互绞合在一起。双绞线的这 8 根线的引脚定义如表 2-3 所示。

表 2-3 双绞线的引脚定义

线路线号	1	2	3	4	5	6	7	8
线路色标	白橙	橙	白绿	蓝	白蓝	绿	白褐	褐
引脚定义	Tx^+	Tx^-	Rx^+			Rx^-		

在局域网中，双绞线主要是用来连接计算机网卡到集线器，或实现集线器之间级联口的级联，有时也可直接用于两个网卡之间的连接，或不通过集线器级联口之间的级联，但它们的接线方式各有不同，如图 2-29、图 2-30 所示。

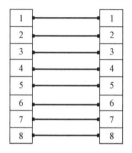 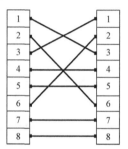

图 2-29 常规双绞线接法　　图 2-30 错线双绞线接法

2. 同轴电缆

同轴电缆由内导体(铜质芯线)、绝缘层、外导体(网状物)、保护套 4 层组成，如图 2-31 所示。同轴介质的特性参数由内、外导体及绝缘层的电参数及机械尺寸决定。

绝缘保护套层　外导体屏蔽层　绝缘层　内导体

图 2-31 同轴电缆

根据同轴电缆带宽的不同，它可以分为两类：**基带同轴电缆**和**宽带同轴电缆**。

基带同轴电缆特性阻抗为 50Ω，一般仅用于传送数字信号，速率为 10Mb/s。

宽带同轴电缆特性阻抗为 75Ω，可以使用 FDM 技术，将一条宽带同轴电缆的频带划分成多条通信信道，使用各种调制方式，支持多路传输模拟信号。在 CATV 中，频率为 500MHz，采用 FDM，每个频道 6MHz，可传输 80 个频道的电视节目。

同轴电缆既支持点对点连接，也支持多点连接。基带同轴电缆可支持数百台设备的连接，而宽带同轴电缆可支持数千台设备的连接。基带同轴电缆使用的最大距离限制在几千米范围内，而宽带同轴电缆最大距离可达几十千米左右。同轴电缆的结构使得它的抗干扰能力较强。同轴电缆的造价介于双绞线与光纤之间，使用与维护方便，目前主要用于有线电视网的居民小区中。

3. 光纤

光纤电缆简称为光缆，是网络传输介质中性能最好、应用前途最广泛的一种。

光纤是一种直径为 50μm～100μm，柔软、能传导光波的介质，多种玻璃和塑料可以用来制造光纤，其中使用超高纯度石英玻璃纤维制作的光纤可以得到最低的传输损耗。在折射率较高的单根光纤外面，用折射率较低的包层将其包裹起来，就可以构成一条光纤通道；多条光纤组成一条光缆。

光纤的分类：可以分为**多模光纤**和**单模光纤**两类，如图 2-32 所示。

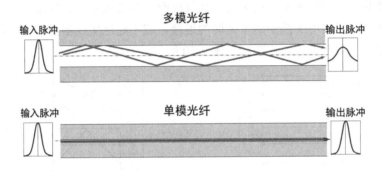

图 2-32　单模光纤和多模光纤

(1) 多模光纤。只要射到纤芯表面的光线的入射角大于某一临界角度，就可产生全反射，因此，存在许多条不同角度入射的光线在一条光纤中传输，这种光纤称为多模光纤。多模光纤在传输过程中会造成失真，适合近距离传输。

(2) 单模光纤。若光纤的直径减小到只有一个波长，则光纤就像一根波导一样，一直向前传播，而不会产生反射。这样的光纤为单模光纤。

单模光纤制造成本高，光源为半导体激光器，但单模光纤的衰减较小，在 2.5Gb/s 的高速率下可传输数十千米而不必采用中继器。

光导纤维通过内部的全反射来传输一束经过编码的光信号。发送端主要采用两种光源：发光二极管 LED(Light-Emitting Diode)与注入型激光二极管 ILD(Injection Laser Diode)。在接收端，光信号被转换成电信号时，要使用光电二极管 PIN 检波器或 APD 检波器。光载波采用振幅键控 ASK 调制方法即亮度调制。光纤传输速率达到几千兆 bps，带宽 10^{14}～10^{15}Hz，最佳传输波长为 850、1300、1500nm。

光纤最普遍的连接方式是点对点连接，一般 6～8 km 实现高速无中继传输。光纤的误码率非常低，在贝尔实验室的测试中，数据传输速率为 420Mb/s 且在 119km 无中继时，其误码率为 10^{-8}，此外，光纤的抗干扰能力强、衰减小、安全性保密性好。

2.5.2　非导引型传输媒体

电信领域使用的电磁波频谱如图 2-33 所示。因篇幅所限，本节只介绍最常见的短波、微波、红外线等几种通信方式。

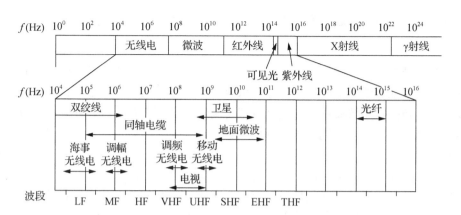

图 2-33　电信领域使用的电磁波频谱

1. 短波

短波波长为 10～100m，工作频率为 3MHz～30MHz。

传播方式：天波和地波，短波通信主要以天波方式进行传播。缺点是电波从发送端出发经由多条路径到达接收端，路径长短不一，将导致电波在不同时刻到达接收端，产生不等的延时，从而出现**多径效应**。多径效应使信号产生失真。

短波通信的特点如下。

优点：通信距离远，无须太大的发射功率，且设备成本适中。

缺点：通信方式易受季节、昼夜和太阳活动的影响，通信质量不够稳定，容易受到外部干扰。

2. 微波

在电磁波中，频率在 100MHz～10GHz 的信号是微波信号。它们对应的信号波长为 3m～3cm。微波在空间为直线传播，一般 50km，为实现远距离通信，必须在两个终端之间建立若干个中继站。中继站把前一站送来的信号放大后发送到下一站，称为**地面微波接力**。

微波通信具有以下特点。

优点：通信信道的容量大(频率高、频段范围宽)；通信质量高(干扰信号的频谱成分比微波频率低)；投资少、见效快(与相同容量和长度的电缆通信比较)；只进行视距传播。

缺点：相邻站之间必须直视，不能有障碍物；隐蔽性和保护性差；大气对微波信号的吸收与散射影响较大；大量中继站的建立耗费一定的人力和物力；大气对微波信号的吸收与散射影响较大。微波天线有高度方向性，因此在地面一般采用点对点方式通信，

3. 卫星通信

在两站之间利用位于距地球表面 3.6 万千米高空的人造同步地球卫星作为中继器的一种微波接力通信。通信卫星为微波通信的中继站。

微波卫星通信的特点如下。

优点：传输距离远，费用与通信距离无关(覆盖区的跨度达 1.8 万千米)，频带宽、容量大，干扰较小；适合广播通信。

缺点：较大的传输延迟，用时 250～300ms，保密性较差，造价高。

4. 红外线

红外通信是利用红外线进行的通信，已广泛应用于短距离的通信。电视机和录像机的遥控器就是应用红外线通信的例子。它要求有一定的方向性，即发送器直接指向接收器。红外线的发送与接收装置硬件相对便宜且容易制造，也不需要天线。红外线亦可用于数据通信与计算机网络。许多便携机内部都已装备有红外通信的硬件，利用它就可与其他装备有红外通信硬件的 PC 或工作站通信，而不必有物理的导线连接。在一个房间中配置一套相对不聚焦的红外发射和接收器，就可构成无线局域网，这种局域网有很好的保密性。

红外线不能穿透物体，包括墙壁，但这对防止窃听和相互间的串扰有好处。此外，红外传输也不需要申请频率分配，即不需授权即可使用。

2.6 SONET/SDH

前面介绍的脉冲编码调制(PCM)数字传输系统曾经为数字通信网的发展做出重大贡献，但随着技术的发展，已渐渐跟不上时代，PCM 系统最主要的两个缺点如下。

(1) **速率标准不统一**。PCM 的一次群数字传输速率有两个国际标准，一个是北美和日本的 T1 速率，另一个是欧洲的 E1 速率。但是到了高次群日本又搞了第三种不兼容的标准。如果不对高次群的数字传输速率进行标准化，国际范围的高速数据传输就很难实现，因为高次群的数字传输速率的转换十分困难。然而高次群的数字传输速率各国都已使用了很长时间，谁都不愿意抛弃正在使用的大量设备并改用别人的数字传输速率标准。

(2) **不是同步传输**。在过去相当长的时间，为了节约经费，各国的数字网主要采用准同步方式。这时，必须采用复杂的脉冲填充方法，才能补偿由于频率不准确而造成的定时误差，这就给数字信号的复用和分用带来许多麻烦。当数据传输的速率较低时，收发双方时钟频率的微小差异并不会带来严重的不良影响。但是当数据传输的速率不断提高时，收发双方时钟同步的问题就成为迫切需要解决的问题。

为了解决上述问题，美国在 1988 年首先推出了一个数字传输标准，叫作**同步光纤网**(Synchronous Optical Network，SONET)。整个同步网络的各级时钟都来自一个非常精确的主时钟(通常采用昂贵的铯原子钟，其精度优于$\pm 1 \times 10^{-11}$)。SONET 为光纤传输系统定义了同步传输的线路速率等级结构，其传输速率以 51.84Mb/s 为基础，大约对应于 T3/E3 的传输速率，此速率对电信号称为第 1 级同步传送信号(Synchronous Transport Signal)，即 STS-1；对光信号则称为第 1 级光载波(Optical Carrier)，即 OC-1。现已定义了从 51.84Mb/s(即 OC-1)到 9953.280Mb/s(即 OC-192/STS-192)的标准。

国际电信联盟 ITU-T 以美国标准 SONET 为基础，制定出国际标准**同步数字系列**(Synchronous Digital Hierarchy，SDH)，即 1988 年通过的 G.707～G.709 等三个建议书。到1992 年又增加了十几个建议书。一般可认为 SDH 与 SONET 是同义词，但其主要不同点是，SDH 的基本速率为 155.52Mb/s，称为第 1 级同步传递模块(Synchronous Transfer Module)，即 STM-1，相当于 SONET 体系中的 OC-3 速率。

SDH/SONET 定义了标准光信号，规定了波长为 1310nm 和 1550nm 的激光源。在物理层为宽带接口提供了帧技术以传递信息，为数字信号的复用和操作过程定义了帧结构。

SONET 标准定义了 4 个光接口层，这虽然在概念上有点像 OSI 参考模型，但 SONET 自身只对应于 OSI 的物理层。SONET 的层次如图 2-34 所示。

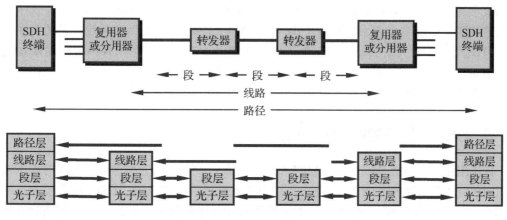

图 2-34 SONET 的体系结构

(1) 光子层(Photonic Layer)。处理跨越光缆的比特传送，并负责进行同步传送信号 STS 的电信号和光载波 OC 的光信号之间的转换。此层由电光转换器进行通信。

(2) 段层(Section Layer)。在光缆上传送 STS-N 帧，有成帧和差错检测功能。

上述两层是必须有的，但下面两层是可供选择的。

(3) 线路层(Line Layer)。负责路径层的同步和复用，以及交换的自动保护。

(4) 路径层(Path Layer)。处理路径端接设备 PTE(Path Terminating Element)之间业务的传输。PTE 是具有 SONET 能力的交换机。路径层还具有与非 SONET 网络的接口。

SDH 的帧结构是一种块状帧，其基本信号是 STM-1，更高的等级是 N 个 STM-1 复用组成 STM-N。如 4 个 STM-1 构成 STM-4，16 个 STM-1 构成 STM-16。SDH 简化了复用和分用技术，需要时可直接接入低速支路，而不经过高速到低速的逐级分用，上下电路方便。SDH 采用自愈混合环形网结构，并与数字交接系统 DACS(Digital Access and Cross-connect System)结合使用，可使网络按预定方式重新组配，避免了耗资的人工操作，因而大大提高了通信网的灵活性和可靠性。光纤信道的带宽充裕，因此 SDH 可在其帧结构中使用较多的比特用于管理，这就大大增强了通信网的运行、维护、监控和管理功能。

SDH/SONET 标准的制定，使北美、日本和欧洲这三个地区三种不同的数字传输体制在 STM-1 等级上获得了统一。各国都同意将这一速率以及在此基础上的更高的数字传输速率作为国际标准。这是**第一次真正实现了数字传输体制上的世界性标准**。现在 SDH/SONET 标准已成为公认的新一代理想的传输网体制，因而对世界电信网络的发展具有重大意义。SDH 标准也适合于微波和卫星传输的技术体制[COMM90]。

2.7 接入网技术概述

100 多年以来，电信网技术已发生了翻天覆地的变化，无论是交换还是传输，大约每隔 10～20 年就会有新的技术和系统诞生。然而这种快速的更新和变化只发生在电信网的核心，即长途网和中继网部分。而电信网的边缘部分，即从本地交换机到用户之间的接入网一直是电信网领域中技术变化最慢、耗资最大、成本最敏感、法规影响最大和运行环境最恶劣的老大难领域。然而近年来，以互联网为代表的新技术革命正在深刻地改变传统的电信概念和体系结构，随着各国接入网市场的逐渐开放，电信管制政策的放松，竞争的日益加剧和扩大，新业务需求的迅速出现，有线技术(包括光纤技术)和无线技术的发展，接入网开始成为人们关注的焦点。在巨大的市场潜力驱动下，产生了各种各样的接入网技术，但是至今尚无一种接入技术可以满足所有应用的需要，接入技术的多元化是接入网的一个基本特征。**接入网技术可以分为有线接入技术和无线接入技术两大类。**

2.7.1 数字用户线接入(xDSL)

DSL(Digital Subscriber Line，**数字用户线**)，是以铜电话线为传输介质的点对点传输技术。xDSL(即铜线回路接入技术)是一系列用户数字线技术的总称。DSL 技术包含几种不同的类型，通常将其称为 xDSL，其中 x 将用标识性字母代替。DSL 技术在传统的电话网络(POTS)的用户环路上支持对称和非对称传输模式，解决了经常发生在网络服务供应商和最终用户间的"最后一千米"的传输瓶颈问题。由于电话用户环路已经被大量铺设，如何充分利用现有的铜缆资源，通过铜质双绞线实现高速接入就成为业界的研究重点，因此DSL 技术很快就得到重视。

xDSL 也称为"最后一千米技术"，xDSL 与 ISDN、POTS 一样，向每个用户提供连接到中心局的一对或者多对专用铜线，而不提供交换式语音网络。随着近年来 Internet 和 Intranet 的迅速发展，对固定连接的高速接入的需求也日益高涨，而基于双绞线的 xDSL 技术以其低成本实现用户线高速化也重新崛起，打破了宽带通信由光纤独揽的局面。

电信企业的主干网已采用 2.5Gbit/s 和 10Gbit/s 的超高速光纤，但由于连接用户和交换局的用户线绝大多数仍是电话铜双绞线，以现有的调制技术不能满足用户高速接入的需求。采用 xDSL 技术后，即可在双绞线上传送高达数 Mbit/s 速率的数字信号。如果配置了分离音频频带和高频带的分离器，则可同时提供电话和高速数据业务。

与其他的宽带网络接入技术相比，xDSL 技术的优势如下。

(1) 能够提供足够的带宽以满足人们对于多媒体网络应用的需求。

(2) 与 Cable Modem、无线接入等接入技术相比，xDSL 性能和可靠性更加优越。

(3) xDSL 技术利用现有的接入线路，能够平滑地与人们现有的网络进行连接，是过渡阶段比较经济的接入方案之一。

(4) 网络服务提供者可以为用户提供 QOS 服务，也就是说，用户可以根据自己的需要选择不同的 xDSL 传输速度和传输方式(用户需要交纳的费用也会有区别)。

(5) xDSL 传输技术能够与网络服务提供者现有的网络(如帧中继、ATM 或 IP 网络)无缝地整合在一起。也就是说，网络服务提供商不需要重新架构新的网络，这为 xDSL 技术的推广应用创造了良好的条件。

总之，xDSL 技术利用现有的电信基础设施实现宽带接入的要求，可以最大限度地保护网络服务商现有的网络投资并且满足用户的需求，所以 xDSL 技术已经成为"下一代数字接入网络"的重要组成部分。

现有的已经标准化或者正在进一步进行标准化的 xDSL 技术主要包括 ADSL (Asymmetric Digital Subscriber Line，非对称数字用户线)、HDSL(High bit rate DSL，高比特率数字用户线)、MVL(Multiple Virtual Line，多虚拟数字用户线)、IDSL(ISDN DSL，ISDN 数字用户线)、VDSL(Very High Bit Rate DSL，甚高比特率用户数字线)等众多的技术和版本。因篇幅所限，在这里仅简单介绍应用最为广泛的 ADSL 技术。

ADSL 是 xDSL 技术的一种，它以现有普通电话线为传输介质，能够在普通电话线，即铜双绞线上提供远高于 ISDN 速率的高达 32k～8.192Mbit/s 的高速下行速率和高达 32k～1.088Mbit/s 的上行速率，同时传输距离可以达到 3～5km。只要在线路两端加装 ADSL 设备，即可使用 ADSL 提供的高宽带服务。通过一条电话线，便可以用比普通 Modem 快 100 倍的速度浏览因特网，可以通过网络进行学习、娱乐、购物，更可享受到网上视频会议、视频点播、网上音乐、网上电视、网上 MTV 的乐趣，还能以很高的速率下载文件。同时接听、拨打电话也不受影响。ADSL 接入网的结构如图 2-35 所示。其中 DSLAM 表示数字用户线接入复用器，ATU-C 和 ATU-R 分别代表接入端单元的端局和远端，PS 代表电话分路器。

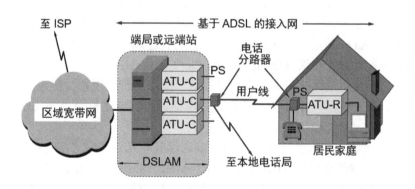

图 2-35　ADSL 接入网的结构

从总体上来说，ADSL 是一种利用现有普通电话线为家庭、办公室提供宽带数据传输服务的技术，其主要技术特点如下。

(1) ADSL 能够在现有铜双绞线，即普通电话线上提供高速达 1.5M～9.0Mbit/s 的高速下行速度，远高于 ISDN 速率；而上行速率有 16～1Mbit/s，传输距离达 3～5km。这种技术固有的非对称性非常适合于因特网浏览，因为浏览因特网网页时，往往要求下行信息比上行信息的速率更高。

(2) 改进的 ADSL 具有速率自适应功能，这样就能在线路条件不佳的情况下，通过调整传输速率来实现"始终接通"。

(3) ADSL 技术可以充分利用现有的铜缆网络(电话线网络)，在线路两端加装 ADSL 设备即可为用户提供高宽带服务。安装 ADSL 极其方便快捷，除了在用户端安装 ADSL 通信终端外，不用对现有线路做任何改动。

(4) ADSL 可以与普通电话共存于一条电话线上，接听、拨打电话的同时可进行 ADSL 传输而互不影响。研究人员建议使用防护频带把音频和宽带信号隔离开，这样就提高了铜线回路固有的带宽。

(5) 用户通过 ADSL 接入宽带多媒体信息网和因特网，同时可以收看电视节目、举行视频会议、以很高的速率下载文件。

xDSL 主要应用于专线网的接入线、Internet 的接入线以及 ATM 的接入线等。专线提供上、下行速率对称的通信业务，因此可采用 IDSL、SDSL 和 HDSL 型 Modem，终端通过 V.35 或 X.21 等串口与其相连，其双向传输速率为 128kb～2Mbit/s。在 Internet 中，浏览 Web 等客户/服务器业务的下行数据量要大得多，而 **ADSL 的下行速率比上行速率大得多**，因此可采用下行高速化的 ADSL Modem，这正是 ADSL(非对称数字用户线)名称中"非对称"(Asymmetric)一词的由来。

2.7.2 光纤同轴混合网接入(HFC)

CATV 即有线电视网或称电缆电视网，是由广电部门规划设计的用来传输电视信号的网络。其覆盖面广，用户多，在 1999 年 1 月我国的有线电视用户已经达到了 1 亿。我国的有线电视网虽然没有得到国家投资，但却依靠自身力量发展起来了，目前它的覆盖范围比电信网还广，已经建成 12 989km 的国家级十线光缆网络，在许多地方已建成光缆和同轴电缆混合网，联通全国所有省、市、自治区。从用户数量看，我国已拥有世界上最大的有线电视网络。CATV 的用户端使用同轴电缆作为传输媒体，而核心网络则使用光纤，因此又把这种网络称为**光纤同轴混合网**(Hybrid Fiber Coax，HFC)。

目前，我国有线电视网有两大优势："最后一千米"带宽很宽，覆盖率高于电信网。电信网形成时，只是为了一个业务，那就是打电话，而打电话只要求 64kHz 的带宽，所以整个网络的设计也就仅局限于 64kHz，包括入户的双绞线。这样一来，电信网的"最后一千米"就成了瓶颈，限制了网络速度的提高。尽管电信业采取了 ISDN(综合服务数字网)、ADSL(非对称线性环路)，目前可以做到 10MHz、8MHz、6MHz，但在当前价位上提高的余地不大，再往前走，成本将非常高。而 CATV(有线电视)的同轴电缆的带宽很容易就能做到 800MHz，就现在的带宽需求而言，CATV 网的"最后一千米"是畅通的。

有线电视网是单向的，只有下行信道，因为它的用户只要求能接收电视信号，而并不需要上传信息。如果要将有线电视网应用到 Internet 业务，则必须对其进行改造，使之具有双向功能。这种改造目前主要有三种解决方案。

(1) 采用电话上行、HFC 下行。这种方法用在 CMTS 和 Cable Modem 中具有电话线接口，无须对 HFC 进行双向的改造。这是一种低成本迅速占领市场的策略，或者用在改造网络确实存在困难的地方。一般不推荐这种方法，原因有二：①影响原有电话业务；②电话的带宽毕竟有限，不利于系统扩展。

(2) 改造现有的单向 HFC 网络。对现有的单向 HFC 网络进行改造，增加反向传输模块，如反向只发和只收，原有链路中单向的放大器换成双向放大器等。目前，现有的城市 CATV 的 HFC 网已初具规模，主要是双向改造问题。

(3) 铺设新的双向 HFC 网络。在新建的城市小区中直接建设双向网络。

总体来说，有线电视网比起电信网有自己的优势，最主要的是：带宽大、速率高；线路不用拨号，始终畅通；多用户使用一条线路；不占用公用电话线；提供真正的多媒体功能。

CATV 特点是单向、广播型的；传统的传输媒质是同轴电缆，信号采取的调制方式是AM(模拟调幅)和FM(调频)；结构呈树形分支型。

CATV 网络分三部分：干线、配线、引入线，如图 2-36 所示。

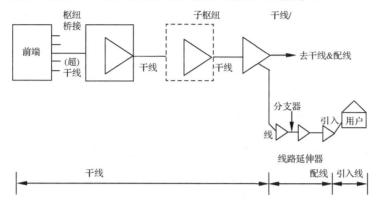

图 2-36   CATV 网络的组成

(1)   干线。前端和干线/桥接放大器之间的部分。

(2)   配线。干线桥接放大器到分支器之间的部分。

(3)   引入线。分支器到用户设备之间的部分。

前端是接收和处理信号的，它首先接收空中的广播电视信号以及卫星电视信号，然后将这些来自不同信源，具有不同制式的信号统一成同一种形式，再以频分复用的方式送到用户。有时还会加入本地电视台自己制作的节目。一般各电视转播站就是前端。

从前端出来的信号，经过沿途的中继电缆会有衰减，为了补偿传输时的信号衰减，中间加入了干线放大器。传统的铜轴电线传输衰减比较大，一般每隔 600m 左右就需要设置一个干线放大器，所以过去一般需要几十个干线放大器；改用光纤传输后，只需要保留几个干线放大器就行了。当干线上的信号需要分路时，必须通过干线/桥接放大器，这类放大器既具备信号放大功能，又具备信号分支功能。

分支器处于用户端，将配线网来的信号分成多路，经过一段引入线送到各用户处。

CATV 网的树形分支结构最大的**优点**是技术成熟、成本低，而且非常适合传送单向的广播电视业务。同样它的**缺点**也是很明显的。

(1)   很难传送双向业务，如果需要的话，必须进行很大改造。

(2)   网络比较脆弱，因为任何一个放大器的故障都可能会影响到许多用户，如果是干线上的放大器故障，甚至将影响到上万的用户。

(3)   对用户提供的业务质量不一致。离前端较近的用户，由于沿途经过的放大器少，信号质量和可靠性都比较好。但离前端较远的用户，由于沿途经过的放大器可多达 40～50 个，信号质量和可靠性都不是很理想。

(4)   不太适合网络的监控和管理。自身很难监视故障，只有等待用户报障后才知道，而且知道后也难以确定故障的位置。

总之，HFC 本身是一个 CATV 网络，视频信号可以直接进入用户的电视机，采用新的数字调制技术和数字压缩技术，可以向用户提供数字电视和 HDTV。同时，话音和高速的数据可以调制到不同的频段上传送，来提供电话和数据业务。这样 HFC 就能支持全部现存的和发展中的窄带和宽带业务，成为所谓的"全业务"宽带网络。而且，HFC 可以简单地过渡到 FTTH(光纤到户)网络，为光纤用户环路的建设提供了一种循序渐进的手段。

2.7.3 光纤接入

光纤由于其容量大、保密性好、不怕干扰和雷击、重量轻等诸多优点，与其他传输媒体相比，具有无可比拟的优势，正得到迅速发展和应用。目前我国很多居民住宅都已实现了光纤到户(Fiber To The Home，FTTH)。

所谓光纤接入网(OAN)，就是指采用光纤传输技术的接入网，泛指本地交换机或远端模块与用户之间采用光纤通信或部分采用光纤通信的系统。通常，OAN 指采用基带数字传输技术，并以传输双向交互式业务为目的的接入传输系统，将来应能以数字或模拟技术升级传输带宽的广播式和交互式业务。

从光纤接入网系统接入方式看，主要有三类接入方式：综合的 **OAN 系统**、通用的 **OAN 系统**以及专用交换机的 **OAN 系统**。

(1) 综合的 OAN 系统的主要特点是通过一个开放的高速数字接口与数字交换机相连。由于接口是开放的，因而 OAN 系统与交换机制造厂商无关，可以工作在多厂家环境，有利于将竞争机制引入接入网，从而降低用户接入网的成本。这种方式代表了 OAN 的主要发展方向。

(2) 通用的 OAN 系统需要在 OAN 和交换机之间应用一个局内终端设备，在北美称为局端(COT)，功能是进行数模转换并将来自 OAN 系统的信号分解为单个话带信号，以音频接口方式经音频主配线架与交换机相连。由于接口是音频话带接口，因而这种方式适合于任何交换机环境，包括模拟交换机和尚不具备标准开放接口的数字交换机。但由于需要增加局内终端设备、音频主配线架和用户交换终端，因此这种方式的成本和维护费用要比综合的 OAN 系统高，其好处是通用性强。

(3) 专用交换机的 OAN 系统与交换机之间不存在开放的标准接口，而是工厂自行开发的专用内部接口，因而交换机和 OAN 系统必须由同一制造厂家生产。这往往是迫不得已的方法，不是发展方向，将逐渐淘汰。

从接入网的网络结构看，OAN 主要分为有源和无源两种。

有源光网络(Active Optical Network，AON)存在几种形式，其中一种是以光纤替代原有的铜线主干网，从交换局通过光纤用 V5 接口连接到远端单元，然后经铜线分配到各终端用户，提高了复用率。这种技术本质上还是一种窄带技术，不能适应高速业务的需求。另外一种形式就是有源双星(Active Dual Star，ADS)光纤接入网结构，采用有源光节点可降低对光器件的要求，采用性能低、价格便宜的光器件，但是初期投资较大，作为有源设备存在电磁信号干扰、雷击以及有源设备固有的维护问题，因而有源光纤接入网不是接入网长远的发展方向。

目前光纤接入网几乎都采用**无源光网络**(Passive Optical Network，PON)结构。PON 已成为光纤接入网的发展趋势，它采用无源光节点将信号传送给终端用户，初期投资小，维护简单，易于扩展，结构灵活，只是要求采用性能好、带宽高的光器件，大量的费用将在宽带业务开展后支出。和 AON 相比，由于无源光节点损耗较大，因此传输距离较短，另外还需解决信号的同步和复用等问题。PON 中**光网络单元**(Optical Network Unit，ONU)到**光线路终端**(Optical Line Terminal，OLT)的上行信号的传输，多采用时分多址(Time Division Multiple Access，TDMA)、波分多址(Wavelength Division Multiple Access，WDMA)或码分多址(Code Division Multiple Access，CDMA)等先进的多址传输技术。

光纤接入网具有以下特点和优势。

(1) 带宽高。由于光纤接入网本身的特点，它可以高速接入因特网、ATM 以及电信宽带 IP 网的各种应用系统，从而享用宽带网提供的各种宽带业务。

(2) 网络的可升级性好。光纤网易于通过技术升级成倍扩大带宽，因此，光纤接入网可以满足近期各种信息的传送需求。以这一网络为基础，可以构建面向各种业务和应用的信息传送系统。

(3) 经验丰富。电信网的运营者具有丰富的基础网运营经验、经营经验和各种成熟的应用系统，并拥有分布最广的享用宽带交换业务的用户群。

(4) 双向传输。电信网本身的特点决定了这种组网方式的交互性能好，特别是在向用户提供双向实时业务方面具有明显优势。

(5) 接入简单、费用少。用户端只需要一块网卡，投资百元左右，就可高速接入因特网，完成 10Mbit/s 局域网到桌面的接入。

2.7.4 无线接入

无线接入技术是无线通信的关键问题，它是指通过无线介质将用户终端与网络节点连接起来，以实现用户与网络间的信息传递。无线信道传输的信号应遵循一定的协议，这些协议即构成无线接入技术的主要内容。无线接入技术与有线接入技术的一个重要区别在于，可以向用户提供**移动接入**业务。无线接入网是指部分或全部采用无线电波这一传输媒质连接用户与交换中心的一种接入技术。

目前无线接入网技术主要包括两种：GSM/GPRS 接入和 Wi-Fi 接入。

1. GSM/GPRS 接入

全球移动通信系统(Global System for Mobile Communications，GSM)是欧洲电信标准协会(European Telecommunications Standard Institute，ETSI)于 1990 年年底所制定的数字移动网络标准，该标准主要说明如何将模拟式的语音信号转换为数字信号，再通过无线电波传送出去。因为各国对无线电频率的规定各有不同，因此 GSM 可以应用在 3 个频带上：900MHz、1800MHz 及 1900MHz。

在 GSM 系统中，信号的传送方式和传统有线电话的方式相同，都采用电路交换的信息传输技术。电路交换技术是让通话的两端独占一条线路，在未结束通话时，该线路将一直被占用。但是 GSM 有一个致命的缺陷，就是数据传输的速率只有 9.6kbit/s，这使得想用手机上网的用户感到非常不便。为了解决这个问题，专家们在 1998 年提出了一种新的技术来加速 GSM 的数据传输速度，这就是 GPRS。

通用分组无线业务(General Packet Radio Services，GPRS)是 GSM 数据业务的关键技术，GPRS 将 GSM 的每个频道的传输速度从 9.6kbit/s 提高到 14.4kbit/s，同时增加了数据压缩技术，利用现有 OSM 站点的基础设备，能以高达 115kbit/s 甚至 170kbit/s 的传输速率实现端到端的分组交换数据业务，将要传输的数据按一定的长度分组，然后把来自不同数据源的数据分组在一条信道上交织地进行传输。它可以实现通信资源的共享，大大地提高信道的利用率，降低通信成本。

顾名思义，通用分组无线业务(GPRS)是以端到端的分组传输与交换方式为用户提供的发送和接收高速数据、低速数据以及信令的多种业务集合。与电路交换方式相比，GPRS 不仅能够经济、有效地利用网络资源，而且能够优化利用更为稀缺的无线资源。

GPRS 系统由无线分系统和网络分系统组成，两者之间严谨定义的界面可以使其网络分系统为其他无线接入系统所利用。从逻辑机制方面来看，GPRS 系统可以通过增加两种网络节点在 GSM 结构基础上实现，即 GPRS 业务支持节点(SGSN)和 GPRS 网关支持节点(GGSN)。同时，还有必要命名若干新的接口，以表明 GPRS、GSM 及其他外部网络的各实体之间的逻辑关系。不难看出，GPRS 网络分系统无须强行改变已建的 GSM 网络和交换分系统，两者重叠，各司其职。

GPRS 无线分系统与网络分系统之间的接口仍称无线接口(Vm)，但定义了新的 GPRS 无线信道。这些信道的划分十分灵活：可以由每个 TDMA 帧的 1 个时隙、2 个时隙，直至 8 个时隙组成 8 种不同速率的 GPRS 信道，各信道均可由各在线用户共享；上行链路和下行链路可分别划分为时隙数目不等的信道，满足上下行流量不对称的数据业务需求；语音业务和数据业务之间可以根据业务负荷和实际情况动态共享无线资源；可以规定各种不同的无线信道编码方案，使每个用户的比特速率在 9k~150kbit/s。

GPRS 定义了两种不同类型的承载业务：点对点(PTP)业务、点对多点(PTM)业务。PTP 可以包括检索业务，如从因特网的万维网下载数据文件；消息存储转发业务和消息处理业务，如电子邮件、消息编辑和变换；双向实时通信业务，如因特网的远程登录(Telnet)；远程监控业务，如信用卡确认、远程读表等。PTM 可以包括消息发布业务，如新闻、广告、天气预报等；调度业务，如出租车辆及其他公用服务的调度；实时会议业务，如分散相关用户间的多方向通信。此外，PTM 业务还可以附加地域选取和限制能力，定期发送和重复发送能力。

GPRS 网络是在基于现有的 GSM 网络中增加 **GPRS 支持节点** GSN(GPRS Supporting Node)来实现的。

GSN 具有移动路由管理功能，它可以连接各种类型的数据网络，并且完成移动终端和各种数据网络之间的数据传送和格式转换。对于移动用户来说，GPRS 网络可视为一个具有无线接入能力的数据网(如因特网)的子网，除电话号码以外，GPRS 系统还将引入 IP 地址。除此之外，GPRS 系统中还有用于计费的网关(Charge Gateway)，用于跟其他 PLMN 网相连的边缘网关 BG(Border Gateway)以及防火墙(Firewall)等。

增加了 **GPRS** 功能的 **GSM** 网络又被人们称为 **2G** 网络(第二代移动通信系统，**The 2nd Generation**)，从 2G 到 3G、4G、再到今天的 5G，每一代移动通信系统的升级都带来了翻天覆地的变化。今天，至少有一半以上的网民通过移动端和无线接入技术来访问因特网。得益于无线接入技术的发展，因特网的发展再次飞跃，实现了从"覆盖全球"到"覆盖所有人"的目标。

2. Wi-Fi 接入

Wi-Fi 接入即通过无线局域网接入因特网。作为有线接入的一种替代方案，Wi-Fi 接入在灵活性和移动性方面具有无可比拟的优势。而与前面讲过的 GSM/GPRS 接入方案相比，用户的上网成本又要低很多。因此，Wi-Fi 接入成为时下非常流行的一种上网方式，我们将在第 3 章学习无线局域网时详细介绍这种接入技术。

总体来说，**两种无线网接入技术互相都不能完全代替对方**。以 5G 为例，5G 的上网费用高(与 Wi-Fi 相比)，但信号覆盖范围大，5G 的信号覆盖范围依赖于电信网络的基站，简单地说就是，能打电话的地方就能用 5G 上网。而 Wi-Fi 正好相反，它的上网成本较低，用户在一些特定场合甚至可以免费上网，但是 Wi-Fi 的信号覆盖范围有限，它依赖于无线路由器的覆盖范围，一台无线路由器的信号覆盖半径一般不超过 100m。

习题与思考题二

一、单项选择题

1. 传输介质是通信网络中发送方和接收方之间的(　　)通路。

    A. 逻辑　　　　　　B. 物理　　　　　　C. 虚拟　　　　　　D. 数字

2. 通过改变载波信号的频率值来表示数字信号 1、0 的编码方式是(　　)。

    A. FSK　　　　　　B. ASK　　　　　　C. PSK　　　　　　D. NRZ

3. 下面哪种数据编码方式属于自含时钟编码？(　　)

    A. 二进制编码　　B. 归零码　　　　　C. 脉冲编码　　　　D. 曼彻斯特码

4. 带宽最宽、信号传输衰减最小、抗干扰能力最强的一类传输介质是(　　)。

    A. 双绞线　　　　　B. 光纤　　　　　　C. 同轴电缆　　　　D. 无线信道

5. 以一个字符为单位进行发送，每一个字符开头都带一位起始位，字符的最后加上停止位，用这种方式实现发送端和接收端同步，这种传输方式是(　　)。

    A. 手动传输方式　　　　　　　　　　B. 同步传输方式

    C. 自动传输方式　　　　　　　　　　D. 异步传输方式

6. 对于带宽为 6MHz 的低通信道，若用 8 种不同的状态来表示数据(即该通信系统有 8 种不同的码元)，在不考虑热噪声的情况下该信道每秒最多能传送的位数为(　　)。

    A. 36×10^6　　　B. 18×10^6　　　C. 48×10^6　　　D. 96×10^6

7. 用户通过电话网接入 Internet 使用的设备是(　　)。

    A. 路由器　　　　　B. 集线器　　　　　C. 调制解调器　　　D. 交换机

8. 描述有噪声信道的最高极限速率的理论是(　　)。

    A. 香农定理　　　　B. 高斯定理　　　　C. 奈奎斯特定理　　D. 相对论

9. 数字传输系统的国际标准是(　　)。

    A. OSI　　　　　　　　　　　　　　B. SONET/SDH

    C. TCP/IP　　　　　　　　　　　　D. STDM

10. PCM 的步骤不包括(　　)。

    A. 采样　　　　　　B. 量化　　　　　　C. 编码　　　　　　D. 预同步

二、多项选择题

1. 下列技术中哪些属于接入网技术？（　　）

    A. ADSL   B. HFC   C. FTTH   D. WWW

2. 依据香农定理，信道的极限信息传输速率与（　　）有关。

    A. 信道带宽   B. 发送速率   C. 处理时延   D. 信噪比

3. 早期数字传输系统存在的主要问题是（　　）。

    A. 速率标准不统一   B. 无 ISP 支持

    C. IP 地址不够用   D. 不是同步传输

4. 物理层协议的主要任务就是确定与传输媒体接口有关的一些特性，包括（　　）。

    A. 机械特性   B. 电气特性   C. 功能特性   D. 过程特性

5. 属于非导引型传输媒体的是（　　）。

    A. 微波   B. 短波   C. 光纤   D. 电话线

三、判断题

1. 波分复用就是光的频分复用。　　　　　　　　　　　　　　　　（　　）

2. 在数据传输过程中，差错都是由通信过程中的噪声引起的。　　（　　）

3. 同步通信不像异步通信那样一次传送一个字符，而是一次传送一个字符块。（　　）

4. 虚电路仍然具有线路共享的优点。　　　　　　　　　　　　　　（　　）

5. STDM 在任何情况下效率都要高于 TDM。　　　　　　　　　　　（　　）

第 3 章　数据链路层

本章主要讲解数据链路层的基本概念和主要功能、数据的检错纠错技术、数据的流量控制协议、点对点信道的数据链路层和广播信道的数据链路层各自的特点以及它们的数据链路层协议，介绍无线局域网的基本概念和原理、广域网的基本概念和原理等问题。通过本章的学习，应达到以下目标。

- 掌握数据链路层的主要功能。
- 掌握 CRC 校验算法。
- 熟练掌握停等协议的基本思想和滑动窗口机制。
- 了解 PPP 协议的基本原理。
- 掌握局域网的概念、基本原理和相关技术，了解广播信道的特点。
- 掌握 CSMA/CD 协议的基本原理。
- 熟悉以太网技术的特点和发展历程。
- 熟练掌握无线局域网的概念、原理和相关技术。
- 掌握 CSMA/CA 协议的基本原理。
- 了解广域网的概念、原理、发展历史和现状。

3.1　数据链路层的基本问题

数据链路层是 OSI 参考模型中的第二层，在物理层提供的服务的基础上向网络层提供服务，其最基本的服务是将源机网络层的数据可靠地传输到相邻节点的目标机网络层。

本节主要介绍数据链路层的几个主要问题，涉及链路与数据链路的区别、数据链路层的目的以及数据链路层的主要功能等。

3.1.1　链路和数据链路

在计算机网络中，我们经常提到"链路"和"数据链路"这两个术语，事实上"链路"和"数据链路"并非一回事。所谓**链路**(Link)是一条无源的点到点的物理线路段，而**数据链路**(Data Link)则是另一个概念，这是因为当需要在一条线路上传送数据时，除了必须有一条物理线路外，还必须有通信协议来控制这些数据的传输。若把实现这些协议的硬件和软件加到链路上，就构成了数据链路。现在最常用的方法就是使用适配器(网卡)来实现这些协议的硬件和软件。一般的适配器都包括数据链路层和物理层这两层的功能，常常在两个对等的数据链路层之间画出一个数字管道，而在这条数字管道上传输的数据单位是帧，如图 3-1 所示。

虽然在物理层之间传送的是比特流，而在物理媒体上传送的是信号(电信号或光信号)，但有时为了方便也常说"在某条链路上(而没有说数据链路)上传送数据帧"，其实这已经隐含地假定了我们是在数据链路层上来观察问题。如果没有数据链路层的协议，我们在物理层上就只能看到链路上传送的比特串，根本不能找出一个帧的起止比特，当然更无法识别帧的结构。有时候我们也会不太严格地说"在某条链路上传送分组或比特流"，这显然是在网络层和物理层上讨论问题。

图 3-1　数据链路层的数字管道

有时候将链路划分为**物理链路**和**逻辑链路**。所谓物理链路就是上面我们所说的链路，而逻辑链路就是上面所说的数据链路，是物理链路加上必要的通信协议。

早期的数据通信协议曾叫通信**规程**(Procedure)，因此在数据链路层，规程和协议是同义语。

3.1.2　数据链路层的主要功能

数据链路层在网络实体间提供建立、维持和释放数据链路连接以及传输数据链路服务数据单元所需的功能和过程的手段，在物理连接上建立数据链路连接。数据链路层检测和校正在物理层出现的错误，并能使网络层控制物理层中数据电路的互联。

链路层是为网络层提供数据传送服务的，这种服务要依靠本层的功能来实现。数据链路层的设计应围绕以下主要功能来进行。

(1) **链路管理**。当网络中的两个节点要进行通信时，数据的发方必须确知收方是否已经处于准备好状态。为此，通信的双方必须先要交换一些必要的信息，或者必须先建立一条数据链路。同样地，在传输数据时要维持数据链路，而在通信完毕时要释放链路。数据链路的建立、维持和释放就叫作链路管理。

(2) **帧定界**。在数据链路层，数据的传输单位是帧。数据一帧一帧地传送，就可以在出现差错时将有差错的帧重传一次，而避免了将全部数据都进行重传。帧定界是指收方应当能从收到的比特流中准确地区分出一帧的开始和结束在什么地方。帧定界也可称为帧同步。帧定界可分为面向比特的定界方法(如采用特殊的比特序列"01111110"作为定界符)和面向字符定界两种方法。

(3) **流量控制**。发方发送数据的速率必须使得收方来得及接收，当收方来不及接收时，就必须及时控制发方发送数据的速率，这种功能称为流量控制(Flow Control)。采用接收方的接收能力来控制发送方的发送能力是计算机网络流量控制中采用的一般方法。

(4) **差错控制**。在计算机通信中，一般要求有极低的比特差错率，为此，广泛采用了编码技术。编码技术有两大类，一类是前向纠错，也就是收方收到有差错的数据帧时，能够自动将差错改正过来。这种方法的开销较大，不大适合于计算机通信。另一类是差错检测，也就是收方可以检测收到的数据帧有差错(但并不知道出错的确切位置)。若检测出有差错的数据帧就立即将它丢弃，但接下去有两种选择：一种方法是不进行任何处理(要处理也是有高层进行)，另一种方法则是由数据链路层负责重传丢弃的帧。

(5)　**帧的封装**。在许多情况下，数据和控制信息处在同一帧中，为此一定要有相应的措施使得收方能够将它们区分开来。

(6)　**透明传输**。所谓透明传输，就是不管所传数据是什么样的比特组合，都应当能够在链路上进行传送。当所传数据中的比特组合恰好出现了与某个控制信息完全一样时，必须有可靠的措施，使得接收方不会将这种比特组合的数据误认为是某种控制信息。只要能够做到这一点，数据链路层的传输就被称为是透明传输。在面向比特的同步规程和面向字符的同步规程中都会遇到这个问题。

(7)　**寻址**。必须保证每一帧都能送到正确的目的站，接收方也应知道发送方是哪个站。

3.2　差错控制技术

在数据通信过程中，由于衰耗、失真和噪声，会使通信线路上的信号发生错误。为了减少错误，提高通信质量，一是改善传输信道的电气特性，更重要的是采取检错、纠错技术，即差错控制。差错控制的核心是抗干扰编码，一类是检错码，另一类是纠错码。**检错码能够发现错误但不能修正，纠错码能够发现并修正错误。**

3.2.1　差错控制原理

差错控制的基本原理是在发送端对信源送出的二进制序列附加多余数字，使得这些数字与信息数字建立某种相关性。在接收端检查这种相关性来确定信息在传输过程中是否发生错误以检测传输差错，如图 3-2 所示。

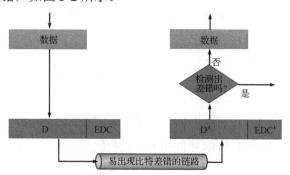

图 3-2　差错控制的基本原理

发送方使用某种算法 f，用发送的数据 D 计算出差错检验码(Error Detecting Code，EDC)，EDC=f(D)，并将 EDC 随数据一起发送给对方。接收方通过同样的算法计算接收到的数据 D′的差错检验码 f(D′)，如果接收到的差错检验码 EDC′≠f(D′)，则可以判断在传输过程中出了差错。一般来说，检测差错的准确率和代价是一对矛盾，检测准确率越高，需要的代价和开销也就越大，因此需要在二者之间寻找一个折中。

3.2.2　循环冗余校验码(CRC)

在计算机通信中纠错广泛应用的是循环冗余校验码(CRC)。CRC 校验码的基本思想是利用线性编码理论,通过代数的方法把码设计成各种有用的且有很大纠错能力的编码。

背景知识:任何一个由二进制数位串组成的代码都可以和一个只含有"0"和"1"两个系数的多项式建立一一对应的关系。这个多项式称为码多项式。一个 n 位的二进制序列,它的码多项式为:X^{n-1}~X^0 的 n 次多项式的系数系列。

例如:110110 的码多项式为

$$A(X)=1*X^5 + 1*X^4 + 0*X^3 + 1*X^2 + 1*X^1 + 0*X^0 = X^5 + X^4 + X^2 + X^1$$

循环码的定义:如果分组码中各码字中的码元循环左移位(或右移位)所形成的码字仍然是码组中的一个码字(除全零码外),则这种码称为循环码。例如 n 位长循环码中的一个码为 $[C]=C_{n-1}C_{n-2}\cdots C_1C_0$,依次循环移位后得:

$$C_{n-2}C_{n-3}\cdots C_0C_1$$
$$C_0C_{n-1}\cdots C_2C_1$$

码多项式的运算:

二进制码多项式的加减运算:$A_1(X)+A_2(X)= A_1(X)-A_2(X) =-A_2(X)-A_1(X)$

二进制码多项式的加减运算实际上是逻辑上的异或运算。

循环码的性质:在循环码中,$n-k$ 次码多项式有一个而且仅有一个,称这个多项式为生成多项式 $G(X)$。在循环码中,所有的码多项式能被生成多项式 $G(X)$ 整除。

1. 编码方法

由信息码元和监督码元一起构成循环码,首先把信息序列分为等长的 k 位序列段,每一个信息段附加 r 位监督码元,构成长度为 $n=k+r$ 的循环码,循环码用 (n,k) 表示。它可以用一个 $n-1$ 次多项式来表示。n 位循环码的格式如图 3-3 所示。

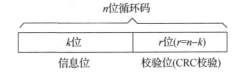

图 3-3　n 位循环码的格式

一个 n 位的循环码是由 K 位信息位加上 r 位校验位组成的,其中 $r=n-k$。这新组成的二进制序列叫作循环码(CRC)。标征 CRC 循环码的多项式叫生成多项式 $G(x)$。K 位二进制加上 r 位 CRC 校验位后,即信息位要向左移($r=n-k$),这相当于 $A(X)$ 乘上 X^r。$X^rA(X)$ 被生成多项式 $G(X)$ 除,得整数多项式 $Q(X)$ 加上余数多项式 $R(X)$,即:

$$\frac{X^rA(X)}{G(X)} = Q(X)+\frac{R(X)}{G(X)}$$

移项得 $X^rA(X)-R(X)= Q(X)G(X)$

$X^rA(X)+R(X)= Q(X)G(X)=C(X)$ 说明信息多项式 $A(X)$ 和余数多项式 $R(X)$ 可以合并成一个新的多项式 $C(X)$,$C(X)$ 称为循环码多项式,该多项式是生成多项式 $G(X)$ 的整数倍,即能

被 $G(X)$ 整除。根据这一原理在发送端用信息码多项式乘以 X^r 除以 $G(X)$ 所得余数多项式 $R(X)$ 就是所要加的监督位。在接收端将循环码多项式 $C(X)$ 除以生成的多项式 $G(X)$，若能整除，则说明传送正确，否则说明传送出现差错。

2. 举例分析

例 3.1　如信息码元为 1101，生成多项式 $G(X)=X^3+X^1+1$，编一个 (7, 4) 循环码。

解：$A(X)=1101$ 向左移 3 位的 1101000 除 1011 的余数为 1，则余数多项式 $R(X)=001$。

在做除法过程中，被除数减除数是做逻辑运算。

例 3.2　某一个数据通信系统采用 CRC 校验方式，其中，生成多项式 $G(X)=X^4+X+1$，发送端要发送的信息序列为 10110，求：①校验码及校验码多项式；②发送端经过循环冗余编码后要发送的比特序列。

解：生成多项式为 $G(X)=X^4+X+1$，生成多项式的比特序列是 10011，为 4 阶，所以将发送端要发送的信息序列 10110 左移 4 位，得到 $XRD(X)$ 为 101100000。

(1)　用 $XRD(X)/G(X)$。

```
             10101
      10011 / 101100000
             10011
              10100
              10011
               11100
               10011
                1111
```

所以校验码为 1111，校验码多项式为 X^3+X^2+X+1。

发送端经过循环冗余编码后，要发送的比特序列为 101101111。

(2)　在串行通信中通常使用三种生成多项式 $G(X)$ 来产生校验码。

CRC-16：$G(X)=X^{16}+X^{15}+X^2+1$

CRC-CCITT：$G(X)=X^{16}+X^{12}+X^5+1$

CRC-32：$G(X)=X^{32}+X^{26}+X^{23}+X^{22}+X^{16}+X^{12}+X^{11}+X^{10}+X^8+X^7+X^5+X^4+X^2+X+1$

(3)　编码特点。由于码的循环性，它的编解码的设备比较简单；纠错能力强，特别适合检测突发性的错误，除了数据块的比特值正好是按除数变化外，循环冗余校验 (CRC) 将检测出所有的错误，所以 CRC 在计算机通信中得到广泛的应用。

3.2.3　其他差错控制方式

差错控制编码分检错码 (如奇偶校验) 和是纠错码，根据检错码和纠错码结构的不同，形成了不同的差错控制方式。

在数据通信过程中，利用差错控制编码进行系统传输的差错控制的基本工作方式分成 4 类：自动请求重发、前向纠错、混合纠错和信息反馈。在这里主要介绍前向纠错和混合纠错。

1. 前向纠错(Forward Error Correction，FEC)

利用纠错编码，使得在系统的接收端译码器能发现错误并能准确地判断差错的位置，从而自动纠正它们。它的主要特点如下。

(1) 接收端自动纠错，实时性好。

(2) 无须反馈通道，特别适用于单点向多点同时传送的方式。

(3) 纠错码需要较大的冗余度，传输效率下降。

(4) 控制规程简单，译码设备复杂。

(5) 纠错码应与信道特性相配合，对信道的适应性差。

2. 混合纠错(Hybrid Error Correction，HEC)

这种方式是 FEC 方式和 ARQ(自动请求重发)方式的结合，发送端不仅能检测错误，而且能够在一定程度内纠正错误的编码，接收端译码器收到码组后，首先检验传输差错的情况，如果差错在纠错能力以内，则自动进行纠错，如果错误超过了纠错能力，但能检测出错误来，通过反馈信道给发送端发送一个反馈信息，请求重发出错的码组。**HEC 的思路是能纠错则纠错，不能纠错就重发**，其主要特点如下。

(1) 可以降低 FEC 的复杂性。

(2) 改善 ARQ 的信息连贯性差、通信效率低的缺点。

(3) HEC 方式可以使误码率达到很低，在卫星通信中得到较多的应用。

3.3　流量控制技术

流量控制就是为了确保发送端发送的数据不会超出接收端接收数据能力的一种技术。如不设法解决发送端传送速率高于接收端处理速度的问题，那么即使传送无差错，也可能引起帧的丢失。

3.3.1　停等协议

在停等协议中，发送方每发送一帧就等待一个应答帧，只有当收到当前帧的确认应答信号后，才发送下一帧；如果收到否定确认应答帧，则重发该帧；如果在规定的时间内还没有收到应答帧，则超时重发该帧。这种发送和等待的过程不断重复，直到发送端发送一个结束帧为止。确认帧分为两类，如果收到的帧正确无误，则发送**确认帧** ACK(Acknowledgement)；如果经差错检测发现收到的帧有错误，则应要求对方重发，此时应发送**否认帧** NAK (Negative Acknowledgement)。

停等协议的优点是实现很简单，在发送下一帧以前，每一个帧都校验并进行应答。缺点是效率低，停等协议的基本原理如图 3-4 所示。

在停等协议中应注意如下几个问题。

(1) 无限等待问题。节点 A 发送完一个数据帧时，就启动一个**超时计时器**(Timeout Timer)。计时器又称为定时器，若到了超时计时器所设置的重传时间 t_{out} 而仍收不到节点 B 的任何确认帧，则节点 A 就重传前面所发送的这一数据帧。一般可将重传时间选为略大于"从发完数据帧到收到确认帧所需的平均时间"。

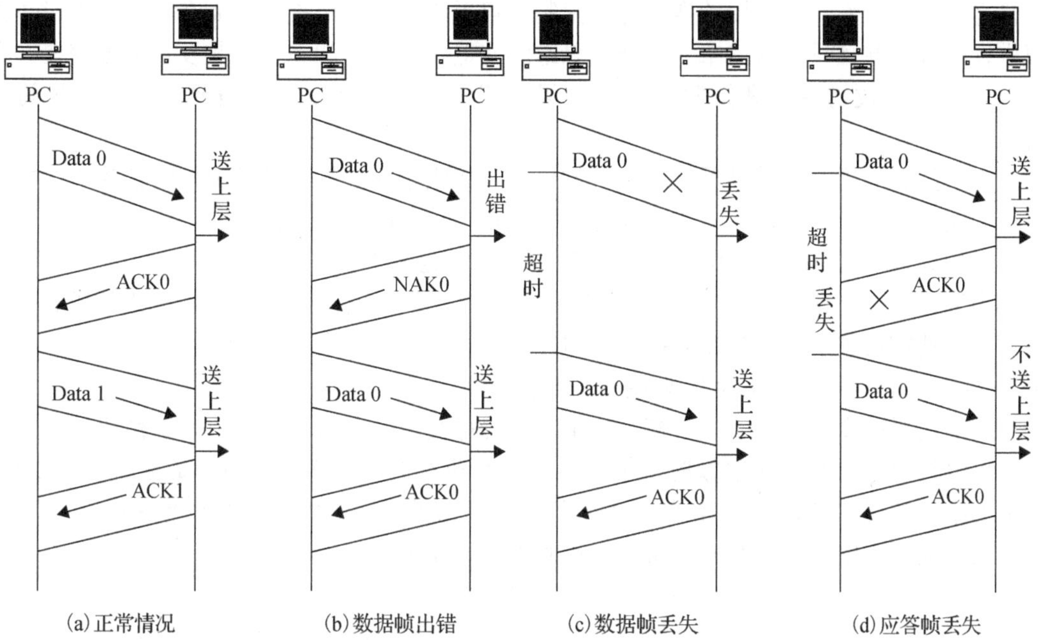

图 3-4 停等协议的基本原理

(2) 重复帧的问题。使每一个数据帧带上不同的发送**序号**。每发送一个新的数据帧就把它的发送序号加 1。若节点 B 收到发送序号相同的数据帧,就表明出现了重复帧。这时应丢弃重复帧,因为已经收到过同样的数据帧并且也交给了主机 B。但此时节点 B 还必须向 A 发送确认帧 ACK,因为 B 已经知道 A 还没有收到上一次发过去的确认帧 ACK。

(3) 编号循环问题。任何一个编号系统的序号所占用的比特数一定是有限的。因此,经过一段时间后,发送序号就会重复。序号占用的比特数越少,数据传输的额外开销就越小。对于停止等待协议,由于每发送一个数据帧就停止等待,因此用一个比特来编号就够了。一个比特可用 0 和 1 来表示。

(4) 区分重传问题。数据帧中的发送序号 $N(S)$ 以 0 和 1 交替的方式出现在数据帧中。每发一个新的数据帧,发送序号就和上次发送的不一样,这样就可以使接收方能够区分新的数据帧和重传的数据帧了。

(5) 可靠传输问题。虽然物理层在传输比特时会出现差错,但可在停等协议中采用有效的检错(比如 CRC)和重传机制,这样数据链路层对上面的网络层就可以提供可靠传输的服务。

3.3.2 滑动窗口协议

前面我们讲到,停等协议最主要的问题就是效率太低,发送方在等待确认返回的过程中什么也不做,白白浪费网络资源。而**滑动窗口协议**正是克服这一缺陷的有效方法。在滑动窗口协议中,发送方不需要每发送一个帧就进行等待,而是可以一次发送许多个帧,然后再一次收回许多个帧的确认。通过调整窗口的大小即可以控制链路的流量大小。

(1) 窗口。指创建的额外的缓冲区，这个窗口可以在收发两方存储数据帧，并对收到应答之前可以传输的数据帧的数目进行限制。可以不等待窗口被填满而在任何一点对数据帧进行应答，并且只要窗口未满，就可以继续传输。在单工状态下，收发双方各需要一个窗口，分别是**发送窗口**和**接收窗口**。如果是双工传送，则双方各需要发送和接收两个窗口。

(2) 数据处理。为记录哪一帧已经被传送及接收了哪一帧，滑动窗口协议将窗口中的每一帧编一个序号，帧以模 n 方式编号，即从 $0\sim n-1$ 编号，窗口的大小为 $n-1$。

例如 $n=8$，帧的标号为 $0\sim7$ 编号，窗口的大小为 $8-1=7$。

当发送方收到含有编号为 5 的应答帧(ACK)时，就知道了直到编号 4 为止的所有数据帧均已经被接收到了。也是期望接收帧的序号。

(3) 发送窗口(以 $n=8$ 为例)如图 3-5 所示。

上沿边界：窗口内有 $n-1$ 个帧，如果发送端每发送一个帧，则上边界就移动一个帧。

下沿边界：当收到应答帧时，下边界一次移动若干帧，移动的距离是最后一次 ACK 帧中的编号和现在收到的 ACK 帧的编号的差值。如果差值是负数则再加上模 n。

发送端从出错帧开始重发，窗口的尺寸设计为 $n-1$。

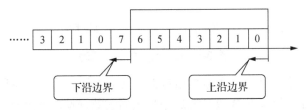

图 3-5 发送窗口

(4) 接收窗口(以 $n=8$ 为例)如图 3-6 所示。传输开始时，接收方窗口包含有 $n-1$ 个空间来接收数据帧。随着新数据帧的到来，接收端将每一个帧校验后再递交给其上的网络层。

工作过程如下。

上沿边界：窗口内能容纳 $n-1$ 个帧，接收端每接收一个帧，上边界就移动一个帧。

下沿边界：当发送应答帧时，下边界一次移动若干帧，移动的距离是最后一次 ACK 帧中的编号和现在发送的 ACK 帧的编号的差值。如果差值是负数，则再加上模 n。

例如，在接收窗口中，接收端收到 0，1，2，3，4，5 数据帧，校验后未出错，则接收端发送 ACK6 的确认信号，其含义是一次性确认 0，1，2，3，4，5 数据帧的到达，或期望接收下一个数据帧的序号值。如果下次发送(ACK1)的确认信号，则下沿边界扩展 1-6+8=3 个帧。

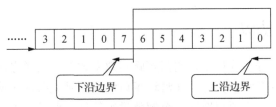

图 3-6 接收窗口

3.3.3 自动请求重传(ARQ)

由于在停等协议中引入了超时重传机制，在链路延迟允许的情况下，超时机制可以完全代替否认帧 NAK。即发现出错的帧以后，不发送任何确认，让发送方等待超时以后自动重传该帧，这种协议又称为**自动请求重传**(Automatic Repeat Request，ARQ)协议。这样可以简化协议设计，不需要再单独设计 NAK 了。

在 ARQ 协议中，发送方不需要将如下两种情况区别对待。

(1) 确认帧(不管是 ACK 还是 NAK)丢失。

(2) 帧出错，收到 NAK。

上述两种情况结果是一样的，发送方等待超时并重传当前帧。

3.3.4 退回 N 帧协议

将 ARQ 协议和滑动窗口协议相结合，可以得到一种效率更高的停等协议：**连续 ARQ 协议**。在该协议中，由于使用了滑动窗口，连续重发不等待前帧确认便发下一帧。当发现第 i 帧出错(超时)时，有可能已经连续发送了 $n \sim i+n$ 一共 n 个帧，此时应当将 $i \sim i+n$ 个帧全部重传，因此，连续 ARQ 协议又被称为**退回 N 帧协议**(Go-Back-N，GBN)，如图 3-7 所示。

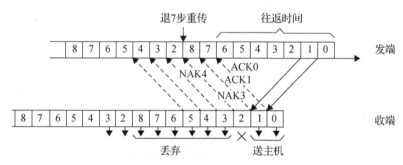

图 3-7 回退 N 帧协议

(1) 发送过程。在发送端，每次只能处理数据链路层发送缓冲区中的一个数据帧，将缓冲区中的该帧发送出去，同时启动定时器，接着等待接收端回送的确认帧。

(2) 定时器的作用。在发送端每发送一帧就启动定时器，在规定的时间内若没有应答信号，则超时重发，解决信息帧丢失的问题。

(3) 由于确认帧丢失。如果发送的信息无差错，而确认帧丢失，超时后发送端重发，接收端收到两份甚至多份同样的数据帧，则出现重复帧。

(4) 解决重复帧的问题。在每一个数据帧的头部增加发送序号，若收到重复帧，就将其丢弃，然后必须发送一个确认帧。出现这种情况的原因是确认帧丢失，或确认帧本身出错，造成发送端超时。

为了正确地记录链路上等待接收到帧的序号，收发两端都需要保持一个本地的状态序号。

(1) 数据帧和确认帧都不发生差错和丢失的情况。

① 发送端连续发送，直到收到第一帧的返回帧为止。

② 发送端存有重发表中数据的备份。

③ 发送端重发表中数据先进先出。

④ 接收端对每一个正确收到的数据帧返回一个 ACK 帧。

⑤ 每一个数据帧包含一个唯一序号，该序号在相应的 ACK 帧中返回。

⑥ 接收端保存一个接收序列表，它包含最后正确收到的数据帧的序号。

⑦ 若收到相应数据帧的 ACK，发送端从重发表中删除该数据帧。

(2) 数据帧出现差错的情况。

① 假设发送的第 $N+1$ 帧发生差错。

② 接收端立即返回一个相应的未正确接收的否定确认 NAK($N+1$)，指出最后正确收到的是第 N 帧。

③ 接收端清除所有出错后的第 $N+2$ 帧和后继的第 $N+3$ 帧、第 $N+4$ 帧、……直到收到下一个正确的第 $N+1$ 帧。

④ 对每一个出错的数据帧，接收端都产生相应的 NAK 帧，否则若正好 NAK($N+1$)丢失或出错，将产生死锁，即发送端不停地发送新的帧，同时等待对第 $N+1$ 帧的确认，而接收端不停地清除后继的帧。

⑤ 一收到第 $N+1$ 帧，接收端就继续正常工作。

⑥ 发送端收到否定确认，立即执行回退重发，从重发表中尚未确认的第一帧开始重新发送。

(3) 数据帧正确，确认帧出现差错的情况。

① 后继收到的确认帧为 ACK。假设此时 ACK(N)，ACK($N+1$)发生错误，发送端收到确认帧为 ACK($N+2$)。由于这是一个 ACK 而不是 NAK 帧，所以发送端得知第 N 帧和 $N+1$ 帧的确认帧发生错误，这两个帧肯定已被成功接收，因而发送端接收到 ACK($N+2$)作为对第 N 帧和 $N+1$ 帧的确认。这种肯定确认具有"累积效应"。

② 如果应该确认第 N 帧，但收到的确认帧为 NAK($N+1$)，这时 N 帧的确认帧可能是 ACK(N)，也可能是 NAK(N)已经丢失。如果是 NAK(N)，则回退 N 帧重发，如果丢失的数据帧是 ACK(N)，这可能使接收端收到重复的数据帧。必须用帧序号，收发两端都需要保持一个本地的状态序号来解决重复帧的问题。

回退 N 帧协议因连续发送数据帧提高了传输效率，由于这些数据帧之前的某个数据帧或确认帧发生差错，使原来已经传送正确的数据帧再次被发送，使传输效率下降，当线路传输质量很差，误码率较大时，回退 N 帧方案不一定优于停等式 ARQ。在长传播延时链路上回退 N 帧 ARQ 的传输效率也较低。

3.3.5 选择重传协议

退回 N 帧协议并不是在所有场合都表现出高效率，因此还有一种可选的方案，那就是发现出错以后，并不是重传出错帧以后的所有帧，而是只**重传出错帧**，已经正确接收的**后续帧不再重传**，这就是**选择重传协议**，如图 3-8 所示。

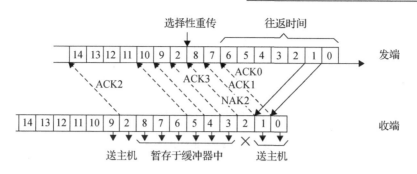

图 3-8 选择重传协议

发送端收到包含出错帧序号的 NAK 后，根据此序号从重发表中选出相应的帧的备份，插入发送帧队列前面给予重发。

发送端收到 NAK2 时正好发送完第 8 帧，然后从重发表中取出第 2 号帧的备份，插入发送帧队列的最前面进行重发。这就是对重发帧的选择。接收端发出 NAK3 后，应将后继到达的正确的数据帧存储到缓冲区中，待收到正确的 2 号帧后，才迅速将缓存的数据帧按顺序提取出来，一次性地处理并上交网络层。

3.4 点对点协议(PPP)

点对点协议(Point to Point Protocol，PPP)，是 TCP/IP 协议簇的一个成员，最主要的两个特点如下。

(1) 它可以通过串行接口传输 TCP/IP 包。

(2) 它可以安全登录。

ISP(Internet 服务提供商)通常使用 PPP 来允许拨号用户连接到 Internet。PPP 协议是数据链路层的重要协议，本节主要介绍 PPP 协议的作用、PPP 协议的组成部分以及 PPP 帧结构等。

3.4.1 PPP 协议的作用

PPP 协议的作用是在两个节点设备的数据链路层实体之间传送网络层协议数据单元 PDU(例如 IP 数据报)。这两个节点设备之间必须没有其他的中间设备。

常见的 **PPP** 应用场合是调制解调器通过拨号或专线方式将用户计算机接入 **ISP** 网络，即用户计算机与 **ISP** 服务器连接。另一个 PPP 应用领域是局域网之间的互联，如图 3-9 所示。Modem 之间、路由器之间的链路使用的就是 PPP 协议。

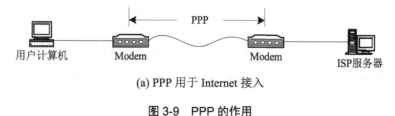

(a) PPP 用于 Internet 接入

图 3-9 PPP 的作用

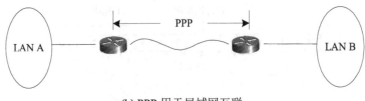

(b) PPP 用于局域网互联

图 3-9 PPP 的作用(续)

3.4.2 PPP 协议的组成

(1) **封装规范**。由于 PPP 协议面向多种网络层协议,换句话说,PPP 的 PDU 要能够封装多种网络层协议的 PDU,因此,PPP 定义了封装多种网络层 PDU 的规范。

(2) **网络控制协议**。PPP 制定了一组用于建立、配置不同网络层协议的网络控制协议(Network Control Protocol,NCP)。典型的 NCP 包括 IP 协议的控制协议 IPCP、IPX 协议的控制协议 IPXCP。

(3) **链路控制协议**。由于 PPP 要在多种接入网(PSTN/ISDN/ADSL/DDN)数据链路上运行,因此,制定了用于建立、配置测试和撤销数据链路连接的链路控制协议(Link Control Protocol,LCP)。

PPP 的子协议及其在协议栈中的位置如图 3-10 所示。

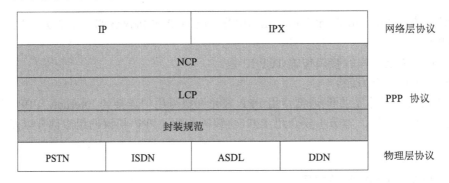

图 3-10 PPP 的子协议及其在协议栈中的位置

3.4.3 PPP 帧结构

PPP 的 PDU 称为 PPP 帧,其结构如图 3-11 所示。

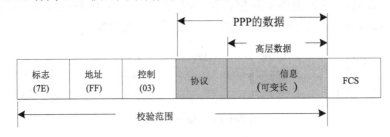

图 3-11 PPP 帧结构

PPP 帧各字段的含义如下。

(1) **标志**。字段值是 7EH(比特序列：01111110)，标识 PPP 帧的开始和结束。

(2) **地址**。字段值是 FFH。由于 PPP 是点对点协议，通信双方是明确的，因此无须指明收发双方的地址，地址字段的值是固定的 FFH。

(3) **控制**。字段值是 03H。由于 PPP 面向多类型主机、网桥和路由器的连接，它所支持的终端类型和点对点串行传输系统是多种多样的，数据链路的建立、维持和撤销是一个比较复杂的过程，因此 PPP 用专门的 LCP 协议实现这些功能，控制字段的值是固定的 03H。

(4) **协议**。协议字段和信息字段构成 PPP 帧的数据部分，协议字段值表明 PPP 帧信息字段内封装的数据是哪个协议的。表 3-1 给出了协议字段的含义。

表 3-1　协议字段的含义

协议字段值	协议
0021H	IP
C021H	LCP
C023H	PAP[1]
8021H	IPCP

(5) **FCS**。该字段值是循环冗余校验码(CRC)，校验范围包括地址、控制、协议和信息字段等。

3.4.4　PPP 协议的工作状态

当用户拨号接入 ISP 时，ISP 的调制解调器对拨号做出确认，并建立一条物理连接。这时，用户 PC 向 ISP 的路由器发送一系列的 LCP 分组(封装成多个 PPP 帧)，这些分组及其响应选择了将要使用的 PPP 参数。接着就进行网络层配置，NCP 给新接入的用户 PC 分配一个临时的 IP 地址，这样，用户 PC 就成为因特网上的一个主机了。

当用户通信完毕时，NCP 释放网络层连接，收回原来分配出去的 IP 地址；然后，LCP 释放数据链路层连接，最后释放的是物理层的连接，具体如图 3-12 所示。

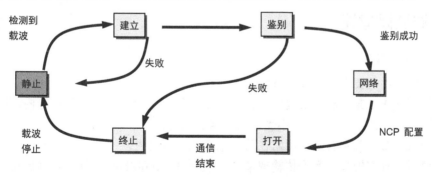

图 3-12　PPP 协议的状态图

PPP 链路的起始和终止状态永远是"静止状态"，并不存在物理层的连接。当检测到调制解调器的载波信号，并建立物理层连接后，PPP 就进入链路的"建立状态"。这时 LCP 开始协商一些配置选项，即发送 LCP 的配置请求帧(configure-request)。

这是个 PPP 帧，其协议字段设置为 LCP 对应的代码，而信息字段包含特定的配置请求。链路的另一端可以发送以下几种响应。

(1) **配置确认帧**(configure-ack)，所有选项都接受。

(2) **配置否认帧**(configure-nac)，所有选项都理解，但不能接受。

(3) **配置拒绝帧**(configure-rej)，选项有的无法识别或不能接受，需要协商。

LCP 配置选项包括链路上的最大帧长、所使用的鉴别协议的规约(如果有的话)，以及不使用 PPP 帧中的地址和控制字段(因为这两个字段的值是固定的，没有任何信息量，可以在 PPP 帧的首部中省略)。

协商结束后就进入"鉴别状态"。若通信双方的身份鉴别成功，则进入"网络状态"。这就是 PPP 链路的两端互相交换网络层特定的网络控制分组。如果在 PPP 链路上运行的是 IP 协议，则使用 IP 控制协议 IPCP(IP Control Protocol)来对 PPP 链路的每一端配置 IP 协议模块(如分配 IP 地址)。和 LCP 分组封装成 PPP 帧一样，IPCP 分组也封装成 PPP 帧(其中的协议字段为 0x8201)在 PPP 链路上传送。当网络层配置完毕后，链路就进入可进行数据通信的"打开状态"。两个 PPP 端点还可发送回送请求 LCP 分组(echo-request)和回送回答 LCP 分组(echo-reply)以检查链路的状态。数据传输结束后，链路的一端发出终止请求 LCP 分组(terminate-request)请求终止链路连接，而当收到对方发来的终止确认 LCP 分组(terminate-ack)后，就转到"终止状态"。当载波停止后则回到"静止状态"。

3.5 使用广播信道的数据链路层

3.4 节我们介绍的 PPP 协议适用于**点对点信道的数据链路层**，本节我们来学习使用**广播信道的数据链路层**。使用广播信道的数据链路层的最典型例子就是**局域网 LAN(Local Area Network)**。在当今的计算机网络技术中，局域网技术已经占据了十分重要的地位。

本节主要介绍局域网的概念、体系结构、实现技术、局域网的重要协议 CSMA/CD、以太网技术标准等内容。

3.5.1 局域网概述

1. 局域网的概念

局域网的特性主要有以下几个方面。

(1) 局域网属于某一组织机构所有。如一个工厂、学校、企事业单位等内部网络，因此 LAN 的设计、安装、使用等均不受公共网络的束缚。

(2) 局域网覆盖范围有限，通常在数百米至数千米之内。

(3) 局域网具有较高的数据传输速率，一般在 1~100Mbps 之间。目前已出现速率高达 1Tbps 的局域网。

(4) 具有较低误码率。局域网采用短距离基带传输，可以使用高质量的传输媒体，出现差错的机会少，可靠性高。局域网的误码率一般在 $10^{-11}\sim10^{-8}$。

(5) 局域网容易组装、组建和维护，具有较好的灵活性。

综上所述，**局域网是一种小范围内实现共享的计算机网络**，它具有结构简单、投资少、数据传输速率高和可靠性好等优点。局域网的应用范围极广，主要用于办公自动化、生产自动化、企业事业单位的管理、银行业务处理、军事指挥控制、商业管理、校园网建设等方面。随着网络技术的发展，计算机局域网将更好地实现计算机之间的连接、数据通信与交换、资源共享和数据分布式处理等。

2. 局域网的实现技术

1) 传输介质

局域网可使用多种传输介质，双绞线是最常用的一种，原来只用于低速基带局域网，现在 10Mb/s 或 100Mb/s 乃至 1Gb/s 的局域网也使用双绞线。

2) 拓扑结构

局域网常用拓扑结构有星形、总线形、环形及树形结构，如图 3-13 所示。

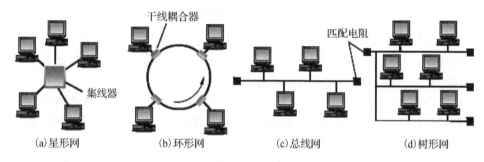

图 3-13　局域网常用拓扑结构

3) 介质访问控制方法

局域网的信道是广播信道，所有节点都连到一个共享信道上，控制多个用户使用共享信道的方法叫作**介质访问控制**(Medium Access Control，MAC)，有些文献也翻译成媒体访问控制。MAC 技术可分为受控访问和随机访问。

受控访问的特点是用户不能随机地发送信息而必须服从一定的控制。受控访问又可分集中式控制和分散式控制。集中式控制主要是多点线路探询(POLL)方式，主站首先发出一个简短的询问消息，次站如果没有数据发送，则以否定应答(NAK)来响应。如果次站在收到询问消息后正好有数据要发送，可立即发送数据。分散式控制主要是令牌环局域网，网络中各节点处于平等地位，但是数据的发送要通过令牌(Token)的获得来实现。

随机访问的特点是网络中各节点处于平等地位，所有的用户可随机地发送信息，各节点的通信是由其自身控制完成的，如载波监听多路访问和碰撞检测(CSMA/CD)等。

3.5.2　局域网的体系结构

局域网是一个通信网，只涉及相当于 OSI/RM 通信子网的功能。由于局域网内部大多采用共享信道的技术，所以局域网通常不单独设立网络层。局域网的高层功能由具体的局域网操作系统来实现。

IEEE 802 标准的局域网参考模型如图 3-14 所示,该模型包括了 OSI/RM 最低两层(物理层和链路层)的功能,也包括网间互联的高层功能和管理功能。从图中可见,OSI/RM 的数据链路层功能,在局域网参考模型中被分成**媒体访问控制 MAC**(Medium Access Control)和**逻辑链路控制 LLC**(Logical Link Control)两个子层。

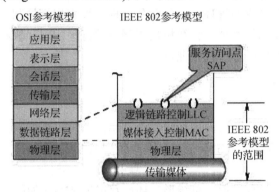

图 3-14　IEEE 802 标准中局域网的体系结构

因为共享介质的局域网要解决介质访问控制问题,所以数据链路层分为两个子层,与接入传输媒体有关的内容都放在 MAC 子层,而 LLC 子层则与传输媒体无关,不管采用何种协议的局域网对 LLC 子层来说都是透明的。

MAC 子层的主要功能是:具体管理通信实体访问信道而建立数据链路的控制过程,包括**帧的封装和拆封、物理介质传输差错的检测、寻址、实现介质访问控制协议等**。

LLC 子层的主要功能是:提供一个或多个服务访问点,以复用的形式建立多点对多点之间的数据通信链路,并包括**连接管理(建立和释放连接)、差错控制、按序传输及流量控制等**。

MAC 子层和 LLC 子层合并在一起,近似等效于 OSI 参考模型中的数据链路层。LLC 子层的协议与局域网的拓扑结构和传输介质的类型无关,它对各种不同类型的局域网都适用。而 MAC 子层协议却与网络的拓扑形式及传输介质的类型直接相关,其主要作用是介质访问控制和对信道资源的分配。例如,局域网主要采用的协议有:CSMA/CD、令牌总线、令牌环等。

随着以太网技术在局域网中取得垄断地位,DIX Ethernet V2 已成为局域网事实上的标准,而 IEEE 802 工作组制定的一系列标准(如 802.2/802.3 等)逐渐被市场所淘汰。**以太网技术在数据链路层只保留了 MAC 子层**,抛弃了 LLC 子层,将 LLC 子层的功能交由更高层来实现,事实证明这种做法是完全正确的。此后 MAC 子层和数据链路层这两个概念几乎可以画等号。因此,本章不再介绍 LLC 子层,也不再介绍以太网以外的其他局域网技术(如令牌总线、令牌环等)所使用的协议。

3.5.3　MAC 子层编址方式

在局域网中,**硬件地址**又称为**物理地址**或 **MAC 地址**(因为这种地址用在 MAC 帧中)。在所有计算机系统的设计中,标识(或称为编址)系统是一个核心问题。在标识系统中，地址就是为标识某个系统的一个非常重要的标识符。802 标准为局域网规定了一种 48bit 的全球地址，是指局域网上的每一台计算机所插入的网卡的地址，即 MAC 地址。现在 IEEE 的注册管理委员会 RAC(Registration Authority Committee)是局域网全球地址的法定管理机构，它负责分配地址字段的前三个字节(即高位 24 位)。这个号的正式名称是机构唯一标识符 OUI(Organizationally Unique Identifier)。世界上凡是生产局域网网卡的厂家都必须向 IEEE 购买由这三个字节构成的一个号(即地址块)。地址字段中的后三个字节(即低位 24 位)则是由厂家自行指定，称为扩展标识符(Extended Identifier)，只需保证生产的网卡没有重复地址即可。可见用一个地址块可以生成 2^{24} 个不同的地址。用这种方式得到的 48bit 地址称为 MAC-48。但注意：24bit 的 OUI 不能够单独用以标识一个公司，因为一个公司可能有几个 OUI，也可能几个小公司合起来购买一个 OUI。在生产网卡时这种六字节的 MAC 地址已被固化在网卡的只读存储器(ROM)中，因此又常被称为**网卡地址**。

IEEE 规定地址字段的最低 1 位为 I/G 比特。当 I/G 比特为 0 时，地址字段表示一个单个的站地址；当 I/G 比特为 1 时，表示组地址，用来进行多播。因此 IEEE 只分配地址字段的前三个字节中的 23 位。当 I/G 比特分别为 0 或 1 时，一个地址块可分别生成 2^{24} 个单个站地址和 2^{24} 个组地址。

由于网卡是插在计算机中，因此网卡上的硬件地址就可用来标识插有该网卡的计算机。网卡从网络上每收到一个 MAC 帧，就首先用硬件检查 MAC 帧中的 MAC 地址。如果是发往本站的帧则收下，然后进行其他的处理。否则就将此帧丢弃，不再进行其他的处理，这样就不浪费主机的处理机和内存资源。这里"发往本站的帧"包括以下三种。

(1) **单播**帧(一对一)，即收到的帧的 MAC 地址与本站的硬件地址相同。

(2) **广播**帧(一对全体)，即发送给所有站点的帧(全 1 地址)。

(3) **多播**帧(一对多)，即发送给一部分站点的帧。

所有的网卡都至少应当能够识别前两种帧，即能够识别单播和广播地址。有的网卡可用编程方法识别多播地址，当操作系统启动时，它就将网卡初始化，使网卡能够识别某些多播地址。

3.5.4 CSMA/CD 协议

以太网使用的介质访问控制协议叫作 CSMA/CD。CSMA/CD(Carries Sense Multiple Access/Collision Detection)称为载波监听多路访问/冲突检测，它的基本思想是，在帧发送之前首先监听信道是否空闲，有空闲时才进行发送。当帧开始发送后继续监听信道，检测有无冲突发生，如果检测到冲突发生，则冲突各方就必须立刻停止发送。

发送站点传输过程中仍继续监听信道，以检测是否存在冲突。如果发生冲突，信道上可以检测到超过发送站点本身发送的载波信号的幅度，由此判断出冲突的存在。一旦检测到冲突，就立即停止发送，并向总线上发一串阻塞信号，用以通知总线上其他各有关站点。这样，通道容量就不会因白白传送已受损的帧而浪费，可以提高总线的利用率。

1. CSMA/CD 的基本原理

CSMA/CD 是一种采用争用的方法来决定对媒体访问权的协议，这种争用协议只适用于逻辑上属于总线拓扑结构的网络，CSMA/CD 是广播式局域网中最著名的介质访问协议。它的基本原理如下。

(1) 载波监听。所谓载波监听，就是指通信设备在准备发送信息之前，侦听通信介质上是否有载波信号。若有，表示通信介质当前被其他通信设备占用，应该等待；否则，表示通信介质当前处于空闲状态，可以立即向其发送信息。

(2) 多路访问。

所谓多路访问，就是说明是总线拓扑结构的网络，许多计算机以多点接入的方式连接于总线上，即多个通信设备共享同一通信介质。由此可知，多路访问是通信节点竞争对通信媒体的使用，其特点可简单地概括为"先听后说"LBT(Listen Before Talk)。

(3) 冲突检测。

多个通信设备同时侦听到介质空闲而一起发送信息，这样，通信介质上必然会产生信息冲突(碰撞)。冲突检测(CD)的思想是：通信设备在发送和传输信息的过程中侦听通信介质，如果发现通信介质上出现冲突，则立即停止信息的发送。

(4) 强化碰撞。

为了使每个站都尽可能早地知道是否发生了碰撞，即采取的一种强化碰撞措施，就是一旦发送数据的站发生了碰撞，除了立即停止发送数据外，还要发送一阻塞信息(告知信息)以加强冲突，使正在发送信息的其他通信设备都知道现在已经发生了碰撞。

(5) 延迟重发。

发送方发生冲突并停止发送后，随机等待一段时间再次发送，如果又冲突，则不断重复这一过程，直到某一极限值(一般为16)时，放弃该帧的发送。

2. 冲突检测的物理原理

在 CSMA/CD 中，通过检测总线上的信号存在与否来实现载波监听。冲突检测是指计算机边发送数据，收发器同时检测信道上电压的大小，如果发生冲突，总线上的信号电压摆动值将会增大(互相叠加)，超过一定的门限值时，表明产生了碰撞。在发生碰撞时，总线上传输的信号就会产生严重的失真，无法从中恢复出有用的信息来。因此，一个正在发送数据的站，一旦发现总线上出现了碰撞，就要立即停止数据发送，免得继续浪费网络资源。

CSMA/CD 的代价是用于检测冲突所花费的时间。对于基带总线而言，**最坏情况下用于检测一个冲突的时间等于任意两个站之间传播时延的两倍**，如图 3-15 所示。从一个站点开始发送数据到另一个站点开始接收数据，也即载波信号从一端传播到另一端所需的时间，称为信号传播时延。信号传播时延(μs)=两站点的距离(m)/信号传播速度(m/μs)。假定 A、B 两个站点位于总线两端，两站点之间的最大传播时延为 t_p。当 A 站点发送数据后，经过接近于最大传播时延 t_p 时，B 站点正好也发送数据，此时冲突发生。发生冲突后，B 站点即可检测到该冲突，而 A 站点需再经过最大传播时延 t_p 后，才能检测出冲突。总之，对于基带 CSMA/CD 来说，检测出一个冲突的时间等于任意两个站之间最大传播时延的两倍，这个时间也叫**争用期**，或者叫**碰撞窗**口。

换句话说，经过争用期这段时间还没有检测到碰撞的话，才能肯定这次发送不会发生碰撞。

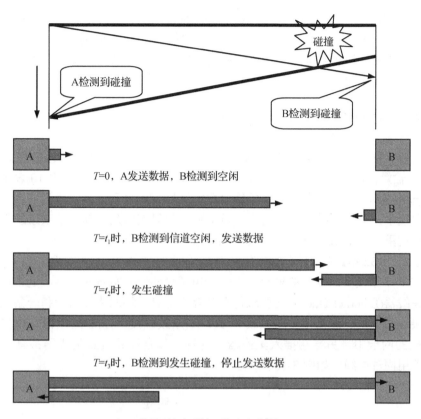

T=0，A发送数据，B检测到空闲

T=t₁时，B检测到信道空闲，发送数据

T=t₂时，发生碰撞

T=t₃时，B检测到发生碰撞，停止发送数据

T=t₄时，A检测到发生碰撞，停止发送数据

图 3-15　传播时延对载波监听的影响

3. 退避算法

在 CSMA/CD 算法中，一旦检测到冲突并发完阻塞信号后，为了降低再次冲突的概率，需要等待一个随机时间，然后使用 CSMA 方法试图传输。为了保证这种退避操作维持稳定，延迟时间采用一种称为截断二进制指数的退避算法(Truncated Binary Exponential Back-off Algorithm)，其规则如下。

(1) 发生碰撞的站在停止发送数据后，不是立即发送数据，而是推迟一个随机的时间。这样做是为了推迟重传而让再次发生冲突的概率减小。

(2) 定一个基本的推迟时间，一般为两倍的传输延迟 $2t$。

(3) 定义一个参数 K，$K=\min[$重传次数，$10]$。

(4) 离散的整数集合 $[0，1，2，3，2^k-1]$ 中随机取一个数 r，重传需推迟的时间为 $T=2rt$。

(5) 重传 16 次仍不成功时，丢弃该帧，向高层报告。

以上所述，可以将 CSMA/CD 算法的核心思想归结为十六字口诀：**先听后发，边听边发，冲突停止，延迟重发。**

以太网帧的结构包括**首部**、**数据**和**尾部**三个部分。其中，帧首部共 14 字节，包括源地址(6 字节)、目的地址(6 字节)和类型(2 字节)三个字段。数据部分长度可变，但是限制在 46～1500 字节范围内, 尾部是数据校验码 FCS(4 字节)。因此, 以太网首部加尾部固定长度为 18 字节, 加上可变的数据部分, **以太网的最小帧长为 64 字节, 最大帧长为 1518字节**。首部的类型字段用来标志上一层使用的是什么协议, 以便把收到的 MAC 帧的数据上交给上一层的这个协议。

3.5.5 使用集线器的星形以太网

第一代以太网技术又称为**标准以太网**, 它支持使用双绞线和同轴电缆(包括粗缆和细缆)等多种传输媒体。其中使用双绞线的方案正式名称为**10Base-T**, 其中 10 表示其标准速率为 10Mb/s, Base 表示基带传输, 即传输数字信号; T 表示传输媒体为双绞线。在以太网的后续发展中, 同轴电缆逐渐被淘汰, 目前所有的局域网几乎都使用双绞线作为传输媒体。因此在这里以 10Base-T 为例来介绍标准以太网。

事实上, 10Base-T 以太网并没有像其他布线方案那样共享物理介质, 相反地, 10Base-T 扩展了连接多路复用的思想。以一个电子设备作为网络的中心, 这个电子设备叫作以太网**集线器**(Ethernet Hub)。它要求每台计算机都有一块网络接口卡和一条从网卡到集线器的直接连接。这一连接使用双绞线和 **RJ-45**(双绞线接口标准)连接器。连接器的一端插入计算机的网卡中, 另一端插入集线器, 这样, 每台计算机到集线器都有一条专用连接, 并且不用同轴电缆, 如图 3-16 所示。

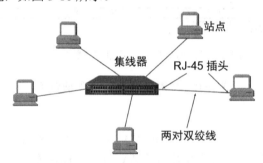

站点

集线器

RJ-45 插头

两对双绞线

图 3-16   使用集线器的星形以太网

集线器技术是连接多路复用器概念的扩展。集线器中的电子部件模拟物理电缆, 使整个系统像一个传统以太网一样运行。例如, 连接在集线器上的计算机必须有一个物理以太网地址, 每台计算机必须使用 CSMA/CD 来取得网络控制及标准以太网帧格式。事实上, 软件并不区分粗缆以太网、细缆以太网及 10Base-T, 网络接口负责处理细节以及屏蔽任何不同点。尽管所有集线器都能容纳多台计算机, 但集线器还是有许多种尺寸。一个典型的小型集线器有 4 或 5 个端口, 每个端口都能接入一条连接, 这样, 一个集线器足以在一个小组中连接所有计算机(如在一个部门中), 较大的集线器能容纳几百条连接。

集线器的特点如下。

(1) 表面上看, 使用集线器的局域网在物理上是一个星形网, 但由于集线器是使用电子器件来模拟实际电缆线的工作的, 因此整个系统仍然像一个传统的以太网那样运行。也就是说, **使用集线器的以太网在逻辑上仍是一个总线网**, 各工作站使用的还是 CSMA/CD协议, 并共享逻辑上的总线。网络中的各个计算机必须竞争对传输媒体的控制, 并且在一

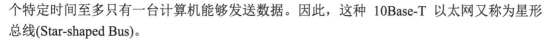

个特定时间至多只有一台计算机能够发送数据。因此，这种 10Base-T 以太网又称为星形总线(Star-shaped Bus)。

(2) 一个集线器有许多端口，每个端口通过 RJ-45 插头用两对双绞线与一个工作站上的网卡相连。因此，**一个集线器是一个多端口的转发器**。

(3) 集线器和转发器都是**工作在物理层**，它的每个端口都具有发送和接收数据的功能。当集线器的某个端口接收到工作站发来的比特时，就简单地将该比特向所有其他端口转发。若两个端口同时有信号输入(即发生碰撞)，那么所有的端口都收不到正确的帧。

(4) 集线器采用了专门的芯片，进行**自适应串音回波抵消**。这样就可使端口转发出去的较强信号不至于对该端口接收到的较弱信号产生干扰。每个比特在转发之前还要进行再生整形并重新定时。

(5) 集线器本身必须非常可靠。现在堆叠式集线器由 4~8 个集线器叠加构成(当然有堆叠的连接方法了)，一般都有少量的容错能力和网络管理功能。模块化的机箱式智能集线器有很高的可靠性，它全部的网络功能都以模块方式实现，各模块可进行热拔插，可在不断电的情况下更换或增加新模块。集线器上的指示灯还可显示网络上的故障情况，给网络的管理带来了很大的方便。

3.6　交换式以太网

由于传统共享媒体局域网的共享特性(在一时间段，只有一台机器有权发送信息)，网络系统的效率随着网络节点数目的增加和应用的深入而大大降低。在传统的网络应用环境中，共享式局域网确实提供了足够的带宽，而随着网络多媒体技术的发展，共享式局域网就无法提供网络应用所需的带宽。为了得到更高的网络效率，人们只有增加更多的路由器，划分更多的子网段，使网络的投资和管理成本都急剧上升。将交换技术引入局域网，可以使局域网的各个节点并行地、安全地、同时地相互传送信息，且交换式以太网的带宽可以随着网络用户的增加而扩充，较好地解决了局域网的带宽问题。

3.6.1　网桥

网桥是一个局域网与另一个局域网之间建立连接的桥梁。网桥是属于数据链路层的一种设备，它的作用是扩展局域网络和通信手段，在各种传输介质中转发数据信号，扩展网络的距离，同时又有选择地将带有地址的信号从一个传输介质发送到另一个传输介质，并能有效地限制两个介质系统中无关紧要的通信。

网桥用以扩展局域网，连接两个网段的网桥能从一个网段向另一个网段传送完整而且正确的帧，不会传送干扰或有问题的帧。常见的网桥有透明网桥和源路由网桥两大类。

1. 透明网桥

透明网桥即网桥对用户来说是"透明的"，任何一对桥接在局域网上的计算机都能互相通信，而不知道是否有网桥把它们隔开。它是一种即插即用设备，只需把连接插头插入网桥，就万事大吉，不需要改动硬件和软件，无须设置地址开关，无须装入路由表或参数，现有局域网的运行完全不受网桥的任何影响，如图 3-17 所示。

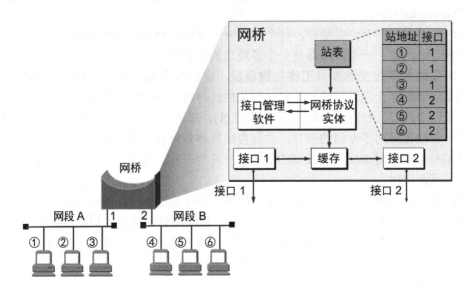

图 3-17　透明网桥及其转发表

透明网桥接收与之连接的所有网段传送的每一帧。当一帧到达时，网桥必须决定将其丢弃还是转发，如果要转发，则必须决定发往哪个 LAN，这需要通过查询网桥中的一张大型**转发表**里的目的地址而做出决定。该表可列出每个可能的目的地，以及它属于哪一条输出接口。在网桥加入之初，其转发表为空，透明网桥采用一种**自学习算法**来生成自己的转发表，自学习算法的思想非常简单，即"**从哪里来，就能回到哪里去**"。也就是说，如果现在从接口 x 收到了来自站点 A 的帧，则将来如果遇到一个帧的目的站点是 A，则从接口 x 转发出去一定能够被 A 收到，因此，它就在转发表中添加一个项目(目的站 A，接口 x)。

因此，网桥转发帧的主要规则如下。

(1) 根据帧的目的地址查找转发表，如果转发表中没有对应的项，则非常谨慎地从所有端口转发(广播)这个帧。

(2) 如果转发表中没有对应的项，则查看目的端口是否是帧的来源端口，如果是，则拒绝转发该帧(即该帧的源站和目的站在同一网段，不需要网桥的帮忙)。

(3) 如果转发表中没有对应的项，且帧的目的端口不是帧的来源端口，则按照转发表转发该帧。

为了提高可靠性，有时会在网段之间设置并行的两个或多个网桥，但是，这种配置又引起了另外一些问题，即在拓扑结构中产生了**回路**，可能引发无限循环。其解决方法就是使用网桥的**生成树协议**。

解决无限循环问题的方法是让网桥相互通信，并用一棵到达每个网段的生成树覆盖实际的拓扑结构。使用生成树，可以确保任意两个网段之间只有唯一的一条路径，一旦网桥商定好生成树，网段间的所有通信都遵从此生成树。

为了建造生成树，首先必须选出一个网桥作为生成树的根。实现的方法是每个网桥广播其序列号(该序列号由厂家设置并保证全球唯一)，选序列号最小的网桥作为根。接着，

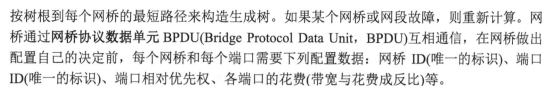

按树根到每个网桥的最短路径来构造生成树。如果某个网桥或网段故障，则重新计算。网桥通过**网桥协议数据单元 BPDU**(Bridge Protocol Data Unit，BPDU)互相通信，在网桥做出配置自己的决定前，每个网桥和每个端口需要下列配置数据：网桥 ID(唯一的标识)、端口 ID(唯一的标识)、端口相对优先权、各端口的花费(带宽与花费成反比)等。

配置好各个网桥后，网桥将根据配置参数自动确定生成树，这一过程有三个阶段。

(1) 选择根网桥。具有最小网桥 ID 的网桥作为根网桥。网桥 ID 应为唯一的，但若两个网桥具有相同的最小 ID，则 MAC 地址小的网桥被选作根。

(2) 其他所有网桥上选择根端口。除根网桥外的各个网桥需要选一个根端口，这应该是最适合与根网桥通信的端口。通过计算各个端口到根网桥的花费，取最小者作为根端口。

(3) 选择每个网段的"指定网桥"和"指定端口"。如果只有一个网桥连到某个网段，它必然是该网段的指定网桥，如果多于一个，则到根网桥花费最小的被选为该网段的指定网桥。指定端口连接指定网桥和相应的网段(如果这样的端口多于一个，则低优先权的被选)。

一个端口必须为根端口、某个网段的指定端口、阻塞端口之一。当一个网桥加电后，它假定自己是根网桥，发送一个 CBPDU(Configuration BPDU)消息，告知它认为的根网桥 ID。另一个网桥收到一个根网桥 ID 小于其所知 ID 的 CBPDU，它将更新自己的表，如果该消息从根端口(上传)到达，则向所有指定端口(下传)分发。当一个网桥收到一个根网桥 ID 大于其所知 ID 的 CBPDU，该信息被丢弃，如果该消息从指定端口到达，则回送一个帧告知真实根网桥的较低 ID。

当有意地改变网络拓扑或由于线路故障引起网络重新配置时，上述过程将重复，产生一个新的生成树。

2. 源路由网桥

与透明网桥相反，源路由网桥对用户来说是"不透明的"，或者说可见的。

源路由选择的核心思想是假定每个帧的发送者都知道接收者是否在同一网段上，当发送一帧到另外的网段时，源机器将目的地址的高位设置成 1 作为标记。另外，它还在帧的首部加入额外的内容，即此帧应走的实际路径。

源路由选择网桥只关心那些目的地址高位为 1 的帧，当收到这样的帧时，它扫描帧头中的路由，寻找发来此帧的那个 LAN 的编号。如果发来此帧的那个 LAN 编号后跟的是本网桥的编号，则将此帧转发到路由表中自己后面的那个 LAN。如果该 LAN 编号后跟的不是本网桥，则不转发此帧。这一算法有 3 种可能的具体实现：软件、硬件、混合。这三种具体实现的价格和性能各不相同，第一种没有接口硬件开销，但需要速度很快的 CPU 处理所有到来的帧；最后一种实现需要特殊的 VLSI 芯片，该芯片分担了网桥的许多工作，因此，网桥可以采用速度较慢的 CPU，或者可以连接更多的 LAN。

源路由选择的前提，是互联网中的每台机器都知道所有其他机器的最佳路径，如何得到这些路由，是源路由选择算法的重要部分。获取路由算法的基本思想是：如果不知道目的地址的位置，源机器就发布一广播帧，询问它在哪里，每个网桥都转发该查找帧(Discovery Frame)，这样该帧就可到达互联网中的每一个 LAN。当答复回来时，途经的网桥将它们自己的标识记录在答复帧中，于是，广播帧的发送者就可以得到确切的路由，并可从中选取最佳路由。

虽然此算法可以找到最佳路由(它找到了所有的路由),但同时也面临帧爆炸的问题。透明网桥也会发生类似的状况,但是没有这么严重。其扩散是按生成树进行的,所以传送的总帧数是网络大小的线性函数,而不像源路由选择是指数函数,一旦主机找到至某目的地的一条路由,它就将其存入高速缓冲器之中,无须再作查找。虽然这种方法大大遏制了帧爆炸,但它给所有的主机增加了事务性负担,而且整个算法肯定是不透明的。

透明网桥一般用于连接以太网段,而源路由选择网桥则一般用于连接令牌环网段。在激烈的市场竞争中,令牌环技术和源路由网桥一起被淘汰了,今天所使用的**以太网交换机都属于透明网桥**。事实证明,使用源路由网桥是弊大于利的。

3.6.2　交换机

交换式以太网的核心设备是交换式集线器,交换式集线器又叫以太网交换机,通常有十几个端口。因此,以太网交换机实质上就是一个多端口的网桥,工作在数据链路层。此外,以太网交换机的每个端口都直接与主机相连,工作在全双工方式。当主机需要通信时,交换机能同时连通多对端口,每一对相互通信的主机都像独占通信媒体那样,进行无碰撞的数据传输,通信完成后就断开连接。以太网交换机使用了专用的交换机芯片,因此其交换速率较高。

对于普通 10Mb/s 的共享式以太网,若共有 N 个用户,则每个用户占有的平均带宽只有总带宽(10Mb/s)的 N 分之一。使用以太网交换机时,虽然每个端口到主机的数据率还是10Mb/s,但由于一个用户在通信时是独占而不是和其他网络用户共享传输媒体的带宽,因此拥有 N 对端口的交换机的总容量为 $N×10Mb/s$。这正是交换机的最大优点。

数据速率为 10Mb/s 的共享式以太网,10 个节点同时使用时,每个节点使用的平均传输速率为 1Mb/s。16 端口的以太网交换机(2 个 100Mb/s,14 个 10Mb/s)进行通信时,总容量为:$(2×100 + 14×10)Mb/s$。

共享式以太网转到交换式以太网时,所有的接入设备(软件、硬件、网卡等)都不需要做任何改动,也就是说,所有的接入设备继续使用 CSMA/CD 协议。此外,只要增加集线器的容量,整个系统的容量是很容易扩充的。

以太网交换机一般具有多种速率端口,例如 10Mb/s、100Mb/s、1Gb/s 等,这就大大方便了各种不同情况的用户。如图 3-18 所示,以太网交换机由三个 10 Mb/s 端口分别和三个 10Base-T 的局域网相连,还有三个 100Mb/s 的端口分别和 E-mail Server、WWW Server,以及一个连接 Internet 的 Router 相连。

交换以太网采用存储转发技术或直通(Cut-Through)技术来实现信息帧的转发。**存储转发技术**是将需发送的信息帧完全接收并存放到输入缓存后再发送至目的端口,而**直通技术**是在接收到信息帧时和交换式集线器中的目的地址表相比较,查找到目的地址后就直接将信息帧发送到目的端口。

直通交换是当接收到一个帧的目的地址(大约一个帧的前 20 到 30 字节)后马上决定转发的目的端口,并且开始转发,而不必等待接收到一个帧的全部字节后再进行转发。相对于存储转发交换技术,它降低了传输延迟,但是在传输过程中不能进行校验,同时也可能传递广播风暴。

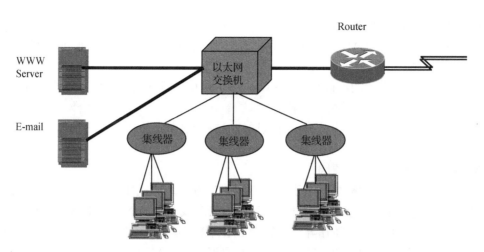

图 3-18　交换式以太网的基本结构

存储转发交换从功能上讲，就是网桥所使用的技术，等到全部数据都接收后再进行处理，包括校验、转发等。相对于直通技术而言，传递延迟比较大。

有一些交换机可以同时使用上述两种技术，当网络误码率比较低时，采用直通技术，当网络误码率比较高时，采用存储转发技术。这种交换机称为自适应交换机。

3.6.3　虚拟局域网 VLAN

1. VLAN 的概念

虚拟局域网(Virtual LAN，VLAN)是物理局域网虚拟化的结果。虚拟化就是把局域网的成员(主机、网桥/交换机)按照一定分组规则划分到不同的集合中，每一个集合就是一个VLAN。

为了讨论上的方便，把前面介绍的局域网称为物理 LAN，VLAN 与物理 LAN 之间的关系如图 3-19 所示。

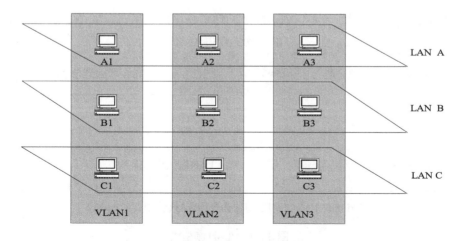

图 3-19　VLAN 与物理 LAN 之间的关系

VLAN 与物理 LAN 的区别如下。

(1) 位于不同物理 LAN 中的主机可以属于同一个 VLAN，而位于同一个物理 LAN 的主机可以属于不同的 VLAN。

(2) 同一 VLAN 中的不同物理 LAN 上的主机可以直接通信，而位于同一物理 LAN 的属于不同 VLAN 的主机不能直接通信。

既然物理 LAN 可以解决计算机互联通信问题，那么为什么还要在物理 LAN 上划分 VLAN 呢？

VLAN 的引入基于以下原因。

(1) **安全管理方面的需要**。从上面的叙述可以看到，VLAN 提供了一种把物理 LAN 中的成员重新进行分组的办法。这样，可以根据管理或安全的需要约束物理 LAN 成员之间的通信关系，使物理上分布在异地的物理 LAN 成员由于同一个管理目标而走到一起。

(2) **节省布线成本的需要**。VLAN 的实施是通过软件实现的，因此，无须为改动计算机的逻辑关系而更改网络的布线和拓扑结构。

(3) **VLAN 可以限制 LAN 中的广播通信量**。VLAN 技术能保证只有同一 VLAN 中的成员之间的通信才是直接进行的，而不同 VLAN 的成员之间的通信必须经过交换机的过滤。而且 VLAN 限制广播的方法是基于桥接方式的，它比基于路由方式的限制广播的方法效率要高。VLAN 技术能够在进行逻辑分组、限制广播和保证效率等要求之间达到较佳的平衡。

2. VLAN 的划分方法

从概念上讲，可以根据各种分组规则划分 VLAN，但是，得到实际应用的分组规则包括三个，即基于端口分组、基于 MAC 地址分组和基于 IP 地址分组。

(1) **基于端口的 VLAN**。根据 LAN 成员位于的交换机的端口进行分组。

(2) **基于 MAC 地址的 VLAN**。根据计算机网络接口的 MAC 地址进行分组。

(3) **基于 IP 地址的 VLAN**。根据与计算机网络接口卡关联的 IP 地址进行分组。

3. VLAN 的帧格式

IEEE 802.1Q 定义了统一的在 VLAN 之间通信使用的帧格式，如图 3-20 所示。

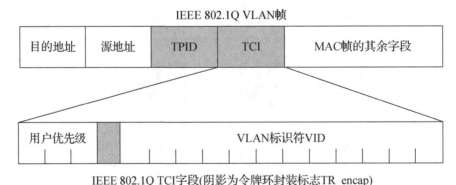

图 3-20　VLAN 帧格式

TCI 字段标签控制信息字段，包括用户优先级(User Priority)、规范格式指示器

(Canonical Format Indicator，CFI)和 VLAN ID。

用户优先级包括 8 个(2^3)优先级别，IEEE 802.1P 为 3 比特的用户优先级位定义了操作。CFI 在以太网交换机中总被设置为 0，由于兼容特性，CFI 常用于以太网类网络和令牌环类网络之间，如果以太网端口接收的帧具有 CFI，那么设置为 1，表示该帧不进行转发，这是因为以太网端口是一个无标签端口。VID(VLAN ID)是对 VLAN 的识别字段，在标准 IEEE 802.1Q 中常被使用。该字段为 12 位，支持 4096(2^{12})个 VLAN 的识别。在 4096 个可能的 VID 中，VID=0 用于识别帧优先级，4095(FFF)作为预留值，所以 VLAN 配置的最大可能值为 4094。

类型标识符(Type ID，TPID)占 2 字节，指明 MAC 帧是以太网的还是令牌环的，以太网 MAC 帧的 TPID 与令牌环的不一样。TPID 的存在声明了这是一个被贴上标签的 VLAN 帧。

用户优先权占 3 比特，遵照 IEEE 802.1P 规定。

VID 占 12 比特，它编码 VLAN 的标识符。

4. VLAN 标签交换

前面讲到，由于 VLAN 重新划分了物理 LAN 成员的逻辑连接关系，因此，原来连接在一个交换机或处在一个 IP 子网的主机之间的通信受到了限制。VLAN 成员之间的寻址不再简单地按照桥接方式的 MAC 地址或路由方式的 IP 地址进行。VLAN 帧在网络互联设备中的转发根据 VLAN 标签中的寻址结构 VID 进行，这就是 VLAN 标签交换的含义。VLAN 标签交换原理如图 3-21 所示，主要过程如下。

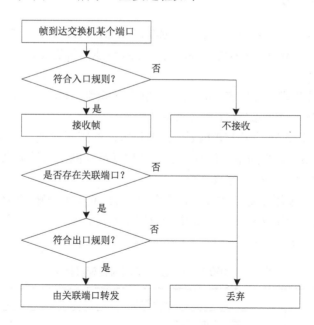

图 3-21 VLAN 标签交换原理

(1) 网络互联设备要给物理 LAN 帧贴上标签，标签由 IEEE 802.1Q 标准规范。

(2) 网络互联设备建立和维护 VID 与端口的关联。VID 与端口关联由 GARP/VRMP 协议实现。

(3) 网络互联设备根据 VID 与端口的关联，把携带某个 VID 的 VLAN 帧从与该 VID 关联的端口转发。

说明：VLAN 标签交换同时要遵守端口规则。换句话说，是否接收数据或者是否转发数据都由相应的端口规则决定。具体来讲，当数据到达入口时，根据该端口的入口规则决定是否接收该数据；如果接收，再根据出口规则决定是否转发该数据；如果转发，则查阅 VMIB 把数据转发到目的 VLAN 对应的端口。其他情况下，要把数据丢弃(过滤掉)。

3.7   以太网的演进

快速以太网是一个新的 IEEE 局域网标准，于 1995 年由原来制定以太网标准的 IEEE 802.3 工作组完成。它为现有广大以太网用户提供了一个平滑升级的方案。快速以太网标准的正式名为 100Base-T(由 3COM、INTEL 所组成的快速以太网联盟所制定)，由 IEEE 802.3u 规范。另外由 HP、AT&T 和 IBM 所组成的 100VG-AnyLAN 论坛支持的 100VG-AnyLAN 采用请求优先的介质访问方法，由 IEEE 802.12 规范。

为了支持各种类型的介质，快速以太网提供了 3 种类型的发送接收器，两种用于双绞线(即 100Base-T4：使用 4 对 3 类或 4 类或 5 类 UTP；100Base-TX：使用两对 5 类 UTP 或两对阻抗为 150Ω 的 STP)，一种用于光纤(即 100Base-FX)。

3.7.1   百兆以太网

百兆以太网技术的正式名称为 **100BASE-T**，又称为**快速以太网**(Fast Ethernet)，它是使用 10Base-T 的 CSMA/CD 媒体访问控制方法在双绞线上传送 100Mbps 基带信号的星形拓扑以太网。

100Base-T 的网卡有很强的自适应性，能够自动识别 10Mbps 和 100Mbps，所有在 100Base-T 上的应用软件和网络软件都可以保持不变。

IEEE 于 1995 年正式通过了 100Base-T 快速以太网的国际标准，即 802.3u 标准。

100Base-T 与 10Base-T 的主要区别在于物理层标准和网络设计方面，100Base-T 规定了以下三种不同的物理层标准，见表 3-2。

(1) 100Base-TX 使用 2 对 5 类非屏蔽双绞线 UTP 或 1 类屏蔽双绞线 STP。

(2) 100Base-FX 使用 2 对光纤，其中一对用于发送，另一对用于接收。

(3) 100Base-T4 使用 4 对非屏蔽的 3 类、4 类或 5 类双绞线。

表 3-2   100Base-T 三种不同的物理层标准

名　　称	传输介质	最大距离/m
100Base-T4	3 类(4 类、5 类)UTP	100
100Base-TX	5 类 UTP 或 1 类 STP	100
100Base-FX	光纤	2000

3.7.2　千兆以太网

千兆以太网又称为**吉比特以太网**，IEEE 在 1997 年通过了关于吉比以太网的标准 802.3z，并在 1998 年将其定为正式标准。

吉比特以太网仍使用原有以太网的帧结构、帧长及 CSMA/CD 协议，仅在底层将数据速率提高到了 1Gbps，因此与标准以太网及快速以太网兼容。

吉比特以太网的标准 802.3z 考虑以下几个要点。

(1)　允许在 1Gbit/s 下以全双工和半双工两种方式工作。

(2)　使用 802.3 协议规定的帧格式。

(3)　在半双工方式下使用 CSMA/CD 协议(全双工方式不需要使用 CSMA/CD 协议)。

(4)　对 10Base-T 和 100Base-T 技术向后兼容。

吉比特以太网的物理层使用两种成熟的技术：一种来自现有的以太网，另一种则是 ANSI 制定的光纤通道。采用成熟技术就能大大缩短吉比特以太网标准的开发时间。

吉比特以太网的物理层包括两个标准。

1. 1000Base-X(802.3z 标准)

1000Base-X 标准是基于光纤通道的物理层，即 FC-0 和 FC-1。使用的媒体有以下三种。

(1)　1000Base-SX。SX 表示短波长(使用 850nm 激光器)。使用纤芯直径为 62.5μm 和 50μm 的多模光纤时，传输距离分别为 275m 和 550m。

(2)　1000Base-LX。LX 表示长波长(使用 1300nm 激光器)。使用纤芯直径为 62.5μm 的多模光纤时，传输距离 550m。使用纤芯直径为 10μm 的单模光纤时，传输距离 5000m。

(3)　1000Base-CX。CX 表示铜线。使用两对短距离的屏蔽双绞线电缆，传输距离为 25m。

2. 1000Base-T(802.3ab 标准)

1000Base-T 是使用 4 对 5 类双绞线 UTP，传送距离为 100m。

吉比特以太网工作在半双工方式时，就必须进行碰撞检测。为了能够进行冲突检测，吉比特以太网采用"载波扩展"(Carrier Extension)的办法，即最短帧长 64 字节仍不变，但将争用时间变为 512 字节。凡是发送的 MAC 帧长不足 512 字节时，就用一些特殊字符填充在帧的后面，使 MAC 帧的发送长度增大到 512 字节，但这对有效载荷并无影响。接收端收到以太网的 MAC 帧后，要将所填充的特殊字符删除后才能向高层交付。

当原来仅 64 字节长的短帧填充到 512 字节时，所填充的 448 字节就造成了很大的开销。为此，吉比特以太网还增加了一种功能，称为分组突发。这就是当很多短帧要发送时，第一个短帧要采用载波延伸的方法进行填充，但随后的其他短帧则可一个接一个地发送，它们之间只需留有必要的帧间最小间隔即可。这样就形成了一串分组的突发，直至达到 1500 字节或稍多一些为止。

当吉比特以太网工作在全双工方式时，不使用载波延伸和分组突发。

吉比以太网可用作快速以太网的主干网，也可在高带宽的应用(如医疗图像或 CAD 的图形等)中用来连接工作站和服务器。吉比特以太网交换机可以直接与多个图形工作站相连，也可以与几个 100Mbps 以太网集线器相连，然后和大型服务器连在一起。它可以很容易将 FDDI 主干网进行升级。

3.7.3　10 吉比特以太网

万兆以太网又称为 **10 吉比特以太网**，就在吉比特以太网标准 802.3z 通过后不久，1999 年 3 月，IEEE 成立了高速研究组 HSSG(High Speed Study Group)，其任务是致力于 10 吉比特以太网的研究。10 吉比特以太网的标准由 IEEE 802.3ae 委员会进行制定，其正式标准于 2002 年完成。10 吉比特以太网又叫万兆以太网。

10 吉比特以太网并非将吉比特以太网的速率简单地提高到 10 倍，这里有许多技术上的问题要解决。以下是 10 吉比特以太网的主要特点。

10 吉比特以太网的帧格式与 10Mbit/s、100Mbit/s 和 1Gbit/s 以太网的帧格式完全相同。10 吉比特以太网还保留了 802.3z 标准规定的最小和最大帧长，这就使用户在将其已有的以太网进行升级时，仍能和较低速率的以太网很方便地通信。

由于 10 吉比特以太网数据传输速率很高，所以不再使用铜线，而只是使用光纤作为传输媒体。它使用长距离(超过 40km)的光收发器与单模光纤接口，以便能够在广域网和城域网的范围工作。10 吉比特以太网也可使用较便宜的多模光纤，但传输距离只有 65～300m。

10 吉比特以太网只工作在全双工方式，因此不存在争用问题，也不使用 CSMA/CD 协议，这就使得 10 吉比特以太网的传输距离不再受进行碰撞检测的限制，因而大大提高了。

吉比以太网的物理层是使用已有的光纤通道技术，而 10 吉比特以太网的物理层则是新开发的。10 吉比特以太网有下述两种不同的物理层。

(1) **局域网物理层 LAN PHY**。局域网物理层的数据率是 10.00Gbit/s(这表示是精确的 10Gbit/s)。因此，一个 10 吉比特以太网交换机可以支持正好 10 个吉比特以太网端口。

(2) **可选的广域网物理层 WAN PHY**。广域网物理层具有另一种数据率，这是为了和所谓的 "Gbit/s" 的 SONET/SDH(即 OC-192/STM-64)相连接。我们知道，OC-192/STM-64 的准确数据率并非精确的 10Gbit/s，而是 9.953 28Gbit/s。在去掉帧首部的开销后，其有效载荷的数据率只有 9.584 64Gbit/s。因此，为了使 10 吉比特以太网的帧能够插入 OC-192/STM-64 帧的有效载荷中，就要使用可选的广域网物理层，其数据率为 9.953 28Gbit/s。显然，SONET/SDH 的 "10Gbit/s" 速率不可能支持 10 个吉比特以太网的端口，而只能够与 SONET/SDH 相连接。

需要注意的是，10 吉比特以太网并没有 SONET/SDH 的同步接口，而只有异步的以太网接口。因此，10 吉比特以太网在和 SONET/SDH 连接时，出于经济上的考虑，只是具有 SONET/SDH 的某些特性，如 OC-192 的链路速率、SONET/SDH 的组帧格式等，但 WAN PHY 与 SONET/SDH 并不是全部兼容的。例如，10 吉比特以太网没有 TDM 的支持，没有使用分层的精确时钟，也没有完整的网络管理功能。

由于 10 吉比特以太网的出现，以太网的工作范围已经从局域网(校园网、企业网)扩充到城域网和广域网，从而实现了端到端的以太网传输。这种工作方式的好处有以下几点。

(1) 以太网是一种经过证明的成熟的技术，无论是因特网服务提供者 ISP 还是端用户都很愿意使用以太网。

(2) 以太网的互操作性也很好，不同厂商生产的以太网都能可靠地进行互操作。

(3) 在广域网中使用以太网时，其价格大约只有 SONET 的 1/5 和 ATM 的 1/10。

(4) 以太网还能够适用于多种传输媒体，如铜线、双绞线以及各种光缆等。这就使具有不同传输媒体的用户在进行通信时不必重新布线。

(5) 端到端的以太网连接使帧的格式全都是以太网的格式，而不需要再进行帧的格式转换，这就简化了操作和管理。但是，以太网和现有的其他网络(如帧中继或 ATM)进行互联时仍然需要有相应的接口。

回顾过去的历史，我们看到 10Mbit/s 以太网最终淘汰了比它快 60%的 16Mbit/s 的令牌环，100Mbit/s 的快速以太网也使得曾经是最快的局域网/城域网的 FDDI 变为了历史。吉比特以太网和 10 吉比特以太网的问世，使以太网的市场占有率进一步得到了提高，使得 ATM 在城域网和广域网中的地位受到更加严峻的挑战。10 吉比特以太网使 IEEE 802.3 标准在速率和距离方面进行着自然的演进。

以太网从 10Mbit/s 到 10Gbit/s 的演进证明了以太网具有下列特征。

(1) 可扩展(从 10Mbit/s 到 10Gbit/s)。

(2) 灵活(多种媒体、全/半双工、共享/交换)。

(3) 易于安装。

(4) 稳健性好。

3.8　无线局域网

顾名思义，**无线局域网**(Wireless LAN，WLAN)就是不采用双绞线、光纤等有线通信介质，而是使用微波、红外线等无线传输技术的局域网。WLAN 具有有线局域网不具备的优点。例如，它可以解决有线局域网在某些场所布线的难题，而且是移动通信唯一可行的解决方案。随着 WLAN 相关技术的发展，WLAN 的应用越来越普及。

自 20 世纪 80 年代末以来，由于人们工作和生活节奏的加快，以及移动通信技术的飞速发展，无线局域网也已开始进入市场。无线局域网提供的移动接入的功能，给许多需要发送数据但又不能坐在办公室的工作人员提供了方便。使用无线局域网，不仅节省了投资，而且建网的速度也会较快。另外，当大量持有笔记本电脑的用户在一个地方同时要求上网时(如在图书馆或购买股票的大厅里)，若用电缆联网，恐怕连铺设电缆的位置都很难找到，而用无线局域网则比较容易。

3.8.1　WLAN 组网方式

在无线通信领域中，**便携站**(Portable Station)和**移动站**(Mobile Station)表示的意思并不一样，便携站当然是便于移动的，但便携站在工作时其位置是固定不变的。移动站不仅能够移动，而且可以在移动的过程中进行通信(正在进行的应用程序感觉不到计算机位置的变化，也不因计算机位置的移动而中断运行)。移动站一般都是使用电池供电。

无线局域网可分为两大类，第一类是**有固定基础设施的**，第二类是**无固定基础设施的**。所谓固定基础设施，是指预先建立起来的、能够覆盖一定地理范围的一批固定基站。大家经常使用的蜂窝移动电话就是利用电信公司预先建立的、覆盖全国的大量固定基站来接通用户手机拨打的电话。

1. 有固定基础设施的 WLAN

有固定基础设施的 WLAN 由携带无线网卡的终端计算机(移动站或便携站)、**无线接入点**(Access Point，AP)和其他有关设备组成，在 802.11 标准中，AP 又称为**基站**(Base Station)。组成无线局域网的基本单元称为一个**基本服务集**(Basic Service Set，BSS)。一个 BSS 包括一个基站和它覆盖范围内的若干个移动站。一个 BSS 所覆盖的地理范围叫作一个**基本服务区**(Basic Service Area，BSA)。

一个 WLAN 可由一个或多个基本服务区组成，当多个基本服务区互相连接形成一个 WLAN 时，它们通过**分配系统**(Distribution System，DS)进行连接。多个基本服务集通过 DS 互联，形成了一个**扩展服务集**(Extended Service Set，ESS)，如图 3-22 所示。DS 可以是有线网，也可以是无线网，因此，WLAN 可独立使用，也可与有线局域网互联使用。

在图 3-22 中可以看到，移动站 A 从某一个基本服务集漫游到另一个基本服务集，仍然可保持与另一个移动站 B 进行通信。当然 A 在不同的基本服务集所使用的接入点 AP 并不相同。基本服务集的服务范围是由移动设备所发射的电磁波的辐射范围确定的，在图 3-22 中用一个椭圆来表示基本服务集的服务范围，当然实际上的服务范围可能是很不规则的几何形状。

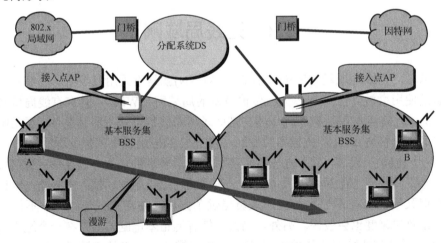

图 3-22　无线局域网的构成

802.11 标准并没有定义如何实现漫游，但定义了一些基本的工具。例如，一个移动站若要加入一个基本服务集 BSS，就必须先选择一个接入点 AP，并与此接入点**建立关联**

(Association)。此后，这个移动站就可以通过该接入点发送和接收数据。若移动站使用**重建关联**(Reassociation)服务，就可将这种关联转移到另一个接入点。当使用**分离**(Dissociation)服务时，就可终止这种关联。移动站与接入点建立关联的方法有两种，一种是**被动扫描**，即移动站等待接收接入站周期性发出的信标帧(Beacon Frame)；另一种是**主动扫描**，即移动站主动发出**探测请求帧**(Probe Request Flame)，然后等待从接入点发回的**探测响应帧**(Probe Response Frame)。

2. 无固定基础设施的无线局域网

无固定基础设施的无线局域网又叫作**自组织网络**(Ad Hoc Network)。这种自组织网络没有上述基本服务集中的接入点 AP，而是由一些处于平等状态的移动站之间相互通信组成的临时网络，如图 3-23 所示。当移动站 A 和 E 通信时，经过 A—B、B—C、C—D 和最后 D—E 这样一连串的存储转发过程。因此，从源节点 A 到目的节点 E 的路径中的移动站 B、C 和 D 都是转发节点，这些节点都具有路由器的功能。由于自组织网络没有预先建好的网络固定基础设施(基站)，因此其服务范围通常是受限的，而且自组织网络一般也不和外界的其他网络相连接。移动自组织网络也就是移动分组无线网络。

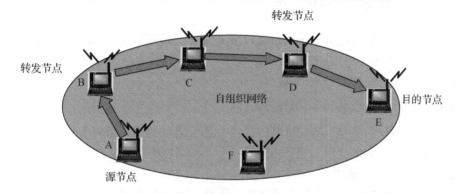

图 3-23　处于平等状态的一些便携机构成的自组织网络

自组织网络通常是这样构成的：一些可移动的设备发现在它们附近还有其他的可移动设备，并且要求和其他移动设备进行通信。由于便携式计算机的大量普及，自组织网络的组网方式已受到人们的广泛关注。由于在自组织网络中的每一个移动站都要参与到网络中的其他移动站的路由的发现和维护，同时由移动站构成的织网络拓扑有可能随时间变化得很快，因此在固定节点网络中行之有效的一些路由选择协议对移动自组织网络已不适用，这样，路由选择协议在自组织网络中就引起了特别的关注。另一个重要问题是多播，在移动自组织网络中往往需要将某个重要信息同时向多个移动站传送，这种多播比固定节点网络的多播要复杂得多，需要有实时性好而效率又高的多播协议。在移动自组织网络中，安全问题也是一个更为突出的问题，IETF 下面设有一个专门研究移动自组织网络的工作组MANET(Mobile Ad-hoc NETworks)，可在 MANET 网站查阅到有关移动自组织网络的技术资料。

自组织网络在军用和民用领域都有很好的应用前景。在军事领域中，由于战场上往往没有预先建好的固定接入点，但携带了移动站的士兵就可以利用临时建立的移动自组织网络进行通信。这种组网方式也能够应用到作战的地面车辆群和坦克群，以及海上的舰艇群、空中的机群等。由于每一个移动设备都具有路由器的转发分组功能，因此分布式的移动自组织网络的生存性非常好。在民用领域，开会时持有笔记本电脑的人可以利用这种移动自组织网络方便地交换信息，而不受笔记本电脑附近有没有电话线插头的限制。当出现自然灾害时，在抢险救灾时利用移动自组织网络进行及时的通信往往也是很有效的，因为这时事先已建好的固定节点网络基础设施(基站)可能已经都被破坏了。

顺便指出，**移动自组织网络和移动 IP 并不相同**。移动 IP 技术使漫游的主机可以用多种方式连接到因特网。漫游的主机可以直接连接到或通过无线链路连接到固定节点网络上的另一个子网，支持这种形式的主机移动性需要地址管理和增加协议的互操作性，但移动 IP 的核心网络功能仍然是基于在固定节点互联网中一直在使用的各种路由选择协议。移动自组织网络是将移动性扩展到无线领域中的自治系统，它具有自己特定的路由选择协议，并且可以不和因特网相连，即使在和因特网相连时，移动自组织网络也是以**残桩网络**(Stub Network)方式工作的。所谓"残桩网络"就是通信量可以进入残桩网络，也可以从残桩网络发出，但不允许外部的通信量穿越残桩网络。

3.8.2　IEEE 802.11 MAC 层

1997 年 IEEE 审定通过了 **IEEE 802.11 标准**，该标准描述了 IEEE WLAN 体系结构，另外还制定了 IEEE 802.11HR(High Rate)，它是无线局域网的高速标准。IEEE 802.11 标准包括物理层和介质访问控制子层 MAC。

1. IEEE 802.11MAC 技术——CSMA/CA

与有线局域网一样，WLAN 使用的也是共享信道，因此，也存在冲突问题。但是，WLAN 内的冲突发生和检测与有线局域网不一样，主要表现在冲突检测不可靠。因此 CSMA/CD 对 WLAN 不适用。

既然 WLAN 在冲突检测上是不可靠的，因此，WLAN 的 IEEE 802.11 标准就决定在冲突避免上做文章，即变冲突检测为**冲突避免**(Collision Avoidance，CA)。由于 WLAN 使用共享信道，有线局域网的 CSMA 仍然有效，因此被保留，所以 WLAN 的 MAC 技术是**CSMA/CA**。

IEEE 802.11 MAC 标准主要包括三方面的内容：基于信道预约的冲突避免、两种 MAC 功能和三种帧间间隔等。

1）信道预约的原理

如图 3-24 所示，节点 A 在向 B 发送数据之前，先向 B 发送一个请求发送帧(Request To Send，RTS)，在 RTS 帧中说明将要发送的数据帧的长度，B 收到 RTS 帧后向 A 发送允许发送帧(Clear To Send，CTS)，在 CTS 帧中附上 A 要发送的帧的长度，A 收到 CTS 帧后就可以发送数据了。

2）两种协调功能

由于信道预约不能完全避免冲突，于是，IEEE 802.11 定义了分布协调功能(DCF)和点协调功能(PCF)。DCF 应用于分布式 WLAN 的 MAC 控制。因为分布式 WLAN 没有具备集中控制功能的设备。DCF 提供争用服务，在安装了具备集中控制功能设备的主从式 WLAN 中，共享信道的使用权由 AP 统一分配，节点可以按照优先级或者轮流地使用它，而无须争用。PCF 提供无争用服务，多在采用轮询方式分配信道使用权时采用，由一个点协调程序(Point Coordinator)集中控制信道的使用。点协调程序询问各节点是否要发送数据，节点用应答帧回答点协调程序的询问。如果通过 WLAN 传输时间敏感的业务数据，就应该使用 PCF。

IEEE 802.11 WLAN 的 MAC 子层设计为两个子层，即 DCF 子层和 PCF 子层，其结构如图 3-25 所示。

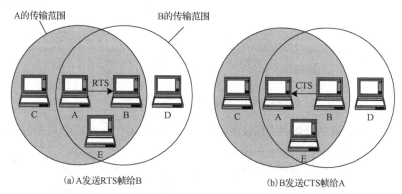

(a)A发送RTS帧给B (b)B发送CTS帧给A

图 3-24 信道预约的原理

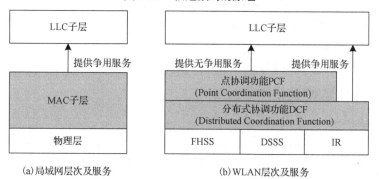

(a)局域网层次及服务 (b)WLAN层次及服务

图 3-25 IEEE 802.11 WLAN 参考模型

3) 三种帧间间隔(IFS)

IEEE 802.11 使用三种帧间隔时间，如图 3-26 所示。

SIFS，即**短帧间间隔**，是最短的帧间隔时间，用来分隔属于一次对话的各帧。一个站应当能够在这段时间内从发送方式切换到接收方式。使用 SIFS 的帧类型有 ACK 帧、CTS 帧、由过长的 MAC 帧分片后的数据帧，以及所有回答 AP 探询的帧和在 PCF 方式中接入点 AP 发送出的任何帧等。

PIFS，即**点协调功能帧间间隔**，它比 SIFS 长，是为了在开始使用 PCF 方式时(在 PCF 方式下使用，没有争用)优先获得接入媒体中权限。PIFS 的长度是 SIFS 加一个时隙(Slot)长度，时隙的长度是这样确定的：在一个基本服务集 BSS 内，当某个站在一个时隙开始时接入到媒体中，那么在下一个时隙开始时，其他站就都能检测出信道已转变为忙态。

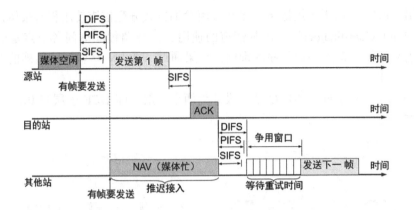

图 3-26   802.11 三种帧间间隔

DIFS，即**分布协调功能帧间间隔**(最长的 IFS)，在 DCF 方式中用来发送数据帧和管理帧。DIFS 的长度比 PIFS 再增加一个时隙长度。

关于 IEEE 802.11 的退避算法规则，CSMA/CA 协议仅在下面的情况下才不使用退避算法：检测到信道是空闲的，并且这个数据帧是要发送的第一个数据帧。

除此以外的所有情况，都必须使用退避算法，如下所示。

(1) 在发送第一个帧之前检测到信道处于忙态。

(2) 在每一次的重传后。

(3) 在每一次的成功发送后。

2. IEEE 802.11 MAC 帧结构

IEEE 802.11 MAC 帧结构如图 3-27 所示。

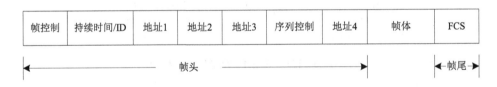

帧控制	持续时间/ID	地址1	地址2	地址3	序列控制	地址4	帧体	FCS

图 3-27   IEEE 802.11 MAC 帧结构

帧中字段的含义如下。

(1) **帧控制**。占 2 字节。该字段包含控制信息。

(2) **持续时间/标识符**。占 2 字节，该字段包含下一个帧发送的持续时间。该值的大小与帧的类型有关。

(3) **地址 1、2、3、4**。每个地址字段占 6 字节。该字段的值可以是基本服务组标识(Basic Service Set ID，BSS ID)、源地址、目标地址、发送站地址和接收站地址等。地址可以是单播地址、组播地址和广播地址，这些字段的赋值与帧类型有关。

(4) **序列控制**。占 2 字节，该字段由分段号(左 4 位)和序列号(右 12 位)两个子字段组成。分段是指用介质服务数据单元(Medium Service Data Unit，MSDU)分割而成的数据段。MSDU 即 LLC 的 PDU，第一个分段的分段号为 0，后面每发送一个分段，分段号加

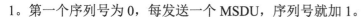

1。第一个序列号为 0，每发送一个 MSDU，序列号就加 1。

属于同一个 MSDU 的分段的序列号相同。通过分段号和序列号可以判断帧是否是重复帧。

(5) **帧体**。该字段变长，其内容与帧类型有关。例如，如果是数据帧，则该字段包含一个 LLC 的 PDU；如果是管理与控制帧，则该字段包含管理与控制的参数。

(6) **帧校验序列**(FCS)。占 4 字节，校验范围是前面的所有字段。FSC 由 CRC 算法计算，生成多项式是：

$$G(X)=X^{32}+X^{26}+X^{23}+X^{22}+X^{16}+X^{12}+X^{11}+X^{10}+X^8+X^7+X^5+X^4+X^2+X+1$$

注意：MAC 帧中没有长度字段，因此，帧体字段的长度值不能从 MAC 帧结构中判定。这个判定工作在物理层进行。这是 IEEE 802.11 MAC 帧与以太网 MAC 帧的一个显著不同。

3.8.3　IEEE 802.11 物理层

IEEE 802.11 物理层结构如图 3-28 所示。

MAC子层		
IR PLCP子层	FHSS PLCP子层	DSSS PLCP子层
IR PMD子层	FHSS PMD子层	DSSS PMD子层

图 3-28　WLAN IEEE 802.11 物理层结构与类型

1. IEEE 802.11 物理层的功能

(1) 载波侦听。

(2) 发送。

(3) 接收。

(4) 编码/解码.

2. IEEE 802.11 物理层的功能子层

(1) **物理层汇聚过程子层**(Physical Layer Convergence Procedure，PLCP)。PLCP 具有两个功能：①MAC 层屏蔽无线介质相关的细节，使 MAC 不直接与无线传输技术打交道；②提供物理层发送器和接收器所需的控制信息，使物理层的控制功能与数据传输功能隔离开。PLCP 子层的 PDU 称为 PPDU。

(2) **物理介质相关子层**(Physical Medium Dependent，PMD)。PMD 负责工作站之间的无线信号发送和接收。为此，PMD 具有调制解调、信号编码等功能。

3. IEEE 802.11 物理层传输技术

IEEE 802.11 物理层支持两种无线传输技术，红外技术和射频技术。**红外技术**(InfraRed，IR)使用波长为 850～950nm 的红外线在室内传输数据。红外线的最大发射功率为 2W。由于 IR 发射频率相当高，所以 IR WLAN 没有频率限制。IEEE 802.11 IR 物理层采用**间接发送**方式，如图 3-29 所示。

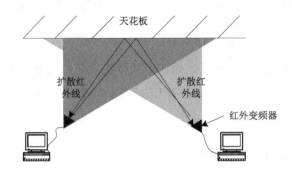

图 3-29　IR WLAN 利用天花板反射红外线

由于 **IR WLAN 采用间接发送方式**，因此，一般只能在室内工作，且需天花板反射信号。IR WLAN 的作用范围是 10～20m，且与天花板的高度有关。IR 物理层 PMD 子层采用 16—脉冲定位调制(Pulse Position Modulation，PPM)方法(1Mbit/s 情况下)和 4—PPM 方法(2Mbit/s 情况下)。

射频技术可以覆盖大范围的区域，当采用蜂窝配置结构时，它们可以覆盖整个园区。射频技术包括两种。

(1) **跳频扩频**(Frequency Hopping Spread Spectrum，FHSS)。FHSS 是扩频技术中常用的一种，它使用 2.4GHz 的 ISM 频段(即 2.4000～2.4835GHz)，共有 79 个信道可供跳频使用。第一个信道的中心频率是 2.402GHz，以后每隔 1MHz 一个信道，因此，每个信道可使用的带宽为 1MHz。当使用二元高斯频移键控调制(GFSK)时，基本接入速率是 1Mbit/s。当使用四元 GFSK 时，接入速率是 2Mbit/s。

(2) **直接序列扩频**(Direct Sequence Spread Spectrum，DSSS)。DSSS 是另一种重要的扩频技术，它也使用 2.4GHz 的 ISM 频段。当使用二元相对移相键控时，基本接入速率是 1Mbit/s。当使用四元相对移相键控时，接入速率是 2Mbit/s。

IEEE 802.11 三种物理层的特点比较见表 3-3。

表 3-3　IEEE 802.11 物理层特点

	FHSS	DSSS	IR
成本	中	高	低
耗电量	较小	大	小
抗干扰	较弱	强	强
工作范围	中	大	小
安全性	弱	弱	强

3.8.4　IEEE WLAN 的安全技术

由于 WLAN 使用电磁波传输数据，因此比有线网络更容易被窃听。而且 WLAN 传输经常采用广播方式，所以安全性是一个比较突出的问题。为了提高 WLAN 的安全性，IEEE 802.11 标准提出了两个措施，一是认证，二是有线等效保密(Wired Equivalent Privacy，WEP)。

认证包括两种：开放系统认证(Open System Authentication，OSA)和共享密钥认证(Shared Key Authentication，SKA)。SKA 比 OSA 的安全级别高，采用 SKA 的工作站必须执行 WEP。WEP 的作用有两个：生成共享密钥、对帧数据进行加密。

3.9　广域网技术

当主机之间的距离较远时，例如，相隔几十或几百千米，甚至几千千米，局域网显然无法完成主机之间的通信任务。这时就需要另一种结构的网络，即广域网。

广域网技术起源于电信网络，而电信网络由于其网络的特殊性，采用了与因特网完全不同的设计思路。简单地说，**在电信网中，网络是智能的，终端是简单的；而在因特网中，网络是简单的，而终端是智能的。因此电信网的广域网使用了面向连接的、可靠的传输服务，而因特网则使用了无连接的、尽最大努力交付(不可靠的)的服务，并且因特网的广域网通过路由器的连接实现，属于网络层的扩展**，我们将在第 4 章详细讨论因特网的广域网原理。

电信网的广域网经历了 X25、帧中继、ISDN、ATM 等数代技术的发展，今天除了 ATM 之外，其他技术已经被市场所淘汰，但其虚电路的设计思想依然值得因特网所借鉴，虚电路的优点可以用来弥补 TCP/IP 协议体系的缺陷。未来 ATM 技术与因特网技术的结合值得期待。

3.9.1　广域网概述

局域网扩展空间距离的方法很多，比如网桥，可以用来连接一个局域网内任意距离的两个网段。然而**桥接局域网不能被看作是广域网**，因为带宽限制决定了桥接网不能连接任意多个站点内的任意多台计算机。

区分局域网技术和广域网技术的关键是网络的规模，**广域网**能按照需要连接地理距离较远的许多站点，每个站点内有许多计算机。另外，还必须使大规模网络的性能达到相当高的水平。同时与局域网不同的是，局域网使用内部布线，如同轴电缆或双绞线，典型的广域网传送数据使用的却是公共通信链路。

广域网由许多节点交换机以及连接这些交换机的链路组成，各台计算机连接到交换机上，节点之间的连接方式是点到点。广域网初始的规模是由站点数目和连入的计算机数目决定的，其他的交换机可以按需要加入，用来连接其他的站点或计算机。一组交换机相互联接构成广域网。一台交换机通常有多个输入/输出接口，使得它能形成多种不同的拓扑结构，连接多台计算机。例如，图 3-30 显示了由 4 台节点交换机和 8 台计算机互联而成的广域网的一种可能情况。

广域网中基本的电子交换机称为**节点交换机**(Packet Switch)，因为它把整个分组从一个站点传送到另一个站点。从概念上说，每个节点交换机是一台小型的计算机，有处理器和存储器，以及用来收发分组的输入/输出设备。现代高速广域网中的节点交换机由专门的硬件构成，早期广域网中的节点交换机则由执行分组交换任务的普通微机构成。图 3-31 展示了含有两种输入/输出接口的节点交换机。第一种接口具有较高的速度，用于连接其他节点交换机；另一种用于连接计算机，通过节点交换机互联组成的小型广域网。节点交换机间的连接速度通常比节点交换机与计算机间的连接速度快。

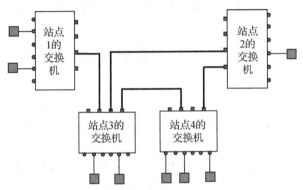

图 3-30　4 台节点交换机和 8 台计算机互联而成的广域网

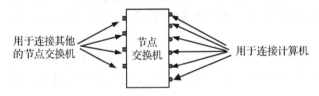

图 3-31　含有两种输入/输出接口的节点交换机

1. 广域网的存储转发

局域网中，在一个给定时间内只允许一对计算机交换帧，而在广域网中，分组往往经过许多节点交换机的存储转发(Store and Forward)才能到达目的地。为完成存储转发功能，节点交换机必须在存储器中对分组进行缓冲。存储操作是在分组到达时执行，节点交换机的输入/输出硬件把一个分组副本放在存储器中，并通知处理器(例如使用中断)，然后进行转发(Forward)操作；处理器检查分组，决定应该送到哪个接口，并启动输出硬件设备以发送分组。使用存储转发模式的系统，能使分组以硬件所容许的最快速度在网络中传送。更重要的是，如果有许多分组都必须送到同一输出设备，节点交换机能将分组一直存储在存储器中，直到该输出设备空出。例如，考虑分组在图 3-30 所示的网络中传输，假设站点 1 中的两台计算机几乎同时发出一个分组到站点 3 中的一台计算机，这两台计算机都把分组发送给交换机，每个分组到达时，交换机中的输入/输出硬件把分组放在存储器中并通知处理器，处理器检查每个分组的目的地址，并知道分组都发往站点 3，当一个分组到达时，如果站点 3 的出口正好空闲，处理器立即开始发送；如果正忙，处理器把分组放在和该出口相关的队列中，一旦发送完一个分组，该出口就从队列中提取下一个分组并开始发送。

2. 广域网的物理编址

局域网采用了平面地址结构，对不需要进行路由选择的局域网这种结构非常方便。然而在广域网中，分组往往经过许多节点交换机的存储转发才到达目的地，广域网使用层次地址方案(Hierarchical Addressing Scheme)，使得转发效率更高。层次地址把一个地址分成几部分，最简单的是分为两部分：第一部分表示节点交换机，第二部分表示连到该交换机上的计算机。例如，图 3-32 显示了分配给一对节点交换机上所连计算机的两段式层次地址，用一对十进制整数来表示一个地址，连到节点交换机 2 上端口 6 的计算机的地址为[2，6]。在实际应用中是用一个二进制数来表示地址的：二进制数的一些位表示地址的第一部分，其他位则表示第二部分。由于每个地址用一个二进制数来表示，用户和应用程序可将地址看成一个整数，而不必知道这个地址是分层的。

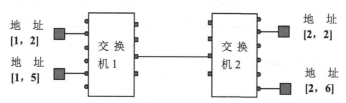

图 3-32　层次地址

3. 广域网中的路由

当有另外的计算机连入广域网时，广域网的容量必须能相应扩大。当有少量计算机加入时，可通过增加输入/输出接口硬件或更快的 CPU 来扩大单个交换机的容量。这种方式能适应网络小规模的扩大，更大的扩大就需要增加节点交换机。这一基本概念使得建立一个具有较大可扩展性的广域网成为可能。因为可不增加计算机而使交换容量增加。特别是在网络内部可加入节点交换机来处理负载，这样的交换机无须连接计算机。我们称这些节点交换机为内部交换机(Interior Switch)，而把与计算机直接连接的交换机称为外部交换机(Exterior Switch)。为使广域网能正确地运行，内、外部交换机都必须有一张路由表，并且都能转发节点。路由表中的数据必须符合以下条件。

(1) 完整的路由。每个交换机的路由表必须含有所有可能目的地的下一站。

(2) 路由优化。对于一个给定的目的地而言，交换机路由表中下一站的值必须指向目的地的最短路径。

对广域网而言，最简单的方法是把它看作图来考虑，如图 3-33 所示。图中每个站点代表一个交换机，如果网络中一对交换机直接相连，则相应站点间有一条边或链接(由于图论和计算机网络之间的关系非常紧密，所以连在网上的一台机器叫作网络站点，连接两台机器的串行数字线路叫作一条链接)。

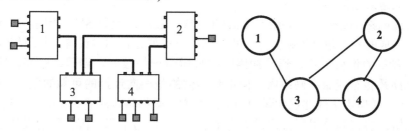

图 3-33　每个站点对应一个交换机，两站点间的边代表对应节点交换机间的连接

用图来表示网络是很有用的。由于图显示了没有连接计算机的交换机，只展现出网络的主要部分。而且图还可用来理解和计算下一站路由，表 3-4 展示了图 3-33 中各站点交换机的路由表。

表 3-4   路由表

目的地	下一站	目的地	下一站	目的地	下一站	目的地	下一站
1	-	1	(2,3)	1	(3,2)	1	(4,2)
2	(1,3)	2	-	2	(3,3)	2	(4,4)
3	(1,3)	3	(2,3)	3	-	3	(4,2)
4	(1,3)	4	(2,4)	4	(3,4)	4	-
站点 1		站点 2		站点 3		站点 4	

3.9.2   X.25 分组交换网

CCITT 在 20 世纪 70 年代开发了 X.25，以便在公用分组交换网络和它们的客户之间提供接口。X.25 描述了将一个分组终端连接到一个分组网络上所需要做的工作。通过**虚电路方式**，它能负责维护一个通过单一物理连接的多用户会话，并为每个用户会话分配一个逻辑信道，这是 X.25 的一个很强的功能。

X.25 是一种中速数据网络，一般数据传输速率在 64kbps 以内。图 3-34 展示了 X.25 接口的 3 个层次。

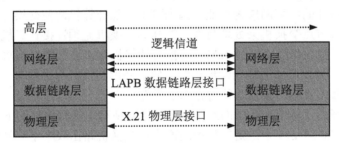

图 3-34   X.25 的体系结构

X.25 是面向连接的，支持交换式虚电路和永久式虚电路。交换式虚电路(Switched Virtual Circuit，SVC)在一台计算机向网络发送分组要求与远程计算机通话时建立，一旦建立好连接，分组就可以在上面发送，通常按次序到达。X.25 提供流量控制，以避免快速发送方淹没低速或繁忙的接收方。

永久式虚电路(Permanent Virtual Circuit，PVC)在用法上和 SVC 相同，但是它根据提前和运载方达成的协议建立连接，它一直存在，不需要在使用时设置，与租用线路相似。

当时计算机的价格很贵，通信线路的传输质量一般较差，误码率较高，因此，X.25 网的设计思路是将智能做在网络内，**向用户提供的是面向连接的可靠的服务**。但到了 20 世纪 90 年代，通信主干线路已大量使用光纤技术，数据传输质量大大提高，而 X.25 十分复杂的数据链路协议和分组层协议已成为多余。PC 价格下降，**因特网的设计思想逐渐成为主流，即网络应尽量简单，而智能应尽可能放在网络以外的用户端**。于是，无连接的、

计算机网络技术基础(微课版)

提供数据报服务的因特网最终演变为全世界最大的计算机网络，而 X.25 分组交换网就这样退出了历史舞台。

3.9.3 帧中继 FR

帧中继是继 X.25 后发展起来的数据通信方式，可以视为 X.25 的升级和改进。帧中继消除了 X.25 加在用户端系统和分组交换网络上的许多开销。通常将帧中继称为快速分组交换。

帧中继保留了 X.25 链路层的 HDLC 帧格式，但不采用 HDLC 的平衡链路接入规程 LAPB(Link Access Procedure - Balanced)，而采用了一种叫作"D 通道链路接入规程 LAPD(Link Access Procedure on the D-Channel)"的新协议。帧中继和传统的 X.25 分组交换服务之间的主要差别如下。

(1) 呼叫控制信令在不同于用户数据的一条单独的逻辑连接上运载，因此，中间节点不需要在每条连接的基础上维持状态表或处理与呼叫控制有关的消息。

(2) 逻辑连接的多路复用和交换发生在第二层，而不是第三层，这样就免除了一个处理层次。

(3) 没有站段到站段的流量控制和差错控制，端到端的流量控制和差错控制由高层负责。

帧中继是一种简单的面向连接的虚电路分组服务，它既提供永久虚电路(PVC)，又提供交换虚电路(SVC)。

帧中继是一种广域网技术，也是一种快速操作技术。X.25 运行在 64kb/s 以下的速率，但帧中继现在可以达到 T1/E1 的速率，甚至更高。

帧中继技术是在分组技术充分发展、数字与光纤传输线路逐步替代已有的模拟线路、用户终端日益智能化的条件下诞生并迅速发展起来的，设计帧中继的目的是从现有的网络结构向未来的网络结构即信元中继平稳过渡。在帧中继技术、信元中继和 ATM 技术的发展过程中，帧中继交换机的内部结构也在逐步改变，业务性能进一步完善，并向 ATM 过渡。目前市场上的帧中继交换产品大致有三类。

(1) 改装型 X.25 分组交换机。

(2) 以全新的帧中继结构设计为基础的新型交换机。

(3) 采用信元中继、ATM 技术、支持帧中继接口的 ATM 交换机。

3.9.4 综合业务数字网 ISDN

ISDN 是由 CCITT 和各国标准化组织开发的一组标准，1984 年 10 月 CCITT 推荐的 CCITT ISDN 标准中给出了一个定义："**ISDN 是由综合数字电话网发展起来的一个网络，它提供端到端的数字连接以支持广泛的服务，**包括声音的和非声音的，用户的访问是通过少量多用途用户网络接口标准实现的。"

ISDN 通过普通的本地环路向用户提供数字语音和数据传输服务，也就是说，ISDN 使用与模拟信号电话系统相同类型的双绞线。ISDN 的主要特点如下。

(1) 建立数字比特管道的概念，管道采用分时复用的方式来支持多个独立的信道。

(2) 可同时提供多个信道、多种业务,包括声音、图形、图像、文本等。

(3) 一对线可同时接入多个终端。

(4) 支持端到端的透明连接,即只要有号码即可。

(5) 可以实现封装用户组,组内成员只能内部通话。

总之,ISDN 的目标是通过电话网来承载各种不同的业务,并通过一个通用的 ISDN 交换机来访问不同网络提供的不同业务。不过,ISDN 提供业务的多样性有其局限性,因为这些业务是建立在一个传统的 64kb/s 信道上的。

随着人们对宽带需求的提高,1985 年 CCITT 又提出了关于宽带 ISDN(B-ISDN)的建设性框架。B-ISDN 基于数字虚电路技术,以 155Mb/s 的速率把固定大小的分组(信元)从源端传送到目的地。虽然 B-ISDN 想法不错,但是由于使用 IP 技术的因特网的飞速发展,B-ISDN 依然被市场所淘汰。

3.9.5 异步传输模式 ATM

B-ISDN 采用新的 ATM 交换技术,这种技术结合了电路交换和分组交换的优点,虽然 B-ISDN 没有成功,但 ATM 技术还是获得了相当广泛的应用,并在因特网的发展中起到了重要的作用。

ATM(Asynchronous Transfer Mode,**异步传输模式**)是在分组交换技术基础上发展起来的一种快速交换方式,它吸取了分组交换高效率和电路交换高速度的优点,采用的是**面向连接的快速分组交换技术**,它采用定长分组,能够较好地对宽带信息进行交换。一般将这种交换称为信元(Cell)交换。ATM 是一种基于异步分时复用的信元交换,每个时隙没有确定的占有者,各信道根据通信量的大小和排队规则来占用时隙。每个时隙就相当于一个分组,即信元。

ATM 克服了其他传送方式的缺点,能够适应任何类型的业务,不论其速度高低、突发性大小、实时性要求和质量要求如何,都能提供满意的服务。ATM 的一般入网方式如图 3-35 所示,与网络直接相连的可以是支持 ATM 协议的路由器或装有 ATM 卡的主机,也可以是 ATM 子网。在一条物理链路上,可同时建立多条承载不同业务的虚电路,如语音、图像、文件传输等。

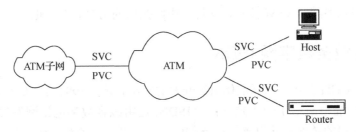

图 3-35 ATM 的一般接入方式

ATM 的信元具有固定的长度,即总是 53 个字节,其中 5 个字节是信头(Header),48 个字节是信息段。信头包含各种控制信息,主要是表示信元去向的逻辑地址,维护信息、优先级及信头的纠错码等。信息段中包含来自各种不同业务的用户数据,这些数据透明地穿越网络。信元的格式与业务类型无关，任何业务的信息都同样被切割封装成统一格式的单元。

在 ATM 层，有两个接口是非常重要的，即用户—网络接口 UNI(User-network Interface)和网络—网络接口 NNI(Network-network Interface)。前者定义了主机和 ATM 网络之间的边界(在很多情况下是在客户和载体之间)，后者应用于两台 ATM 交换机(ATM 意义上的路由器)之间。两种格式的 ATM 信元头部如图 3-36 所示。信元传输是最左边的字节优先，其中各个字段的含义及功能如下。

图 3-36 ATM 两种格式的 ATM 接口信头问

(1) 一般流量控制字段 GPC(Generic Flow Control)，又称接入控制字段。当多个信元等待传输时，用以确定发送顺序的优先级。

(2) 虚通道标识字段 VPI(Virtual Path Identifier)和虚通路标识字段 VCI(Virtual Channel Identifier)用作路由选择。

(3) 负荷类型字段 PT(Payload Type)用以标识信元数据字段所携带的数据的类型。

(4) 信元丢失优先级字段 CLP(Cell Loss Priority)，用于阻塞控制，若网络出现阻塞时，首先丢弃 CLP 置位的信元。

(5) 差错控制字段 HEC(Head Error Control)用以检测信头中的差错，并可纠正其中的 1 比特错。HEC 的功能在物理层实现。

ATM 网络技术的独特优点主要是它的高带宽和适用于多媒体通信，把它用作广域网 (WAN)通信的干线，其发展前景是广阔的。以太网和 TCP/IP 的相关技术经过数十年的迅猛发展和积累，对 ATM 的市场前景带来一定的威胁，但 ATM 和 TCP/TP 并不是完全互斥的关系，TCP/IP 协议近年来暴露出来的诸多弊端也给了 ATM 技术与因特网相结合的机会。未来网络技术的发展方向很有可能是两种不同思路的结合，分组交换的灵活迅速、虚电路的优质可靠，两者互相借鉴，取长补短。**ATM 技术的发展能否与因特网相结合，将是决定它成败的关键所在。**

习题与思考题三

一、单项选择题

1. 下面对 VLAN 的描述，错误的是(   )。

A. 虚拟局域网 VLAN 是由一些局域网网段构成的与物理位置无关的逻辑组

B. 这些网段具有某些共同的需求

C. 每一个 VLAN 的帧都有一个明确的标识符，指明发送这个帧的工作站是属于哪一个 VLAN

D. VLAN 是一种新型局域网

2. 在 IEEE 802.3 物理层标准中，10Base-T 标准采用的传输介质为(　　)。

A. 双绞线　　　　　　　　　B. 基带粗同轴电缆

C. 光纤　　　　　　　　　　D. 基带细同轴电缆

3. 在 IEEE 802.11 中，下面哪种情况不使用退避算法?(　　)

A. 检测到信道是空闲的，并且这个数据帧是要发送的第一个数据帧

B. 在发送第一个帧之前检测到信道处于忙态

C. 在每一次的重传后

D. 在每一次的成功发送后

4. 交换机工作在 OSI 七层的哪一层?(　　)

A. 一层　　　　B. 三层　　　　C. 二层　　　　D. 三层以上

5. 下面对网桥的描述，错误的是(　　)。

A. 网桥对收到的数据帧只是简单的转发

B. 网桥可以过滤通信量

C. 网桥可互联不同的物理层、不同 MAC 子层的局域网

D. 网桥扩大了物理范围

6. 在(　　)转发方式中，交换机需要接收完整的帧并进行差错校验后再转发出去。

A. 直接交换　　　B. 存储转发　　　C. 虚电路交换　　　D. 改进的直接交换

7. 下面关于误码率的说法中，正确的是(　　)。

A. 一个数据传输系统采用 CRC 校验技术后，该数据传输系统的误码率为 0

B. 如果用户传输 10KB 时没有发现传输错误，那么数据传输系统的误码率为 0

C. 对于一个实际的数据传输系统，不能笼统地说误码率越低越好，要根据实际传输要求提出误码率的要求

D. 采用光纤作为传输介质的数据传输系统的误码率可以达到 0

8. PPP 协议是哪一层的协议?(　　)

A. 物理层　　　B. 数据链路层　　　C. 网络层　　　D. 高层

9. 若数据链路的发送窗口尺寸 WT=4，在发送了 3 号帧，并接到 2 号帧的确认帧后，发送方还可连续发送(　　)。

A. 2 帧　　　　B. 3 帧　　　　C. 4 帧　　　　D. 1 帧

10. 在下面差错控制方式中，(　　)只会重新传输出错的数据帧。

A. 连续工作　　　B. 停止等待　　　C. 选择重发　　　D. 拉回

二、多项选择题

1. 以下关于总线型局域网的论述哪些是不正确的?(　　)

A. 所有的节点都通过相应的网卡直接连接到一条作为公共传输介质的同轴电缆上

B. 所有节点都可以通过总线传输介质发送或接收数据，但一段时间内只允许一个节点利用总线发送数据

C. 如果同一时刻有两个或两个以上节点利用总线发送数据，就会出现冲突，造成传输失败

D. 只有总线形局域网存在冲突问题

2. 划分 VLAN 的方法主要有(　　)。

A. 根据网络大小　　　　　　　　　　B. 根据端口号

C. 根据 IP 地址　　　　　　　　　　D. 根据 MAC 地址

3. 以太网帧格式的首部和尾部字段内容包括(　　)。

A. 目的地址　　　　B. 源地址　　　　C. 类型　　　　D. FCS

4. 局域网常见拓扑结构包括(　　)。

A. 星形　　　　B. 环形　　　　C. 总线形　　　　D. 树形

5. 下列哪些属于广域网技术？(　　)

A. ATM　　　　B. X.25　　　　C. 帧中继　　　　D. 以太网

三、判断题

1. 以太网技术只支持双绞线这一种传输介质。　　　　　　　　　　(　　)

2. 虚拟局域网并不是一种全新的网络技术，它只是局域网提供的一种服务。　(　　)

3. 以太网使用的 CSMA/CD 协议是一种可靠传输协议。　　　　　　(　　)

4. 和因特网相连时，无线局域网以残桩网络方式进行工作。　　　　(　　)

5. MAC 技术包括受控访问和随机访问两大类。　　　　　　　　　(　　)

第4章 网 络 层

本章主要讲解网络层的基本概念、基本原理并在此基础上讲解因特网的网际协议、路由选择协议、控制报文协议以及路由器的工作原理、路由器转发数据报的过程，最后介绍了 IP 多播。通过本章的学习，应达到以下学习目标。

- 了解网络互联以及与网络互联有关的基本概念。
- 熟练掌握 IP 协议与 IP 地址编址方式。
- 掌握因特网的常见路由协议。
- 掌握因特网控制报文协议 ICMP 的形成、结构及主要应用。
- 熟练掌握路由器的结构和工作原理。
- 熟练掌握路由器的数据报转发过程。
- 了解 IP 多播的基本思想、IGMP 协议的基本流程和多播路由协议。

4.1 网络层概述

网络层的根本任务是将源主机发出的分组经各种途径送到目的主机。从源主机到目的主机可能要经过许多中间节点(路由器)。这一功能与数据链路层形成鲜明对比，数据链路层仅将数据帧从导线的一端送到另一端，而网络层是处理点到点数据传输的最底层。

4.1.1 网络层的设计问题

当源主机与目的主机不处于同一网络中时，应由网络层来处理这些差异(见表 4-1)，并解决由此而带来的问题，这是网络层关心的一个重要问题：异种网络互联。网络层必须知道通信子网的拓扑结构(即所有路由器的位置)，并选择通过子网的合适路径，这是网络层要解决的另一个重要问题，即路由选择。另外，选择路径时要注意到，不要使一些通信线路超负荷工作，而另一些通信线路却处于空闲状态，这是另一方面的问题，即拥塞控制。

下面对表 4-1 做一些详细说明。

首先，网络提供的可能是面向连接或者是无连接的服务，当分组从一个面向连接的网络经过无连接网络时，必须重新安排，以便处理一些连接方式的发送者没有想到而无连接方式的接收者又不准备处理的事情。一般说来，互联服务最好不需要依靠下层网络的可靠性。

如果两个网络使用不同的协议，就必须进行协议转换，特别是当所需要的功能不能描述时，协议转换会更加困难。

表 4-1　不同网络的性质差异

不同的方面	可能的取值
提供的服务	面向连接的和无连接的
网络层协议	IP、IPX、CLNP、AppleTalk、DECnet 等
服务质量	支持服务质量或不支持，许多不同的方法
多点广播	存在多点广播或不存在
分组大小	各个网络分组长度的最大值不一致
寻址方式	分层的(如 IP)、平面的(如 IEEE 802)
流量控制	速率控制，滑动窗口，其他方法或不支持流量控制
拥塞控制	漏桶、抑制分组等
差错控制	可靠的、有序的和无序的提交
安全性	使用规则、加密等
参数	不同的超时值、流说明等
计费方式	按连接时间计费、按分组数计费、按字节数计费或不计费

有些网络可能提供服务质量 QoS(Quality of Service)支持，而有一些网络可能不提供服务质量支持。比如，一个要求实时发送的分组通过一个不支持实时保障的网络时，不同服务质量的差异就体现出来了。

不同网络所使用的最大分组长度可能不同，来自一个网络的分组在经过另一个网络时可能需要分解成多个小的分组，这个过程叫作分段。

网络之间可能采用不同的寻址方式和目录服务，网络互联必须提供全局寻址的功能，同样也可能需要全局目录服务。另外，通过不支持组播的网络传递组播分组时，必须为每个目的地生成一个单独的分组。

流量控制、拥塞控制和差错控制在不同网络上往往是不同的，如果源端和目的端都希望所有分组无差错地顺序发送，而中间网络只要发现有拥塞的迹象便丢弃分组，或者分组可以漫无目的地游荡，然后突然出现并发送，很多应用程序都会崩溃。

不同网络所采用的安全机制可能是不同的。比如，一个网络中分组的传输需要加密而另一个网络可能不需要。

不同网络所使用的参数是不同的。比如，网络使用的超时值各不相同，一个等待确认的分组可能由于要经过多个网络而在确认回来之前已经超时了，从而重传该分组。

网络的计费方式可能是不同的。有些网络按分组数计费，有些按字节计费，有些网络提供的服务可能是免费的。

4.1.2　网络层的两种传输服务

网络层主要提供两种数据传输服务：面向连接的虚电路方式和无连接的数据报方式。

1. 面向连接的虚电路方式

在面向连接的互联方式中，假定每个子网都提供一种面向连接形式的服务，这样连在整个互联网中的任意两台主机之间，都可以建立一条逻辑的网络连接。当一个本地主机要和远程网络中的主机建立一条连接时，它发现其目的地在远端，于是选择一个离目的地最近的路由器，并且与之建立一条虚电路，然后该路由器再继续通过路由选择算法选择一个离目的地近的路由器，直到最后到达目的端主机。这样，从源端到目的端连接是由一系列的虚电路连接起来的，这些虚电路间通过路由器隔开，路由器记录有关这条虚电路的信息，以便以后转发这条虚电路上的数据分组。

数据分组沿着这条路径发送时，每个路由器负责转发输入分组，并按要求转换分组格式和虚电路号。显然，所有的数据分组都必须按顺序沿着这条路径经过各个路由器，最后按序到达目的端主机。这种方式中的路由器主要完成转发和路由选择功能，在建立端到端的连接时，通过路由选择来确定该连接的下一个跳段的路由器节点，在数据传输时，把输入分组沿着已经建立好的路径向另一个子网转发。

对于这种面向连接的互联方式，如果所有子网都具有大致相同的特性，这种方式就能够正常工作。考虑所有子网都提供可靠或者不可靠的发送保障，这时从源端到目的端的数据流也会是可靠的或者不可靠的。但是，如果源端和大多数子网可以保证可靠发送，而其中有一个子网可能丢失分组，这时使用面向连接的互联方式就不是那么简单。这种方式假设所有子网提供面向连接方式的服务，并且提供的服务质量相差不多，如果某些通信子网不能满足这个要求，就必须对该通信子网的服务予以加强。

2. 无连接的数据报方式

在无连接的数据报方式中，每个网络层分组不是按顺序沿着到达目的地的同一条路径发送的，它们被分别进行处理，经过多个路由器和子网后到达目的端。一个主机如果要向远端的另一个目的端发送分组，源端会根据路由信息决定转发该分组的路由器地址，收到该分组的路由器根据分组中包含的目的地信息以及当前的路由情况选择下一个路由器，这样，该分组会经过多个路由器，最后到达目的端。由于**每个分组可以根据发送分组时的网络状况动态地选择最合适的路由，故与面向连接的虚电路方式相比，无连接方式可以更好地利用网络的带宽。但是，由于分组会走不同的路径，最后到达目的端时，没法保证正确的顺序。**

不同通信子网可能采用不同的分组格式，并且路由器在转发分组时一般是根据目的地的地址信息来进行路由选择的，这就带来了一个严重的问题。考虑一个 Internet 上的主机要给连在网络中的一个 OSI 主机发送一个 IP 分组，由于这两种网络层协议所使用的地址格式完全不同，这样可能就需要进行地址映射，同时可能要进行分组格式的转换。这个问题的一个解决方法是设计一个通用的互联网分组，并让每个路由器都能识别。这实际上是 Internet 中广泛使用的 IP 协议的目标：一个可在许多网络中传送的分组，但是，由于存在 IPX、CINP 和其他协议，都遵循同样的标准是非常困难的。

在无连接的数据报方式的设计中，下面几个部分是非常关键的。

(1) **寻址**。把数据从一个端系统传到另一个端系统，必须有某种办法唯一标识目的端系统。因此，必须能够给每个端系统分配一个唯一的标识或地址。在 OSI 环境中，这个唯一的地址等同于网络服务访问点 NSAP(Network Service Access Point)，一个 NSAP 唯一标识了互联网中的端系统。一个端系统可能有多个 NSAP，但是每个 NSAP 在那个特定的系统中是唯一的。一个网络层地址也可能标识网络协议实体本身，因为在中继系统中不支持需要通过一个 NSAP 访问的高层，这时网络层地址叫作网络实体名(NET，Network Entity Title)。NSAP 和 NET 都标识了一个独一无二的全局互联的网络的地址，它的出现形式常常为(网络，主机)网络标识一个特定的子网，主机标识连到那个子网的一个特定端系统。

每个子网必须为每个连到那个子网的端系统维护一个唯一地址，这样可以允许通过子网转发数据，并把它们递交给目的端系统。这种地址叫作子网连接点(SNPA，Sub Network Point of Attachment)。如果全局地址中的主机参数等于那个端系统的 SNPA，那将非常方便，但在实践中不一定行得通。不同网络使用的地址格式和地址长度是不同的，另外，NSAP 必须是全局的，而 SNPA 只需要在一个特定的子网中唯一。在这种情况下，必须提供相应的服务，以把全局地址转换成一个局部地址来转发数据单元。

(2) **路由**。每个端系统和路由器一般是通过维护一张路由表来进行路由选择的，对于每个可能的目的网络，它决定了转发的下一个路由器。互联的网络中的路由算法和单个通信子网中的路由算法相似，只是更加复杂。

(3) **分组生命周期**。由于动态选择路由，分组可能会在互联的网络中一直传递，这会占用一部分带宽，所以每个分组都有一个分组生命期，一旦生命期到了，就丢弃该分组。一个简单的实现分组生命期机制的方法是使用一个站点计数器，分组每经过一个路由器，计数器减 1。另一个方法是使用真正的时间，这要求路由器知道该分组从上一个路由器发送出来到现在为止的时间间隔。这可能需要对时钟进行同步。

(4) **差错控制和流量控制**。数据报方式并不保证分组的正确传递，路由器在丢弃分组时，如果有可能应该发送信息告知源端。分组丢失的原因有多种，比如生命期超过、拥塞、检验和错误等。流量控制允许路由器和接收端限制它们接收数据的速率。

(5) **分段和重组**。互联的网络中各个子网可能使用不同的最大分组长度，这可能是由于硬件、操作系统和协议等方面的原因，因此试图保证所有子网的分组长度都一样是不合适的，也是低效的。路由器可能要把分组进行分段，以便能够在一个最大分组长度较小的子网中传递。这样就带来了一个问题：被分段后的数据报应该在什么时候进行重组来恢复成原来的数据报。这一般有透明分段法和不透明分段法两种方法。

透明分段法，即由某个数据报分出的若干个数据报分段都经过一个路由器出口，由这个路由器重新将各分段组装成原来的数据报，分段对于后面的网络完全透明。由于出口网关要知道是否已收到该数据报的所有分段，故每个分组必须含有计数字段或者"分组结束"标志。其次，所有分段要经过同一个出口路由器发出，这就限制了分组经过的路由。最后，如果一个数据报要穿越一系列的小分组长度的子网，就会不断地进行分段和重组，开销很大。

不透明分段法，即任何中间路由器都不重新组装数据报分段，这样各个数据报分段的出口可以互不相同，最后由接收端主机负责重组该数据报。这种方法的一个优点是分段可以经过多个路由器向其他子网转发，但它要求每一个主机都有重组功能。另外，由于每个分段有头部开销，如果分段很多，带来的总开销也很大。而在透明分段中，当分组退出小分组长度的子网后，就不会再有这种开销。在这种方式中，一旦分段，这种开销就一直存在。

面向连接和无连接的互联方式的优缺点，与单个子网中的虚电路和数据报服务的优缺点类似。面向连接的互联方式的优点是：缓冲区可以预约；保证顺序发送；可以使用较短的分组头；可以避免由延迟的重复分组带来的问题。它的缺点是：需要有一张表存储每个打开的连接的信息；连接一旦建立后路由就固定了，没法绕过出现故障的区域；沿途路由器崩溃带来的脆弱性。另外它还有一个缺点，就是某个子网为不可靠数据报方式时，实现起来很困难，甚至不可能实现。

无连接的互联方式与数据报子网具有相同的特性：更有可能造成拥塞，但也更能适应拥塞；路由器崩溃时的健壮性；需要更长的分组头部；可以进行动态路由选择等。提供数据报服务的互联模型中，一般是将若干个局域网通过广域网连接起来，使得一个局域网上的主机能与远地局域网上的主机通过广域网相互通信。网络互联的无连接方式可以用于大多数网络(包括各种 LAN 和 WAN)之间的互联，不论是提供虚电路还是提供数据报方式的服务。而面向连接的网络互联中，要求不可靠的数据报子网提供虚电路服务有时还是非常困难的。

4.2 网际协议 IP

TCP/IP 协议族是 Internet 所采用的协议族，是 Internet 的实现基础。IP 是 TCP/IP 协议族中网络层的协议，是 TCP/IP 协议族的核心协议。

4.2.1 IP 协议提供的服务

因特网协议(Internet Protocol，IP)是因特网中的基础协议，由 IP 协议控制传输的协议单元称为 **IP 数据报**。IP 将多个网络连成一个互联网，可以把高层的数据以多个数据报的形式通过互联网分发出去，它的基本任务是屏蔽下层各种物理网络的差异，向上层(主要是 TCP 层或 UDP 层)提供统一的 IP 数据报，各个 IP 数据报之间是相互独立的。相反，上层的数据经 IP 协议形成 IP 数据报，IP 数据报的投递利用了物理网络的传输能力，网络接口模块负责将 IP 数据报封装到具体网络的帧(LAN)或者分组(X.25 网络)中的信息字段。如图 4-1 所示，为将 IP 数据报封装到以太网的 MAC 数据帧。

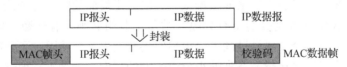

图 4-1　IP 数据报封装到以太网的 MAC 数据帧

IP 协议提供不可靠的、无连接的、尽力的数据报投递服务。所谓不可靠的投递服务是指 IP 协议无法保证数据报投递的结果，在传输过程中，IP 数据报可能会丢失、重复传输、延迟、乱序，IP 服务本身不关心这些结果，也不将结果通知收发双方。

所谓无连接的投递服务，是指每一个 IP 数据报是独立处理和传输的，由一台主机发出的数据报，在网络中可能会经过不同的路径，到达接收方的顺序可能会乱，甚至其中一部分数据还会在传输过程中丢失。

而尽力的数据报投递服务是指 IP 数据报的投递利用了物理网络的传输能力，网络接口模块负责将 IP 数据报封装到具体网络的帧(LAN)或者分组(X.25 网络)中的信息字段。

4.2.2　IP 数据报首部结构

目前因特网上广泛使用的 IP 协议为 **IPv4**，IPv4 的 IP 地址是由 **32 位的二进制数组成**的。IPv4 协议的设计目标是提供无连接的数据报投递服务，图 4-2 示意了 IPv4 的数据报结构。

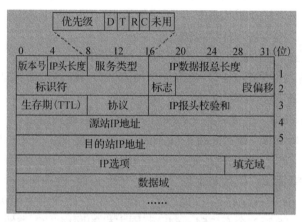

图 4-2　IPv4 的数据报结构

其中各字段的含义如下。

(1) **版本号**(Version)。4 位，说明对应 IP 协议的版本号，此处取值为 4。

(2) **IP 头长度**(IP Header Length)。4 位，以 32 位为单位的 IP 数据报的报头长度。

(3) **服务类型**(Type of Service)。8 位，用于规定优先级、传送速率、吞吐量和可靠性等参数。

(4) **IP 数据报总长度**(Total Length)。16 位，以字节为单位的数据报报头和数据两部分的总长度。

(5) **标识符**(Identifier)。16 位，它是数据报的唯一标识，用于数据报的分段和重装。

(6) **标志**(Flag)。3 位，数据报是否分段的标志。

(7) **段偏移**(Fragment Offset)。13 位，以 64 位为单位表示的分段偏移。

(8) **生存期**(Time of Live)。8 位，允许数据报在互联网中传输的存活期限。

(9) **协议**(Protocol)。8 位，指出发送数据报的上层协议。

(10) IP 报头校验和(Header Checksum)。16 位，用于对报头的正确性做检验。

(11) 源 IP 地址。32 位，指出发送数据报的源主机 IP 地址。

(12) 目的 IP 地址。32 位，指出接收数据报的目的主机的 IP 地址。

(13) IP 选项。可变长度，提供任选的服务，如错误报告和特殊路由等。

(14) 填充项。可变长度，保证 IP 报头以 32 位边界对齐。

随着网络的扩展，个人计算机市场的急剧扩大、个人移动计算设备的上网、网上娱乐服务的增加以及多媒体数据流的加入，IPv4 内在的弊端逐渐明显。例如 32 位的 IP 地址空间将无法满足因特网迅速增长的要求；不定长的数据报头域处理影响了路由器的性能提高；单调的服务类型处理；缺乏安全性要求的考虑；负载的分段/组装功能影响了路由器处理的效率等。

4.2.3　IP 地址编址方式

每个因特网上的主机和路由器都有一个 IP 地址，包括类别、网络标识和主机标识。所有的 IP 地址都是 32 位，并且在整个因特网中是唯一的。为了避免冲突，因特网中所有的 IP 地址都由一个中央权威机构 SRI 的网络信息中心(Network Information Center，NIC)分配。

IP 地址的一般格式为两级结构：网络标识 + 主机标识。

(1) 类别。包含在网络标识的开始部分，用来区分 IP 地址的类型。通常将因特网 IP 地址分成 5 种类型：A 类、B 类、C 类、D 类、E 类。

(2) 网络标识(Netid)。表示入网主机所在的网络，又称网络位。

(3) 主机标识(Hostid)。表示入网主机在本网段中的标识，又称主机位。

如表 4-2 所示，给出一个 IP 地址，可以根据它的前面几位确定它的类型。**A 类地址**格式用 8 位作为网络标识，其中最前面一位是"0"，24 位主机标识最多允许 126 个有 1600 万主机的网络。**B 类地址**格式用 16 位作为网络标识，其中前面两位是"10"，16 位主机标识，最多允许 16 382 个有 254～64k 范围主机的网络。**C 类地址**格式用 24 位作为网络标识，其中前三位是"110"，8 位主机标识最多允许 200 万个有 254 台主机的网络。**D 类地址**前 4 位是 1110，多用于多点广播；**E 类地址**的前 5 位恒为 11110，是被保留供将来使用的。NIC 在分配 IP 地址时只指定地址类型(A、B、C)和网络标识，而网络上各台主机的地址由申请者自己分配。

表 4-2　IP 地址结构和分类

地　　址	网络部分		主机部分	
A 类	0XXXXXXX		XXXXXXXX XXXXXXXX	XXXXXXXX
B 类	10XXXXXX　　XXXXXXXX		XXXXXXXX　　XXXXXXXX	
C 类	110XXXXX　　　　XXXXXXXX XXXXXXXX		XXXXXXXX	
D 类	1110	(多播地址)		
E 类	11110	(保留为今后使用)		

IP 地址通常用**点分十进制标记法**(Dotted Decimal Notation)来书写，即 IP 地址写成 4 个十进制数，相互之间用小数点隔开，每个十进制数(从 0～255)表示 IP 地址的一个字节。例如，32 位的十六进制地址 C0260813 被记为 192.38.8.19，这是一个 C 类地址。

值得注意的是，因特网还规定了一些**特殊地址**。

(1) 主机位为全'0'的 IP 地址不分配给任何主机，仅用于表示某个网络的网络地址；例如 202.119.2.0。

(2) 主机位为全 1 的 IP 地址，不分配给任何主机，用作广播地址，对应分组传递给

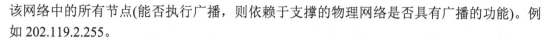

该网络中的所有节点(能否执行广播，则依赖于支撑的物理网络是否具有广播的功能)。例如 202.119.2.255。

(3) 32 位为全 1 的 IP 地址(255.255.255.255)，称为**有限广播地址**，通常由无盘工作站启动时使用，希望从网络 IP 地址服务器处获得一个 IP 地址。

(4) 32 位为全 0 的 IP 地址(0.0.0.0)，表示本机地址。

(5) 127.0.0.1 为**回送地址**，或**环回地址**，常用于本机上软件测试和本机上网络应用程序之间的通信。一般系统中都有一个 hosts 文件(Windows 98/NT/2000 操作系统为 /Windows/hosts 文件，Unix/Linux 系统为/etc/hosts 文件)，文件中有一行：127.0.0.1 localhost。

4.2.4 子网划分和子网掩码

任何一个机构或组织申请一个任何类型的 IP 地址之后，可以按照所希望的方式来**进一步划分可用的主机地址空间，建立子网**。子网划分技术使用户可以更加方便、更加灵活地分配 IP 地址空间。为了更好地理解子网的概念，我们假设有一个 B 类地址的 IP 网络，该网络中有两个或多个物理网络，只有本地路由器能够知道多个物理网络的存在，并且进行路由选择，因特网中别的网络的主机和该 B 类地址的网络中的主机通信时，把该 B 类网络当成一个统一的物理网络来看待。

例 4.1 如图 4-3 所示，一个 B 类地址为 128.10.0.0 的网络由两个子网组成，除了路由器 R 外，因特网中的所有路由器都把该网络当成一个单一的物理网络对待。一旦 R 收到一个分组，它必须选择正确的物理网络发送。网络管理人员把其中一个物理网络中主机的 IP 地址设置为 128.10.1.X，另一个物理网络设置为 128.10.2.X，其中 X 用来标识主机。为了有效地进行选择，路由器 R 根据目的地址的第 3 个十进制数的取值来进行路由选择，如果取值为 1，则送往标记为 128.10.1.0 的网络，如果取值为 2，则送给 128.10.2.0。

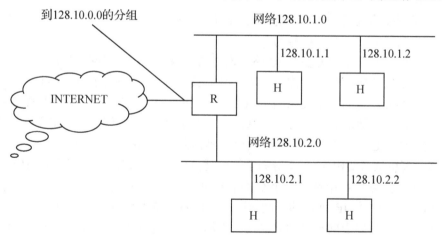

图 4-3 子网划分技术：一个 B 类地址网络被分为两个子网

使用子网技术，原先的 IP 地址中的主机地址被分成两个部分：子网地址部分和主机地址部分。子网地址部分和不使用子网标识的 IP 地址中的网络号一样，用来标识该子网，并进行互联的网络范围内的路由选择，而主机地址部分标识是属于本地的哪个物理网络以及主机地址。

子网不仅仅单纯地将 IP 地址加以分割，其关键在于分割后的子网必须能够正常地与其他网络相互联接，也就是在路由过程中仍然能识别这些子网。问题是，子网分割后如何判断原主机地址中的前几位是哪个子网地址？子网掩码正是解决这一问题的技术。

IP 协议标准规定：**每一个使用子网的网点都选择一个 32 位的子网掩码，若子网掩码中的某位为 1，则对应 IP 地址中的某位为网络地址(包括类别、网络地址和子网地址)中的一位；若子网掩码中某位置为 0，则对应 IP 地址中的某位为主机地址中的一位。**子网掩码与 IP 地址结合使用，可以区分出一个网络地址中的网络号和主机号。

例 4.2 子网掩码 11111111.11111111.00000000.00000000(255.255.0.0)中，前两个字节全为 1，代表对应 IP 地址中最高的两个字节为网络号，后两个字节全 0，代表对应 IP 地址中最后的一个字节为主机地址。

为了使用方便，常常使用"点分整数表示法"来表示一个子网掩码。由此可以得到 A、B、C 三大类 IP 地址的**标准子网掩码**(又叫**默认子网掩码**)。

A 类地址：255.0.0.0。

B 类地址：255.255.0.0。

C 类地址：255.255.255.0。

例 4.3 已知一个 IP 地址为 202.168.73.5，其默认子网掩码为 255.255.255.0，求其网络号及主机号。

求解步骤如下。

(1) 将 IP 地址 202.168.73.5 转换为二进制 11001010.10101000.01001001.00000101。

(2) 将子网掩码转换为二进制 11111111.11111111.11111111.00000000。

(3) 将两个二进制数进行逻辑"与(AND)"运算，得出的结果即为网络号，结果为 202.168.73.0。

(4) 将子网掩码取反，再与二进制的 IP 地址进行逻辑"与"运算，得出的结果即为主机号，结果为 0.0.0.5，即主机号为 5。

子网掩码可将网络分割为多个 IP 路由连接的子网。从划分子网之后的 IP 地址结构可以看出，用于子网掩码的位数决定可能的子网数目和每个子网内的主机数目。在定义子网掩码之前，必须弄清楚网络中使用的子网数目和主机数目，这有助于今后当网络主机数目增加，重新分配 IP 地址的空间时，子网掩码中如果设置的位数使得子网越多，则对应的网段内的主机数就越少。下面来看一个实例，具体分析子网掩码的用法。

例 4.4 某单位需要构建 5 个分布于不同地点的局域网络，每个网络有 10～25 台不等的主机，而其仅向 NIC 申请了一个 C 类的网络 ID 号，其号码为 192.65.126.0。

正常情况下，C 类 IP 地址的子网掩码应该设为 255.255.255.0，这种情况下，C 类网络的 254 台主机必然属于同一个网络段内。本例网络构建需求却为分布于 5 个不同地点的不同网络段，此时，如果将子网掩码设为 255.255.255.224，与 255.255.255.0 不同的是该子网掩码的最后一个字节为 224，而不是 0。224 所对应的二进制值为 11100000，表示原主机地址的最高三位是现在所划分出的子网的个数，也就是可将主机 ID 中最高的三位用于子网分割。

主机 ID 中用于子网分割的这三位共有 000、001、010、011、100、101、110、111

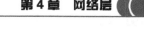

8 种组合，除去不可使用的代表本身的 000 及代表广播的 111 外，还剩余 6 种组合，也就是说，它共可提供 6 个子网，而每个子网都可以最多支持 30 台主机，满足构建需求。

总之，刨除掉特殊的不能进行分配的 IP 地址后可以发现，如果从 M 位主机位中拿出前 N 位来划分子网，则能够划分的子网数量为 2^N-2，每个子网拥有的主机数量为 $2^{M-N}-2$。

4.2.5 无分类编址 CIDR

划分子网在一定程度上缓解了因特网在发展中遇到的困难。然而在 1992 年，因特网仍然面临三个必须尽早解决的问题。

(1) IP 地址在不久的将来会全部分配完毕。

(2) 因特网主干网上的路由表中的项目数急剧增长(从几千个增长到几万个)。

(3) 整个 IPv4 的地址空间最终将全部耗尽。

为了进一步提高 IP 地址利用率，减少浪费，1987 年，RFC 1009 就指明了在一个划分为子网的网络中可同时使用几个不同的子网掩码，也就是使用**变长子网掩码**(Variable Length Subnet Mask，VLSM)。在 VLSM 的基础上又进一步研究出**无分类编址**方法，即**无分类域间路由选择**(Classless Inter-Domain Routing，CIDR)。

(1) CIDR 消除了传统的 A 类、B 类和 C 类地址以及划分子网的概念，因而可以更加有效地分配 IPv4 的地址空间。

(2) CIDR 使用不同长度的"**网络前缀**"(Network Prefix)来代替分类地址中的网络号和子网号。

(3) CIDR 使 IP 地址从三级编址(使用子网掩码后)又回到了两级编址。

CIDR 的记法是：IP 地址 ::= {<网络前缀>, <主机号>}

CIDR 还使用了一种简便的"**斜线记法**"，即在 IP 地址后面加一个斜线"/"，斜线后写网络前缀所占的比特数(这个数值对应于三级编址中子网掩码中比特 1 的个数)，CIDR 可以将网络前缀都相同的连续的 IP 地址组成"**CIDR 地址块**"，一个 CIDR 地址块就相当于一个子网的全部地址。

CIDR 虽然不再使用子网划分的概念，但仍然保留了子网掩码这一技术的用途(但不再叫子网掩码，在 CIDR 中它叫**地址掩码**)。对于/20 地址块，它的掩码就是 20 个连续的 1，即 255.255.240.0。**斜线记法中的数字就是掩码中 1 的个数**。

例 4.5 128.14.32.0/20 表示的地址块共有 2^{12} 个地址(因为斜线后面的 20 是网络前缀的比特数，所以主机位数是 12)。根据地址掩码可计算出，这个地址块的网络地址是 128.14.32.0，最小地址为 128.14.32.0，最大地址为 128.14.32.255。

计算地址块的地址范围很简单，**在保持网络位不变的前提下，主机位全 0 即为该地址块的最小地址，主机位全 1 就是该地址块的最大地址**。在不需要指出地址块的起始地址时，也可将这样的地址块简称为"/20 地址块"。

某些情况下，多个较小的 CIDR 地址块可以表示成一个较大的 CIDR 地址块，这种地址的聚合常称为**路由聚合**，它使得路由表中的一个项目可以表示很多个(例如上千个)原来传统分类地址的路由。路由聚合也称为**构成超网**。

使用 CIDR 时，路由表中的每个项目由"网络前缀"和"下一跳地址"组成。在查找路由表时可能会得到不止一个的匹配结果，应当从匹配结果中选择具有最长网络前缀的路由(最长前缀匹配)。为什么选择最长的前缀呢？这是因为，**网络前缀越长，其地址块就越小，该地址块代表的网络就越具体，因而路由就越具体**。最长前缀匹配又称为最长匹配或最佳匹配。

4.3　因特网路由选择协议

路由协议用来确定数据报从源站点发往目的站点的路径，从网络层的角度来看，路由协议的任务就是利用特定的算法生成和更新路由表，并保证通过路由表进行转发能得到最优的路径。然而事实上，由于网络的复杂性，理想的路由协议是不存在的，任何路由算法都只能保证其计算结果"尽可能地接近最优解"。

4.3.1　路由协议的分类

当网络规模很小，且网络结构保持不变时，可以使用**静态路由**，即路由表由网络管理人员手动配置和修改，配置完以后即保持不变。当网络规模很大，并且网络结构经常会发生变化时，使用静态路由就不现实了，这时就需要使用**动态路由**，即在网络运行过程中自动地、周期性地更新路由表，不需要网络管理人员参与。因特网常用的路由协议都属于动态路由。

因特网的路由选择协议分为内部网关协议(IGP)和外部网关协议(EGP)两大类，由一个独立的管理实体控制的一组网络和路由器一般称为一个**自治系统**(Autonomous System，AS)。一般一个互联的网络是由多个自治系统组成的，**自治系统内部可以自己任意选择任何路由协议来传递路由信息，而与其他自治系统无关，其他自治系统也不关心别的自治系统内部所使用的路由协议**。但是，为了使自治系统中的网络能够被互联的网络中别的自治系统访问，必须把自治系统内网络的可达性信息传递给其他自治系统。一般来说，自治系统中选取一个或多个路由器把该路由信息传递给其他自治系统，它们之间要使用相应的路由协议来完成这个功能。

自治系统概念初看起来可能有点模糊，但是在实践中自治系统间的边界应该是精确的，从而允许路由信息自动传播。比如，尽管某个组织拥有的自治系统和别的自治系统是直接相连的，也不会把自治系统内部交换的路由信息传递给别的自治系统。为了使自治系统间的路由算法能够正常工作，对每个自治系统都分配了一个自治系统编号，该编号与IP地址一样，都由一个中央权威机构进行分配，它唯一地标识了对应的自治系统。两个属于不同自治系统并且交换路由信息的路由器一般称为**外部邻居**，而属于同一自治系统并交换路由信息的两个路由器称为**内部邻居**。内部邻居所使用的路由协议称为**内部网关协议**(Interior Gateway Protocol，IGP)，而外部邻居之间使用的协议称为**外部网关协议**(External Gateway Protocol，EGP)。简单地说，**IGP 就是 AS 内部路由使用的协议，EGP 就是 AS 之间(外部)路由使用的协议**。

常用的内部网关协议包括 RIP、IGRP 和 OSPF 等，常用的外部网关协议主要是BGP。通常一个组织机构只是少数几个节点的机器相连时，选用 RIP 进行路由选择就能满足要求；当有多个组织机构互联成一个较大的园区网或城域网时，就得选取功能较强的 IGRP 或 OSPF 路由协议；而一旦多个园区网或城域网互联成一个大型网络时，就还得选用 BGP 协议或其他域间路由选择协议。下面就分别介绍一下这些协议。

4.3.2　内部网关协议 RIP

路由信息协议(Routing Information Protocol，RIP)是一个简单的**距离向量路由**协议。RIP 可能在主机或路由器中实现，因此 RIP 协议被分为两种不同类型的操作方式。主机中实现的 RIP 工作在**被动状态**，它不会传递自己路由表中的信息给别的路由器，它只是静静地倾听其他 RIP 路由器广播的路由信息，并且根据收到的路由信息更新自己的路由表。路由器中实现的 RIP 工作在**主动状态**，它**定期把路由信息传递给其他 RIP 路由器，并且根据收到的 RIP 消息来更新自己的路由表**。这也就是说，被动 RIP 只接收，而主动 RIP 则发送和接收 RIP 消息。下面主要讨论主动型 RIP 路由器的操作，被动 RIP 的操作相对来说要简单、直接得多。

每个 RIP 路由器都保存了一张路由表，每一项对应着一个目的地，其中每项包括了**目的地的 IP 地址(或目的网络的网络地址)、到目的地的路径距离的度量**(Metric)、**到目的地的路径的下一跳路由器的 IP 地址**(如果目的地是直接连接的，则不需要这个字段)、路由改变标志(指示这条路由信息是否最近被改变过)以及和这条路由有关的一些计时器等。

RIP 采用的距离度量是一种非常简单的到目的地距离的测量方式：站点计数度量，也就是数据报转发的"**跳数**"。路由器把到它直接连接的网络的距离定义为 1，如果距离为 n，表示它到达目的地途中要经过其他 $n-1$ 个路由器，即距离给出了该路由要经过的路由器个数。为了能应付一些复杂的情况，比如说，经过一个速率较高的网络的路由显然比一个慢速网络要更好一些，RIP 在具体实现时常常允许管理人员对这些慢速的网络指定一个更大的距离度量值，例如 3。当路由器初始化时，它会把那些到达它所直接连接的网络的路由加载进来，到直接连接的网络的距离一般被设置为 1。一般来说，RIP 的具体实现也允许管理人员增加新的路由，比如说不是通过 RIP 协议了解到的路由。

每个 RIP 路由器**每隔 30 s 广播一个路由消息**，消息的内容就是自己当前的路由表。RIP 路由器也可能通过发送 Request 消息来询问别的路由器有关某些路由或者所有路由的信息，比如，当一个主机启动后，可能要求相邻的 RIP 路由器传递路由表中的所有信息。

当 RIP 路由器 R 从路由器 G 收到一个路由消息时，它会检查该消息中包含的每一条到目的地 D 的路由，其中距离为 cost(G，D)，并把该路由与自己路由表中到同一目的地 D 的路由相比较。如果路由表中不存在到目的地 D 的路由，就在路由表中增加一条路由：到目的地 D 的下一个路由器跳段的地址为 G，距离为 cost(R，G)+cost(G，D)，其中 cost(R，G)为本地网络的花费(经常为 1)。如果路由表中的路由把 G 作为下一个跳段，则更新该路由的距离为 cost(R，G)+cost(G，D)。否则，比较是否路由消息中指出的到目的地 D 的路由的距离更短：

$$\text{cost}(R，G)+\text{cost}(G，D)<\text{cost}(R，D)$$

其中 cost(R，D)为路由表中原有到目的地 D 的路由。如果满足这个式子，说明找到一条更短的路由，从而更新路由表中那条到目的地 D 的路由：下一个跳段路由器为 G，距离为 cost(R，G)+cost(G，D)。

计算机网络技术基础(微课版)

如果路由消息中新通知的路由和原来的路由的距离是一样的，**RIP 仍然选择使用老的路由，这有助于保持路由的稳定**。但是，如果某个路由器崩溃或者某一网络连接出现了故障，这条路由就不会继续存在。因此，RIP 在路由表中对每条路由都有一个计时器，当收到新的有关这条路由的消息时，该计时器就被重新设置，如果计时器超时(超过 180s)，这条路由就被宣告为失效，即目的地不可达。但是注意，失效路由并不是马上从路由表中删去，因为它还应该向邻居路由器报告，经过一段超时(被称为 Garbage-Collection Timer)后，该路由最终被从路由表中去掉。这种机制实际上是一种 n 中取 k(k-out-of-n)机制，每个路由器接收定期广播的路由信息，只有每 6 次广播(6×30=180 秒)中至少收到一个消息时才会认为该路由合法，这样在一定程度上防止了由于路由消息的丢失而带来的不可靠性。

在 RIP 协议中，**距离为 16 时被定义为"不可达"**，它大于任何合法的距离度量，也就是说，**RIP 协议支持的路由最大"跳数"(距离)是 15**，这一设定限制了 RIP 协议所适用的网络大小和规模。下面简单地讨论 RIP 协议面临的几个问题。

(1) 无穷计数问题。和别的距离向量路由协议一样，RIP 协议当然也会遇到无穷计数问题，造成无穷计数的原因是它**对好消息的传播很快，而对坏消息的传播则很慢**。为了更好地描述无穷计数以及相应的解决这个问题的机制，考虑图 4-4 的配置，一个简单的互联的网络配置 CD 之间的距离为 10，别的链路的距离都为 1。为了简单起见，只考虑连在 D 上的目的网络的路由。假设 B、D 之间的链路现在出现故障，表 4-3 给出了路由交换的过程，表中每一项表示到目的网络的下一

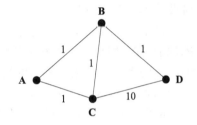

图 4-4　一个简单的互联的网络配置

个跳段的地址和距离，其中假设所有路由器同时发送 RIP 路由消息。其中，Dir 表示直接连接，Unreach 表示不可达。

路由器 B 可以使用超时机制把那条失效的路由去掉，但是该链路故障的影响会在网络中持续一段相当长的时间。起初 A 和 C 都认为可以通过 B 到达 D，所以它们发送到 D 的距离为 3 的路由消息。接着 B 将认为可以通过 A 或者 C 到达 D，这当然是不可能的。A 和 C 宣称的到 D 的路由已经不存在了，但是它们还不知道这一点，甚至当它们发现那条通过 B 到 D 的路由消失时，它们会互相认为有一条通过对方到达 D 的路由。最坏的情况是，如果某个部分完全从网络中断开，到这部分网络的距离就会慢慢地每次一点一点地增加，直到它们最后到无穷大。这种现象被称为无穷计数问题，又叫作慢收敛问题。

从上面可以看到，无穷大的值取得越小越好，如果网络中某个部分不能访问，路由算法便可以更早地收敛。同时无穷大应该足够大，使得正常的路由的距离不会超过它。所以，无穷大的取值是对网络规模和收敛速度的平衡，RIP 选择无穷大为 16。

表 4-3　图 4-4 中 BD 线路断开后的路由交换过程

D:	Dir,1	Dir,1	Dir,1	Dir,1	Dir,1	…	Dir,1	Dir,1
B:	D,2	Unreach	C,4	C,5	C,6	…	C,11	C,12
C:	B,3	B,3	A,4	A,5	A,6	…	A,11	D,11
A:	B,3	B,3	C,4	C,5	C,6	…	C,11	C,12

为了解决无穷计数问题，提出了许多机制，其中一种是**抑制规则**，一旦路由器了解到某个网络不可达，就会在一段时间(**抑制期**)内忽略所有有关那个网络的路由信息。抑制期必须足够大，以使得网络的不可达状态能够在这期间传播给所有其他的路由器，一般设为60s。值得注意的是，所有的路由器都必须使用相同的抑制期，否则有可能发生路由回路。抑制规则的缺点是，一旦出现路由回路，它将至少在抑制期间持续下去。更重要的是，在抑制期内，即便可能有别的路由到达那个网络，那些可能不合适的路由也会一直使用。

(2) 水平分割。在前面的例子中，无穷计数问题是因为 A 和 C 之间有一个路由回路，它们都认为通过对方可以到达 D。实际上，如果把从其邻居了解到的到某个目的网络的路由再传递给该邻居，那是毫无意义的，这也正是**水平分割机制的基本思想，当通过一个特定的网络接口发送 RIP 更新消息时，绝对不要包括通过那个网络接口学习到的路由信息。**

可以对水平分割进行改进，这就是**毒性反转的水平分割(Split Horizon With Poisoned Reverse)，路由器并不是不给邻居路由器发送通过该邻居了解的路由信息，而是和往常一样给邻居路由器发送路由信息，只是那些从该邻居了解到的路由信息的距离被置为无穷大，即到目的网络是不可达的。**现在，尽管认为 A 可以通过 C 到 D，但 A 送给路由器 C 的消息指示 D 是不可达的。如果通过 C 的确有一条路由到达目的地，那么 C 可能有一条到 D 的直接连接，或者有一条通过其他路由器到达 D 的路由。路由器 C 到 D 的路由无须经过 A，否则将会有一个路由回路。A 明确地通知 C 到 D 是不可达的，免得 C 怀疑有一条通过 A 到达 D 的路由。

一般来说，毒性反转的水平分割比简单的水平分割要更好一些。如果两个路由器相互之间有一个路由回路，即每个路由器都认为有一条通过对方到达目的地的路由，那么通过通知对方到目的地的路由的距离为无穷大，可以马上解除这个回路。如果不通知，那么不正确的路由必须等待一段时间才能取消。但是，毒性反转的水平分割增加了路由消息的大小，占用了更多的网络带宽。然而在大多数情况下，这可能不是一个很大的问题。

(3) 触发更新。毒性反转的水平分割只是防止发生在两个路由器之间的路由回路，但是仍然会出现三个或多个路由器之间有一个路由回路的情况。比如，A 可能相信它有一条通过 B 到达目的网络的路由，B 相信有一条通过 C 到达目的网络的路由，C 相信有一条通过 A 到达目的网络的路由。水平分割没法解除这个回路，因为对于每一对邻居路由器，它们在传递到目的地的路由消息时只是单向的，而不会往回传，只有等待路由算法逐渐收敛，最后到目的网络的距离为无穷大，才能被认为不可达。**触发更新**有助于加快这个收敛过程，它的思想非常简单，只要增加一条规则：**一旦路由器到目的网络的距离改变，马上发送一个路由更新消息，而不管是否到了定期发送路由更新消息的时候。**

假设一个路由器有一条通过路由器 G 到目的 N 的路由，如果路由器 G 到目的 N 的距离改变了(比如 G 到目的地是不可达的，距离为无穷大)，就发送一个路由更新消息。接收到这个路由更新消息的路由器会把它和原来的路由比较，如果距离改变了，该路由器将按照触发更新规则继续给直接相连的主机和路由器发送路由消息，那些路由器再继续传递给它们的邻居路由器。这样就导致一系列串联的触发更新，使得路由消息的变化能够更快地传播。事实上，如果一系列的触发更新足够快，即在这一系列触发更新完成之前系统保持静止(还没有到定期发送正常更新消息的时间)，就可以证明无穷计数问题再也不会出现，坏路由会马上移走，从而不会形成任何路由回路。

但是在实践中，这种状况不可能总会得到满足的。当发送触发更新消息时，正常的路由更新消息可能同时在发送，那些还没有收到触发更新的路由器将会根据不再存在的路由发送信息，而已经收到了触发更新并刚刚传播出去的路由器可能收到这个路由消息，从而可能重新建立一条错误的路由。如果触发更新传播得足够快，尽管这种情况出现的概率很小，仍然有产生无穷计数的可能。RIP 规定在传输触发更新消息时，必须延迟一段随机的时间再发送，即当一个路由器的某条路由的距离改变时，等待一段非常短的随机长度的时间后，马上发送路由更新消息，而不需等待到达定期发送正常更新消息的时刻才发送，这样可以防止触发更新消息产生过多的网络负载。假设一个以太网(Ethernet)上有多个路由器，路由器通过广播方式传递路由信息，当其中一个路由器到某个目的地的距离变化时，发送一个触发广播消息，Ethernet 上的所有其他路由器都将收到这个消息，并注意到路由的距离改变了，从而这些路由器可能同时广播它们的触发更新，这样就导致产生一个广播风暴。经过等待一段很小的随机延时再发送触发更新，可以避免很多路由器同时传播触发更新的情况。

(4) RIP 消息格式。**RIP 是一个基于 UDP 的协议**，RIP 消息是通过 UDP 服务来发送的，所使用的 UDP 端口号为 520。RIP 消息可以分为两类：请求路由信息消息(RIP 消息的 COMMAND 字段为 1)和路由信息消息(RIP 消息的 COMMAND 字段为 2)。一个路由器或者主机可以通过发送请求路由信息消息要求另一个路由器传递路由信息，路由器通过发送路由信息消息来响应。路由器还会定期发送路由信息消息。

RIP 消息都具有一个统一的格式，如图 4-5 所示。RIP 消息中没有长度字段，这是因为下层的 UDP 有封装功能，从而可以知道消息的边界。命令(COMMAND)字段指示 RIP 消息的类型(Request 或 Response)。RIP 消息格式中还包括了地址家族标识(Address Family Identifier)字段，这种对路由器地址的使用方式使得 RIP 协议也可以在别的网络层协议下使用，而不是局限在 TCP/IP 环境中。

RIP 协议有很多局限性，因为 RIP 选择 16 作为无穷大，不能用在网络直径大于 15 的网络中，同时 RIP 使用的距离度量非常简单，不能采取一种动态的方法(比如根据网络延迟或负载)来选择路由，而且尽管 RIP 采用了很多措施(比如毒性反转的水平分割和触发更新等)来解决无穷计数问题，但是这种可能性仍然存在。因此，RIP 一般用在网络规模不是很大的场合。

0	8	16	31
命令	版本	必须为 0	
网络 1 的地址家族		必须为 0	
网络 1 的 IP 地址			
必须为 0			
必须为 0			
到网络 1 的距离			
网络 2 的地址家族		必须为 0	
网络 2 的 IP 地址			
必须为 0			
必须为 0			
到网络 2 的距离			
...			

图 4-5 RIP 消息格式

4.3.3　内部网关协议 OSPF

开放最短路径优先(Open Shortest Path First，OSPF)协议是一种**链路状态路由**协议。在链路状态路由协议中，每个路由器维护它自己的本地链路状态信息(即路由器到子网的链路状态和可以到达的邻居路由器)，并且通过扩散的办法，把更新了的本地链路状态信息广播给自治系统中每个路由器。这样，每个路由器都知道自治系统内部的拓扑结构和链路状态信息，路由器根据这个链路状态库计算出到每个目的地的最短路径(路由)。所有路由器都采用相同的算法(Dijkstra 的最短路径算法)来计算最短路由，而且这个计算是在路由器本地进行的。OSPF 的主要特点如下。

(1) OSPF 是一种动态的路由算法，能够自动而快速地适应拓扑结构的变化。每次收到一个链路状态消息，并且这个链路状态消息改变了整个自治系统的拓扑或链路状态时，都要重新计算到每个目的地的最短路由。OSPF 支持负载平衡功能，当同时有几条到目的地的最短路径时，可以将负载分流到这些路由之上。因为链路状态信息的描述非常小，并且很少需要进行传输，所以链路状态算法所要使用的带宽非常小。

(2) OSPF 允许网络管理人员配置路径花费的度量，每个路由器根据花费计算具有最小花费的路由。比如，路径花费可以与网络延迟、数据速率、金钱或其他因素有关。

(3) OSPF 支持区域的概念。区域是许多网络以及连接在网络上的路由器组合起来的，区域的拓扑结构和细节对于自治系统的其他部分是不可见的，这样区域内部之间的通信只需要考虑区域自身的拓扑，从而大大地减少了网络带宽的浪费，并且有助于网络管理人员更好地进行管理。区域的概念实际上是在 IP 子网技术的基础上产生的，是子网的一般化表示。

(4) OSPF 支持认证服务，只有被授权的路由器才能进行自治系统的路由处理。这样就可以防止有人通过向路由器发送假路由信息来愚弄路由器。

(5) OSPF 允许路由器交换通过别的方法(比如通过外部网关协议 BGP 了解到的到其他自治系统的路由)了解到的路由信息。通过显式地说明所了解到的路由信息的来源，把通过 OSPF 协议了解到的链路状态信息分割开来，使得路由的来源和可信度不至于被混淆。

(6) OSPF 支持三种类型的连接和网络。

① 点对点网络，即连接一对路由器的网络，比如一个 67kbit/s 的串行线路。

② 广播网络，该网络支持广播功能，并且至少有两个以上的路由器连接在上面，比如 Ethernet。

③ 非广播式的网络，该网络有多个(大于两个)路由器连接在上面，但是不支持广播功能，比如 X.25 分组交换网。OSPF 把非广播式的网络进一步分为两种方式：第一种称为非广播多路访问 NBMA(Non-Broadcast Multi-Access)网络，连在这个网络上的路由器间可以直接通信，和广播式的 OSPF 运作类似；第二种是点到多点(Point-to-MultiPoint)网络，这种方式把非广播式网络看成多个点到点的链路。

在 OSPF 协议中，每个路由器维护了一个反映它了解到的所在自治系统拓扑的**链路状态数据库**。这个拓扑可以用一个有向图来表示，其中有向图的顶点由自治系统内的路由器和网络组成，连接两个路由器顶点的边表示这两个路由器通过一个点到点物理链路连接，连接路由器顶点和网络顶点的边表示该路由器连在哪个网络上，每个路由器顶点的外出边被分配一个花费，这个花费可以由网络管理人员配置。网络有两种类型：如果某个网络可以传递那些不是从自己网络出发也不是发送到这个网络的分组，则称网络是传输网络；另外一种网络被称为中断网络。

由于自治系统可能越来越大，越来越难以管理，OSPF 引入了**区域**(Area)的概念，即把许多网络和主机组合在一起，再加上连接在这些网络上的路由器，就被称为一个区域。每个区域内部都运行一个基本链路状态路由算法，即每个区域内部有它自己的链路状态库和相应的有向图，同时运行区域内的所有路由器的链路状态库是一致的。一个同时连接多个区域的路由器运行多个链路状态路由算法，这种路由器被称为**区域边界路由器**。但是也正是由于区域的引入，整个自治系统中所有路由器的链路状态数据库并不一定是一致的。一个区域内的拓扑结构和细节对于自治系统的其他部分是不可见的，同样区域内的路由器也并不知道区域外的拓扑的具体细节，这种方式大大地降低了广播路由消息所耗费的带宽。

每个自治系统都有一个**主干区域**，称为区域 0。所有区域都与主干区域连接，即主干区域包括所有的区域边界路由器。主干区域负责各个非主干区域之间的路由信息的分发，为了保证主干区域的连续性，OSPF 允许使用虚拟链路来连接两个连在一个共同非主干区域上的主干路由器，就好像这两个路由器之间通过一个没有编号的点到点网络(即没有分配 IP 地址)连接一样。

引入区域的概念之后，自治系统内的路由被分为两类。如果网络分组的源端和目的端都在同一个区域内，只需要根据区域内部的路由信息来选择路由，这被称为**区域内路由**。而如果源端和目的端分别位于不同的区域，该路由就被分成三个部分：从源端到某个区域边界路由器的区域内路径、源端和目的端所在区域之间的主干区域内路径、一条到目的端的区域内路径，称为**区域间路由**。从区域间路由的角度看，可以把自治系统看作一个星形配置，主干区域为中心，每个非主干区域为辐射点。

基于上面的描述，可以按照所要完成的功能把 OSPF 中的路由器分为以下几类(注意，这些分类可能会重叠)，如图 4-6 所示。

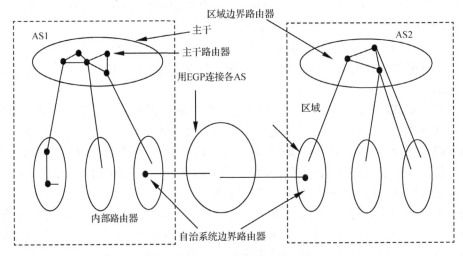

图 4-6　OSPF 中的各种路由器

(1) 内部路由器：它所连接的所有网络都属于同一区域，这些路由器只允许链路状态路由算法的一个副本。

(2) 区域边界路由器：该路由器连接在多个区域中，它运行多个链路状态算法的副本，每个区域一个。区域边界路由器把它连接的区域浓缩后的拓扑信息传递给主干区域，再由主干区域分发给其他区域。

(3) 主干路由器：连在主干区域的路由器，它除了包括所有的区域边界路由器外，还可能包括别的路由器。

(4) 自治系统边界路由器：和其他自治系统中的路由器交换路由信息。自治系统边界路由器可能是内部路由器，也可能是区域边界路由器，并且可能属于主干区域，也可能不属于主干。

在正常情况下，每个路由器要定期扩散链路状态更新信息，为了保证参加这个链路状态路由算法的所有路由器都能收到这个消息，路由器之间应该建立一个逻辑连接。路由器收到一个消息时，如果该消息是重复的，则丢弃它。

路由器之间的逻辑连接被称为一个**邻接**(Adjacency)。在大多数情况下，邻接是路由器之间的连接，比如一条连接两个邻居路由器的点到点链路。但是并不是所有的邻居路由器都是邻接路由器。假设所有的邻居路由器都是邻接路由器，考虑一个 Ethernet，如果有 N 个路由器连接在上面，则总共可能有 $N(N-1)/2$ 条邻接，每当其中一个路由器收到一个消息时，它就发送一个同样的消息给每个邻接路由器。在最坏的情况下，每个邻接路由器将立即把收到的消息扩散给其他邻接路由器，因此每个消息在被检测到重复之前可能被传递给大多数邻接路由器两次。这样大概有消息的 N 个拷贝在该网络上传递，而实际上只要 N 个拷贝就足够了。为了防止这种情况，OSPF 引入了**选取路由器**(也有些文献称为**指定路由器**)的概念，即对于广播网络或者 NBMA 非广播网络，连在上面的所有路由器选取一个路由器作为代表，该路由被认为与所有邻居路由器邻接，但是其他邻居路由器之间没有邻接，只有邻接的路由器之间才能交换路由信息。选取路由器负责把它所连接的网络的链路状态信息传递给其他路由器。除了选取路由器外，一般还有个备份选取路由器，以备选取路由器出现故障时使用。

为了发现邻居路由器以及维护相应的邻接关系，OSPF 使用 Hello 协议来定期交换信息。对于点到点物理连接，只要在链路上发送 **Hello 消息**就可以了；广播方式网络是通过多点广播来交换消息的；对于非广播网络，则可能需要网络管理人员进行配置以发现邻居路由器。在通常情况下，每个路由器会定期扩散**链路状态更新消息**到其邻接路由器，该消息给出了链路的状态、邻接关系及路径花费，当这些消息有变化时，路由器也会马上发送链路状态更新消息。**数据库描述消息**给出了发送者所拥有的所有链路状态的当前顺序号，接收者通过比较这个序号，就可以知道谁的数据最新。这个消息在路由器刚加入进来时使用，以便能够拥有最新的链路状态信息。

一个路由器在和邻接路由器交换数据库描述消息后，可能发现自己的某部分数据已经过时了，路由器可以发送**链路状态请求消息**来要求邻接路由器传递最新的信息。表 4-4 给出了 OSPF 所使用的 5 种消息。

表 4-4　OSPF 消息类型

消息类型	描　述
Hello	用于发现谁是邻居
Link state ack	确认链路状态更新
Database description	通知发送者有哪些更新
Link state request	向对方请求信息
Link state update	为邻居提供发送者的链路状态更新

　　综上所述，路由器通过扩散，把自己的链路状态信息告诉它所在区域的其他路由器，这样每个路由器都建立一个它所在区域的有向图，并计算出最短路径。主干区域中的路由器也进行这样的过程，另外主干区域还从区域边界路由器获取信息，计算出从主干到每个非主干区域的最短路径，再分发给区域边界路由器，区域边界路由器在它的区域中广播该消息。通过这个消息，路由器在转发数据到其他区域的分组时，可以选择到主干区域的最合适出口(区域边界路由器)。

　　OSPF 分组使用 IP 数据报传送，其消息格式如图 4-7 所示。

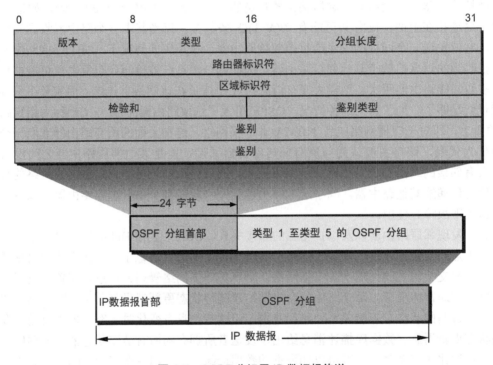

图 4-7　OSPF 分组用 IP 数据报传送

4.3.4　外部网关协议 BGP

　　边界网关协议(Border Gateway Protocol，BGP)是目前因特网使用的标准外部网关路由协议。BGP 协议是一种真正的外部网关协议，它对互联网络的拓扑结构没有任何限制，所传递的路由信息足够用来构建一个自治系统的连接图，从而把那些路由回路去掉，并支

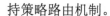

持策略路由机制。

从 BGP 路由器的观点看来，互联的网络由其他 BGP 路由器及连接它们的线路组成。如果两个 BGP 路由器共享同一网络，则认为它们是邻居。BGP 路由器之间通过交换 BGP 消息来进行协议的运作，特点如下。

(1) BGP 消息是通过一条 BGP 路由器之间的 TCP 连接来发送的，通过使用可靠的 TCP 协议，减少了消息传递可能要完成的分段、重传、确认和序号等功能。

(2) **BGP 消息有 4 种：Open、Update、Keepalive、Notification**，各种消息的作用见表 4-5。每个消息都有一个固定长度的头部，后面还可能有数据字段。头部中的标记字段总共有 16 个字节，主要用于 BGP 使用的认证机制，使得接收者可以确认发送者的身份。该认证机制由邻居获取阶段发送 Open 消息时进行协商。长度字段给出了以字节为单位的 BGP 消息的长度。类型字段给出了相应的消息类型。

表 4-5　BGP 消息类型

消　息	定　义
Open	建立和另一个路由器的邻居关系
Notification	检测到错误时发送
Keepalive	确认 Open 消息、定期维持邻居关系
Update	传输一个单一路由的消息或列出取消的多条路由

① Open 消息的格式如图 4-8(a)所示。BGP "标记" 字段给出了该路由器的 IP 地址，而 "我的自治系统" 字段给出了路由器所属的自治系统标识。Hold Time 字段表示发送者建议的 Hold 计时器值。如果接收者接受这个邻居关系，它就计算 Hold 计时器所使用的初值，这个值是它的 Hold Time 以及 Open 消息中 Hold Time 两者的最小值。

② Notification 消息如图 4-8(d)所示，用来报告在协议操作过程中所检测到的错误，如果发生致命的错误，将释放该 BGP 连接，终止邻居关系。

③ Update 消息，如图 4-8(b)所示。这个消息广播给所有实现 BGP 的其他路由器。通过这些 Update 消息的广播，所有的 BGP 路由器可以建立和维护路由信息。

④ Keepalive 消息，路由器响应建立 TCP 连接时发送，其结构如图 4-8(c)所示。

(3) BGP 包括邻居获取、邻居可达性和网络可达性三个过程。

在邻居获取阶段，为了找到一个邻居，BGP 路由器首先与其相邻路由器建立一条 TCP 连接，接着通过这条 BGP 连接发送一个 Open 消息。有的路由器可能不愿意接受，比如路由器可能负载过重，不想增加额外的负担，这时可以拒绝。如果路由器愿意接受这个请求，它会返回一个 Keepalive 消息作为响应。一个自治系统可能有多个 BGP 路由器，属于同一个自治系统的 BGP 路由器间的连接被称为**内部连接**，而属于不同自治系统的 BGP 路由器间的连接称为**外部连接**。

一旦建立了邻居关系，邻居可达性过程就用来维持这个关系。这个过程非常简单，建立 BGP 连接的两个路由器定期互相发送 Keepalive 消息，以保证 Hold 计时器不会超时。在邻居获取阶段中，Open 消息给出了一个 Hold Time，以便用来计算 Hold 计时器的初值，以保证每隔一段时间最少应该接收来自邻居路由器的一个 Keepalive 或者 Update 消息。Keepalive 消息的格式很简单，除了一个固定的头部外，没有别的数据字段，Open 消息中还包含了一个选项来协商所采用的认证机制。

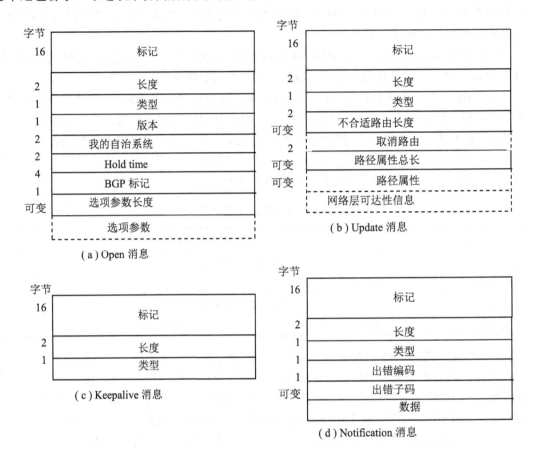

图 4-8　BGP 消息格式

　　BGP 定义的最后一个过程是网络可达性。每个路由器维护一个它能到达的子网的数据库以及到达那个子网的最佳路由。当数据库发生变化时，路由器发送 Update 消息给其他所有 BGP 路由器。通过 Update 消息所有 BGP 路由器可以建立和维护路由信息。

　　注意，Update 消息并不是定期发送的，第一个 Update 消息传递了该 BGP 路由器的完整路由信息，以后当路由有变化时，就把该变化通知给别的路由器。路由的变化可能是增加一条新的路由，也可能是取消某一条路由。一般来说，某条路由被取消可能是通过 Update 消息中的取消路由(WITHDRAWN ROUTES)字段显式地指出，可能被另外一条到目的地的路由替代，也可能是 BGP 连接关闭而导致以前该邻居所传递的所有路由被取消。

　　(4) BGP 路由器的**路由信息库**(Routing Information Base，RIB)分为三个部分。

　　①　Adj-RIBs-In 中保存了由邻居路由器发送的 Update 消息中包含的路由信息，它被作为一个决定过程的输入。

　　②　Loc-RIB 包括了那些经过一个决定过程从 Adj—RIBs—In 所选择的路由信息。

　　③　Adj-RIBs-Out 中保存的是路由器选择的将要传递给它的邻居路由器的路由信息，

它通过 Update 消息传递给邻居。

每个 AS 的管理员要至少选择一个路由器作为该 AS 的"**BGP 发言人**",为了减少通信代价,一般选择 AS 的边界路由器作为发言人。不同 AS 的 BGP 发言人互相交换各自 AS 的可达性信息。BGP 所交换的网络可达性信息是要到达某个网络(以网络前缀表示)所经过的一系列的 AS,当整个因特网的可达性信息交互完毕后,各 BGP 发言人就根据所采用的策略从收到的路由信息中选取到达所有 AS 的比较好的路由。

在图 4-9 中,如果把 AS 抽象为一个点,AS 之间的可达性抽象为边,则可以得到所有 AS 之间的一个网状拓扑结构。某一个 AS 上的边界路由器计算它到其他所有 AS 的最短路径,即从网状拓扑中得到了以它为根的**最小生成树**。

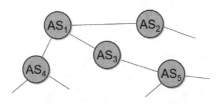

图 4-9 AS 的连通图举例

4.4 因特网控制报文协议 ICMP

IP 协议尽力传递并不表示数据报一定能够投递到目的地,因为 IP 协议本身没有内在的机制获取差错信息并进行相应的控制,而基于网络的差错可能性很多,如通信线路出错、网关或主机出错、信宿主机不可到达、数据报生存期(TTL 时间)到、系统拥塞等,所以为了能够反映数据报的投递,因特网中增加了控制报文协议 ICMP(Internet Control Message Protocol)。

ICMP 属于在网络层运作的协议,一般视为是 IP 的辅助协议,主要用于网络设备和节点之间的控制和差错报告报文的传输。从因特网的角度看,因特网由收发数据报的主机和中转数据报的路由器组成,所以在 IP 路由的过程中,若主机或路由器发生任何异常,便可利用 ICMP 来传送相关的信息。鉴于 IP 网络本身的不可靠性,ICMP 的目的仅仅是向源发主机告知网络环境中出现的问题,至于如何解决问题,则不是 ICMP 的管辖范围。

4.4.1 ICMP 的报文结构

当路由器发现某份 IP 数据报因为某种原因无法继续转发和投递时,则形成 ICMP 报文,并从该 IP 数据报中截取源发主机的 IP 地址,形成新的 IP 数据报,转发给源发主机,以报告差错的发生及其原因,如图 4-10 所示。

携带 ICMP 报文的 IP 数据报在反馈传输过程中不具有任何优先级,与正常的 IP 数据报一样进行转发。如果携带 ICMP 报文的 IP 数据报在传输过程中出现故障,转发该 IP 数据报的路由器将不再产生任何新的差错报文。图 4-11 示意了 ICMP 报文的形成和返回。

ICMP 协议主要支持 IP 数据报的传输差错结果,仍然利用 IP 协议传递 ICMP 报文。产生 ICMP 报文的路由器负责将其封装到新的 IP 数据报中,并提交因特网返回至原 IP 数据报的源发主机。

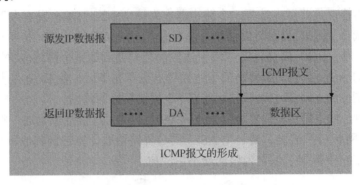

图 4-10　ICMP 报文的形成

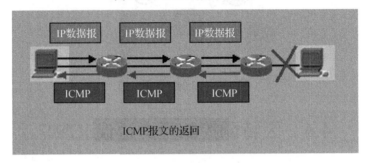

图 4-11　ICMP 报文的返回

ICMP 报文分为 ICMP 报文头部和 ICMP 报文体部两个部分，如图 4-12 所示。

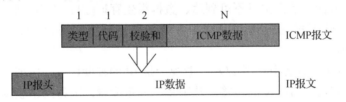

图 4-12　ICMP 报文的结构

其中，类型字段表示差错的类型，代码字段表示差错的原因，校验和表示整个 ICMP 报文的校验结果，ICMP 数据里存放的是差错原因及说明。

ICMP 报文主要有目的地不可达报文、回应请求与回应应答报文、源抑制(用于拥塞控制)报文、重定向报文、超时(TTL)报告报文、参数错报文等多种类型。下面以前两种为例进行简单介绍。

目的地不可达报文在路由发送过程中若出现路由器无法将 IP 数据报传送出去(例如，在路由表中找不到合适的路径，或是连接中断而无法将数据报从合适的路径传出)或目的设备无法处理收到的 IP 数据报(例如，目的设备无法处理 IP 数据报内所装载的传输层协议)等问题，路由器或目的设备便会发出此类型的 ICMP 数据报，通知 IP 数据报的来源。

回应请求与回应应答报文主要用来排解 IP 路由设置、网络连接等网络问题。回应请求与回应应答必须以配对的方式分两步来进行运作；①源端主机主动发出回应请求数据报给目的端主机；②目的端主机收到回应请求后被动发出回应应答数据报给源端主机。

由于 ICMP 数据报都是封装成 IP 数据报的形式来传送,因此,若能完成上述两步,源端主机便能确认以下事项。

(1) 目的端主机设备存在且运作正常。

(2) 源端和目的端之间的网络连接状况正常。

(3) 源端和目的端之间的 IP 路由正常。

4.4.2 ICMP 的应用举例

目前,已经利用 ICMP 报文开发了许多网络诊断工具软件。

1. Ping 命令

借助于 ICMP 回应请求/应答报文测试宿主机的可达性。网管人员可利用 PING 工具程序发出回应请求给特定的主机或路由器,以测试源主机和目的主机之间的网络联通性,诊断网络的问题。Ping 命令的对象可以是 IP 地址,也可以是域名,如图 4-13 所示。

图 4-13 Ping 命令的测试结果

2. Tracert 命令(跟踪 IP 数据报发送的路由)

Tracert 利用路由器对 IP 数据报中的生存期字段(TTL)作减 1 处理,一旦生存期值为 0 就丢弃该 IP 数据报,并返回主机不可达的 ICMP 报文。源发端针对指定的宿节点,形成一系列收方节点无法处理的 IP 数据报。这些数据报除生存期值递增外,其他内容完全一样,并根据生存期的取值逐个发往网络,第一个数据报的生存期为 1;路由器对生存期值减 1 后,丢弃该 IP 数据报,并返回主机不可达 ICMP 报文;源发端继续发送生存期为 2、3、4、…的数据报,由于主机和路由器中对路由信息的缓存能力,IP 数据报将沿着原路径向宿节点前进。如果整个路径中包括了 N 个路由器,则通过返回 N 个主机不可达报文和一个端口不可达报文的信息,了解 IP 数据报的整个路由。Tracert 命令的目标可以是 IP 地址,也可以是域名,如图 4-14 所示。

3. 测试整个路径的最大 MTU

该测试利用因数据报不允许分段,而转发网络的 MTU(最大传输单元)较小时会产生主机不可达报文的特点。这种测试对于源宿端具有频繁的大量数据传输时的情况,具有较高的实用价值。因为数据报长度越小,数据报传输的有效率越低;而传输较大的数据报时,路由器势必进行分段,既损耗了路由器的资源,更可能因某个数据分段丢失而导致宿主机在组装分段数据报时超时,丢弃整个数据报,造成带宽的浪费。测试路径 MTU 的方法类似路由跟踪。源发端发送一定长度且不允许分段的 IP 数据报,并根据路由器返回的主机不可达 ICMP 报文,逐步缩短测试 IP 数据报的长度。

```
PS C:\Windows\system32> tracert www.163.com

通过最多 30 个跃点跟踪
到 www.163.com.1xdns.com [60.210.23.116] 的路由:

  1    <1 毫秒   <1 毫秒   <1 毫秒  210.44.71.1
  2     1 ms     1 ms     1 ms  210.44.254.227
  3    57 ms     2 ms     2 ms  218.57.169.9
  4     2 ms     2 ms     1 ms  123.131.52.5
  5     7 ms     7 ms    10 ms  112.253.4.205
  6     *        *        *     请求超时。
  7     *        *        *     请求超时。
  8    13 ms     8 ms     8 ms  61.156.17.198
  9     9 ms     8 ms     9 ms  60.210.23.116

跟踪完成。
PS C:\Windows\system32>
```

图 4-14   Tracert 命令的测试结果

4.5　路由器的工作原理

网络互联的核心是网络之间的硬件连接和网间互联的协议,网络的物理连接是通过网络互联设备和传输线路实现的,网络互联设备是极为重要的,它直接影响互联网的性能。常用的网络互联设备如下。

(1) 中继器(Repeater)。工作在物理层,多接口的中继器称为**集线器**。

(2) 网桥(Bridge)。工作在数据链路层,多接口的网桥称为**交换机**。

(3) 路由器(Router)。工作在网络层;除了路由器,还有一种被称为**三层交换机**的互联设备,结合了二层交换机速度快的优点和路由器的选路功能,常用于子网之间的互联。

(4) 网关(Gateway)。工作在传输层及传输层以上的网络互联设备。

本节主要介绍路由器的结构、特性、工作原理和网络互联方式,IP 数据报的转发流程以及三层交换机的基本原理等。

4.5.1　路由器的结构

路由器(Router)用于连接多个逻辑上分开的网络,逻辑网络代表一个单独的网络或者一个子网。当数据从一个子网传输到另一个子网时,可通过路由器来完成,因此,路由器具有判断网络地址和选择路径的功能,它能在多网络互联环境中建立灵活的连接,可用完全不同的数据分组和介质访问方法连接各种子网。路由器只接受源站或其他路由器的信息,属于网络层的一种互联设备。它不关心各子网使用的硬件设备,但要求运行与网络层协议相一致的软件。

一般来说,异种网络互联与多个子网互联都应采用路由器来完成。

路由器的基本结构如图 4-15 所示。整个路由器结构可以划分为两大部分,**路由选择**部分和**分组转发**部分。

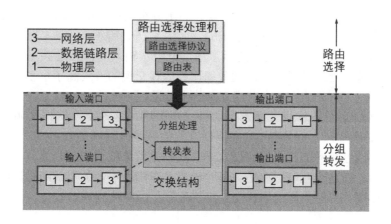

图 4-15 路由器的基本结构

路由选择部分也叫**控制部分**，其核心构件叫作路由选择处理机，任务是根据选定的路由协议生成路由表，同时定期地和相邻路由器交换路由信息，而不断地更新和维护路由表。

分组转发部分又包括三部分：**交换结构、输入端口和输出端口**。注意，由于计算机网络是全双工通信，对路由器来说，输入端口和输出端口仅做逻辑上的区分，在物理上是不区分的。路由器的任何一个端口既是输入端口，也是输出端口。

下面重点来看一下交换结构，如图 4-16 所示。

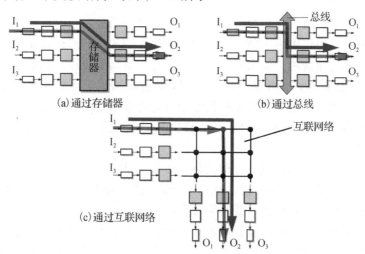

图 4-16 三种基本的交换结构

交换结构是路由器的关键构件，它将某个输入端口进入的分组根据查找路由表的结果从一个合适的输出端口转发出去。**交换结构的速率对路由器的性能是至关重要的**，如果交换结构的速率跟不上输入端口分组到达的速率，分组会因为等待交换而在输入端口的队列中排队。

最早的路由器就是一台安装了多个网卡的计算机，在操作系统中安装路由软件来实现路由器的功能。后来出现了专门的路由器硬件设备，也就是第一代路由器，它们有一个共同的特点，就是通过存储器(内存)进行交换。由于分组在内存中驻留，这本质上是一种存储转发方式的交换，这种交换效率是很低的，如图 4-16(a)所示。

图 4-16(b)是通过总线进行交换的示意图，分组从输入端口通过共享总线直接到达输出端口，不需要选路处理机干预，因此效率比经内存交换的方式高了很多。但是，由于总线是共享的，同一时刻只能有一个分组在总线上传送。

通过互联网络交换是总线交换方案的进一步改进，这种交换结构又叫作**纵横交换结构**，如图 4-16(c)所示。它总共有 $2N$ 条纵横交叉的总线，可以使 N 个输入端口和 N 个输出端口相连接，通过相应的交叉节点使水平总线和垂直总线接通或是断开，将分组转发到合适的输出端口。在这个互联网络中，多个分组可以沿着不同的总线路径同时进行交换，效率得到空前提高。目前典型的纵横交换结构速率已经能达到 60G b/s。

4.5.2　路由器的功能特性

路由器的主要工作就是为经过路由器的每个数据帧寻找一条最佳传输路径，并将该数据有效地传送到目的站点。由此可见，选择最佳路径的策略即路由算法是路由器的关键所在。为了完成这项工作，在路由器中保存着各种传输路径的相关数据——路由表(Routing Table)，供路由选择时使用。路由表中保存着子网的标志信息、网上路由器的个数和下一个路由器的名字等内容。路由表可以是由系统管理员固定设置好的，也可以由系统动态修改，可以由路由器自动调整，也可以由主机控制。

路由器的主要功能如下。

(1) 选择最合理的**路由**，引导通信。为了实现这一功能，路由器要按照某种路由通信协议查找路由表，路由表中列出整个互联网络中包含的各个节点，以及节点间的路径情况和与它们相联系的传输费用。如果到特定的节点有一条以上路径，则基于预先确定的准则选择最优(最经济)的路径。由于各种网络段及其相互联接情况可能发生变化，因此路由情况的信息需要及时更新，这是由所使用的路由信息协议规定的定时更新，或者按变化情况更新来完成。网络中的每个路由器按照这一规则动态地更新它所保持的路由表，以便保持有效的路由信息。

(2) 提供报文的存储和**转发**。存储的最主要原因是排队和检查纠错，而排队又包含两种情况：在输入端口排队(即分组到达速度大于交换结构处理速度)、在输出端口排队(分组到达输出端口的速度大于发送速率或网络带宽)。

(3) 报文分割和重组。路由器在转发报文的过程中，为了便于在网络间传送报文，按照预定的规则把大的数据包分解成适当大小的数据包，到达目的地后再把分解的数据包包装成原有形式。

(4) 协议转换。多协议的路由器可以连接使用不同通信协议的网络段，作为不同通信协议网络段通信连接的平台。

路由和转发是路由器最基础和最核心的功能。

下面通过一个例子来说明路由器的工作原理。

例 4.6　工作站 A 需要向工作站 B 传送信息(并假定工作站 B 的 IP 地址为 120.0.5.1)，它们之间需要通过多个路由器的接力传递，路由器的分布如图 4-17 所示。

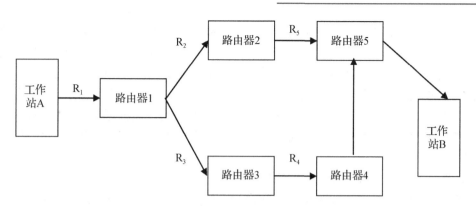

图 4-17　工作站 A、B 之间的路由器分布

其工作原理如下。

(1) 工作站 A 将工作站 B 的地址 120.0.5.1 连同数据信息以数据帧的形式发送给路由器 1。

(2) 路由器 1 收到工作站 A 的数据帧后，先从报头中取出地址 120.0.5.1，并根据路径表计算出发往工作站 B 的最佳路径：$R_1 \rightarrow R_2 \rightarrow R_5 \rightarrow B$，并将数据帧发往路由器 2。

(3) 路由器 2 重复路由器 1 的工作，并将数据帧转发给路由器 5。

(4) 路由器 5 同样取出目的地址，发现 120.0.5.1 就在该路由器所连接的网段上，于是将该数据帧直接交给工作站 B。

(5) 工作站 B 收到工作站 A 的数据帧，一次通信过程宣告结束。

事实上，路由器除了路由和转发的主要功能外，还具有**网络流量控制**功能。有的路由器仅支持单一协议，但大部分路由器可以支持多种协议的传输，即多协议路由器。由于每一种协议都有自己的规则，要在一个路由器中完成多种协议的算法，势必会降低路由器的性能。因此，我们以为，支持多协议的路由器性能相对较低，用户购买路由器时，需要根据自己的实际情况，选择自己需要的网络协议的路由器。

互联网各种级别的网络中随处都可见到路由器。接入网络使得家庭和小型企业可以连接到某个互联网服务提供商；企业网中的路由器连接一个校园或企业内成千上万的计算机；骨干网上的路由器终端系统通常是不能直接访问的，它们连接长距离骨干网上的 ISP 和企业网络。互联网的快速发展无论是对骨干网、企业网还是接入网都带来了不同的挑战。骨干网要求路由器能对少数链路进行高速路由转发。企业级路由器不但要求端口数目多、价格低廉，而且要求配置起来简单方便，并提供 QOS。从这个角度上讲，路由器可分为**接入路由器、企业或校园级路由器、骨干级路由器和太比特路由器**等。

(1) 接入路由器连接家庭或 ISP 内的小型企业客户。接入路由器不只是提供 SLIP 或 PPP 连接，还支持诸如 PPTP 和 IPSec 等虚拟私有网络协议，这些协议要能在每个端口上运行。诸如 ADSL 等技术能很快提高各家庭的可用带宽，这将进一步增加接入路由器的负担。由于这些趋势，接入路由器将来会支持许多异构和高速端口，并能在各个端口运行多种协议，同时还要避开电话交换网。

(2) 企业或校园级路由器连接许多终端系统，其主要目标是以尽量便宜的方法实现尽可能多的端点互联，并且进一步要求支持不同的服务质量。许多现有的企业网络都是由 Hub 或网桥连接起来的以太网段，尽管这些设备价格便宜、易于安装、无须配置，但是它们不支持服务等级。相反，有路由器参与的网络能够将机器分成多个碰撞域，并因此能够控制一个网络的大小。此外，路由器还支持一定的服务等级，至少允许分成多个优先级别。但是路由器的每端口造价要贵些，并且在使用之前要进行大量的配置工作。因此，企业路由器的成败就在于是否提供大量端口且每端口的造价很低、是否容易配置、是否支持QoS等。另外还要求企业级路由器有效地支持广播和组播，能处理历史遗留的各种 LAN技术，支持多种协议，包括 IP、IPX 和 Vine 等。它们还要支持防火墙、包过滤以及大量的管理和安全策略以及 VLAN。

(3) 骨干级路由器实现企业级网络的互联。对它的要求是速度和可靠性，而代价则处于次要地位。硬件可靠性可以采用电话交换网中使用的技术，如热备份、双电源、双数据通路等来获得。这些技术对所有骨干路由器而言差不多是标准的。骨干 IP 路由器的主要性能瓶颈是在转发表中查找某个路由所耗的时间。当收到一个包时，输入端口在转发表中查找该包的目的地址以确定其目的端口，当包越短或者包要发往许多目的端口时，势必增加路由查找的代价，因此，将一些常访问的目的端口放到缓存中能够提高路由查找的效率。不管是输入缓冲还是输出缓冲路由器，都存在路由查找的瓶颈问题。

(4) 如果没有与现有的光纤技术和 DWDM 技术提供的原始带宽对应的路由器，新的网络基础设施将无法从根本上得到性能的改善，因此开发高性能的骨干交换/路由器(太比特路由器)已经成为一项迫切的需求。太比特路由器技术现在还主要处于开发实验阶段。

4.5.3　IP 数据报的转发流程

路由表的结构如图 4-18 所示，一个典型的路由表至少包含 4 项信息：**目的网络地址、子网掩码、下一跳路由器和输出接口**。

图 4-18　路由表举例

以 R_2 的路由表为例，R_2 通过端口 0 和 1 直接连接到网络 2 和网络 3 上面，因此只要目的主机在这两个网络上，都可以通过接口 0 或 1 进行**直接交付**(通过路由器的数据链路层直接发向本网络)。若目的主机在网络 1 中，则下一跳路由器为 R_1，同理，若目的主机在网络 4，则下一跳路由器为 R_3。需要注意的是，在 CIDR 机制下，使用一个 IP 地址(网络地址)并不能明确地表明某一个网络，因此还需要地址掩码。

路由器中有一个很有效的技术叫**默认路由**，在路由结构比较简单的情况下，它可以大大减少路由表中的表项数量和搜索时间。如图 4-19 所示，连接在网络 N_1 上的主机 H 的路由表只需要三条表项，第一个项目是到本网络主机的路由(直接交付)；第二个是到网络 N_2

的路由，对应的下一跳路由器是 R_2；第三个项目是默认路由，只要目的网络不是 N_1 和 N_2，就一律选择默认路由，把数据报交付给路由器 R_1，让 R_1 再去查询自己的路由表进行转发，直到目的地。

在路由器中 IP 数据报的转发过程可以总结如下。

(1) 从收到的数据报首部提取目的 IP 地址 D。

(2) 判断是否为直接交付。对路由器直接相连的网络进行逐个检查，用各网络的掩码和 D 进行逐位"与"运算(即求得网络前缀)，看结果是否与相应的网络地址相匹配，若匹配，则把分组直接交付，任务结束，否则执行步骤(3)。

(3) 对路由表中剩下的每一行，用各网络的掩码和 D 进行逐位"与"运算，看结果是否和网络地址相匹配，匹配则执行间接交付，从相应端口发给下一跳路由器，任务结束，否则执行步骤(4)。

(4) 若路由表中有一个默认路由，则按照默认路由转发，任务结束，否则执行步骤(5)。

(5) 报告转发数据报出错。

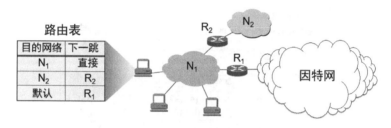

图 4-19　默认路由

下面以一个例题来说明数据报的转发过程。

例 4.7　已知图 4-20 所示的网络和路由器 R_1 的路由表。现在主机 H_1 发送了某 IP 数据报，其目的地址为 128.30.33.128，试分析 R_1 收到数据报后的查找和转发过程。

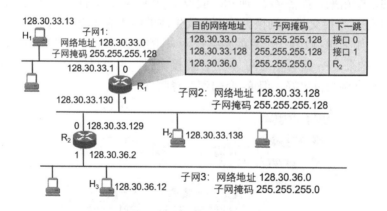

图 4-20　查找路由表并转发的例子

在图 4-20 中，R_1 收到数据报后，首先查找第一行表项，利用第一行的地址掩码 255.255.255.128 和目的地址 128.30.33.128 进行逐位与运算，得到结果为 128.30.33.128，然后和第一行的目的网络地址比较，结果不匹配(不相等)，于是继续查找第二行，用第二行的掩码 255.255.255.128 和目的地址 128.30.33.128 进行逐位"与"，结果还是

128.30.33.128，然后与第二行的网络地址比较，发现匹配，说明第二行的这个网络(子网 2)就是数据报要去的目的网络。于是按照表中的接口 1 进行直接交付。

4.5.4　路由聚合

前面的章节我们讲到，CIDR 技术可以将多个小的 IP 地址块聚合为大的 IP 地址块，反映到路由表中，可以将对应的多个表项聚合为一个表项，大大减少路由表的表项数，这种技术称为**路由聚合**，如图 4-21 所示。

对于路由器 R_2 来说，它到达网 1、网 2、网 3 和网 4 的路由情况是完全一致的，都是通过 m0 接口转发到下一跳路由器 R_1，此时这 4 个网络对于 R_2 来说就好像是一个网络。而网 1 到网 4 的地址空间恰好是连续的、可以合并的地址块，因此可以聚合为地址空间140.23.7.0/24，这样，在 R_2 的路由表中，原本从网 1 到网 4 的 4 行内容就被聚合成了一行。

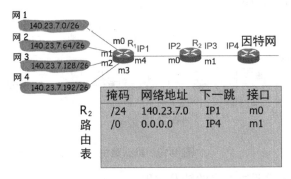

图 4-21　路由聚合

下面再来考虑一些特殊情况，**当使用了路由聚合技术以后，在路由表中有可能会查找到不止一个的匹配结果**，如图 4-22 所示。假设 R_2 和网 4 之间有一条直接连接，也就是说 R_2 可以对网 4 进行直接交付，则根据路由协议生成的路由表中会出现"网 4，直接交付"的一行。此时，如果 R_2 收到一个目的网络在网 4 的数据报，在查找路由表时就会找到两个(两行)匹配的结果：R_2 既可以对网 4 进行直接交付，也可以通过 R_1 进行间接交付，直观地看上去显然直接交付更好，但 R_2 会如何选择呢？

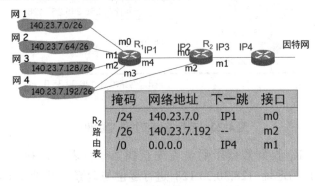

图 4-22　路由聚合与最长前缀匹配

当路由器遇到多个匹配的结果时，使用的选择叫"**最长前缀匹配**"，即应当从所有匹配结果中选择拥有最长网络前缀的路由。在图 4-22 所示的例子中，最长前缀匹配恰好就是"直接交付"。这仅仅是巧合吗？显然不是。最长前缀匹配的意义就在于，网络前缀越长，其地址块就越小，该地址块代表的网络就越具体，因而路由就越具体，最长前缀匹配的选择也就是离目的主机"最近"的选择。

4.5.5 三层交换机

三层交换机本质上是一个路由器和一个支持 **VLAN** 的二层交换机的集合体，如图 4-23 所示。三层交换机可以将多个 VLAN 在 IP 层(第三层)互联。三层交换机的路由功能很简单，通常不具有广域网接口，主要用于在局域网环境中互联同构的以太网，并起到隔离广播域的作用。三层交换机对路由算法进行了特殊优化并尽量用硬件来实现，因此分组转发的速度比传统的路由器要快得多。

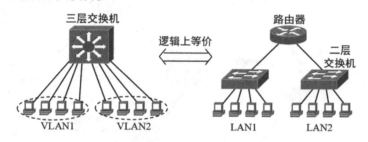

图 4-23 三层交换机在逻辑上与路由器等价

虽然三层交换机转发性能比普通路由器要高，但通常接口类型单一，支持的路由选择协议也比较少，而路由器则不同，它的设计初衷就是能够使异构网络实现互联，因此路由器的接口类型非常丰富。

在实际应用中，**处于同一个局域网中各子网的互联和不同 VLAN 之间的互联，使用三层交换机代替路由器，实现广播隔离**。而只有在局域网连接广域网和广域网互联时才使用普通的路由器。

4.6 IP 多播

4.6.1 IP 多播的基本概念

1988 年 Steve Deering 首次在其博士学位论文中提出 IP 多播的概念。1992 年 3 月 IETF 在因特网范围首次试验 IETF 会议声音的多播，当时有 20 个网点可同时听到会议的声音。现在 IP **多播**(Multicast)已成为因特网的一个热门课题。这是由于有许多的应用需要由一个源点通过一次发送操作把同样的分组副本发送到许多个终点，即一对多的通信。例如，实时信息的交付(如新闻、股市行情等)、软件更新、交互式会议等。随着因特网用户数目的急剧增加，以及多媒体通信的开展，有更多的业务需要多播来支持。

与单播相比，在一对多的通信中，多播可大大节约网络资源。图 4-24 所示是视频服务器用单播方式向 90 个主机同时传送同样的视频节目，为此，需要发送 90 个单播，即同一个视频分组要发送 90 个副本。而视频服务器用多播方式向属于同一个多播组的 90 个成员传送节目时，视频服务器只需把视频分组当作多播分组，并且只需发送一次。路由器 R_1 在转发分组时，需要把收到的分组复制成 3 个副本，分别向 R_2、R_3 和 R_4 各转发 1 个副本。当分组到达目的局域网时，局域网具有多播功能，因此不需要复制分组，局域网上的多播组成员都能收到这个视频分组。

当多播组的主机数很多时(如成千上万个)，采用多播方式可明显地减轻网络中各种资源的消耗。在因特网范围的多播要靠路由器来实现，这些路由器必须增加一些能够识别多播分组的软件。能够运行多播协议的路由器称为**多播路由器**。多播路由器可以是一个单独的路由器，也可以是运行多播软件的普通路由器。

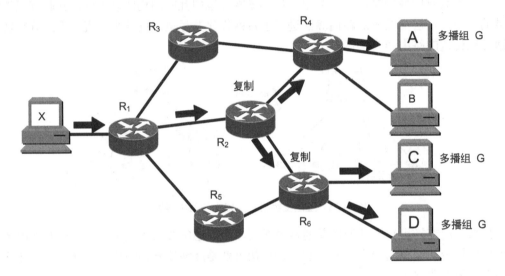

图 4-24 IP 多播示意

为了适应交互式音频和视频信息的多播，从 1992 年起，因特网上开始试验虚拟的**多播主干网**(Multicast Backbone On the Internet，MBONE)。MBONE 可以将分组传播给不在一起但属于一个组的许多个主机。现在多播主干网的规模已经很大，有几千个多播路由器，然而在因特网上实现多播要比单播复杂得多，因为必须解决以下一些问题。

1. 多播组的地址(或简称为组地址)

D 类 IP 地址就是多播组地址。D 类 IP 地址去掉类别比特(1110)后，剩下的 28 位共有 2^{28} 种组合(超过 2.5 亿个)，因此，可以使用的多播组地址的范围是从 224.0.0.0～239.255.255.255。显然，**多播地址只能用作目的地址，而不能用作源地址。**

有一些 D 类 IP 地址是不能任意使用的，因为因特网号码指派管理局(Internet Assigned Numbers Authority，IANA)已经指派了一些永久组地址。下面是永久组地址的几个例子。

(1) 224.0.0.0，基地址(保留)。

(2) 224.0.0.1，在本子网上的所有参加多播的主机和路由器。

(3) 224.0.0.2，在本子网上的所有参加多播的路由器。

(4) 224.0.0.3，未指派。

(5) 224.0.0.4 DVMRP，路由器。

(6) 224.0.0.19～224.0.0.255，未指派。

(7) 239.192.0.0～239.251.255.255，限制在一个组织的范围。

(8) 239.252.0.0～239.255.255.255，限制在一个地点的范围。

顺便指出，图 4-24 中多播组成员中的每一个主机另外还有一个单播的 IP 地址。多播地址和单播地址是相互独立的。

2. 多播最短路径支撑树

参加多播的源点主机和所有参加多播的路由器都必须能够把多播 IP 地址转换为包含多播组成员的网络清单，然后根据这个网络清单构造出到所有包含多播组成员的网络的**多播最短路径支撑树**。图 4-24 给出的网络拓扑实际上就是多播最短路径支撑树，如果不使用最短路径支撑树，那么就会在某些链路上出现重复的通信量而造成浪费。假定在路由器 R_2 和 R_3 之间还有一条连接的链路(注意，图中并没有画出这条链路，而这里的链路就是网络)，那么路由器 R_2 必须知道，不应当向 R_3 发送多播分组的副本，因为这是多余的。

3. IP 多播地址到局域网多播地址的转换

当多播分组传送到最后的局域网上的路由器时，还必须把 32bit 的 IP 多播地址转换为局域网的 48 bit 的多播地址，这样才能在局域网上进行多播。

因特网号码指派管理局 IANA 拥有的以太网地址块的高 24bit 为 00-00-5E，也就是说，IANA 拥有的以太网 MAC 地址的范围是为 00-00-5E-00-00-00～00-00-5E-FF-FF-FF。在前面已讲过，以太网 MAC 地址字段中的第 1 字节的最低位为 1 时即为多播地址，IANA 用其中的一半(第 4 字节最高位为 0)作为多播地址，因此只剩下 23bit 可自由使用，这样，以太网多播地址的范围就是 01-00-5E-00-00-00～01-00-5E-7F-FF-FF。但 D 类 IP 地址可供分配的有 28bit，可见在这 28bit 中的前 5bit 不能映射到以太网的 MAC 地址中，如图 4-25 所示。

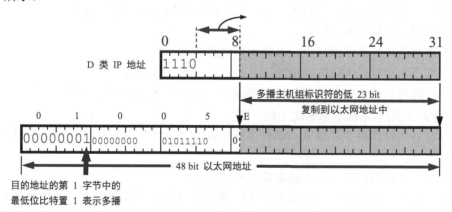

图 4-25　D 类 IP 地址与以太网多播地址的映射关系

例如，IP 多播地址 224.128.64.32 和另一个 IP 多播地址 224.0.64.32 转换成以太网的多播地址都是 01-00-5E-00-40-20，由于多播 IP 地址与以太网多播地址的映射关系不是唯一的，因此主机中的 IP 模块还需要利用软件进行过滤，把不是本主机要接收的数据报丢弃。

4. 组成员的动态关系

严格说来，组成员应当是主机中的进程，一个主机中的多个进程可以分别加入不同的多播组。然而多播组中的成员关系是动态变化的，临时组地址则在每一次使用前都必须创建多播组。一个进程可请求参加某个特定的多播组，或在任意时间退出该组。因此，应当使用一种机制，使得单个的主机能够把自己的组成员关系及时通告给本网络上的路由器。因特网组管理协议(Internet Group Management Protocol，IGMP) 就是用来支持这种机制的。

5. 多播路由器需要交换的信息

转发多播分组的路由器需要彼此交换两种信息。首先，这些路由器需要知道哪些网络包含给定多播组的成员；其次，这些路由器需要有足够的信息来计算到达每一个包含多播组成员的网络的最短路径，这就需要有**多播路由选择协议**。

4.6.2　因特网组管理协议 IGMP

IGMP 已经有了三个版本。1989 年公布的[RFC 1112](IGMPv1)早已成为因特网的标准协议。1997 年公布的[RFC 2236](IGMPv2)对 IGMPv1 进行了更新，但 IGMPv2 只是个建议标准。2002 年 10 月公布了[RFC 3376](IGMPv3)，则是目前的最新标准。

同 ICMP 相似，IGMP 使用 IP 数据报传递其报文(即 IGMP 报文加上 IP 首部构成 IP 数据报)，同时也向 IP 提供服务。从原理上讲，IGMP 包括以下两种操作。

(1) **主机向多播路由器发送报文，要求加入或退出某给定地址的多播组**。本地的多播路由器收到 IGMP 报文后，把组成员关系转发给因特网上的其他多播路由器。

(2) **多播路由器要周期性地检验哪些主机对哪些多播组感兴趣**。

前两个版本的 IGMP 都具有以下的操作模型：接收方必须申请加入某个多播组；发送方不需要加入任何多播组；任何主机都可以向任何多播组发送多播分组。

前两个版本具有下面的缺点。

(1) 多播组很容易泛滥成灾，消耗大量网络资源。

(2) 在不知道发送方位置的情况下，有时无法建立多播树。

(3) 不同的多播组可能使用相同多播地址，因此全球多播地址不是唯一的。

IGMPv3 采用下述措施来解决上述问题。

(1) 允许主机指明"我愿意从哪些主机接收多播分组"，而从其他主机发送来的多播分组可以被阻拦掉。

(2) 允许主机阻拦自己所不愿意要的多播分组。

IGMP 定义了两种报文：**成员关系询问报文**和**成员关系报告报文**。主机要加入或退出多播组，都要发送成员关系报告报文，连接在局域网上的所有多播路由器都能收到这样的报告报文。多播路由器周期性地发送成员关系询问报文以维持当前有效的、活跃的组地址。愿意继续参加多播组的主机必须响应已报告报文。

4.6.3 多播路由选择

虽然在 TCP/IP 中 IP 的多播已成为标准协议，但在多播路由器中，路由信息的传播则尚未标准化。这主要是因为多播转发和路由选择和单播很不相同而且相当复杂。目前提出的多播路由协议主要有以下几类。

1. DVMRP

在因特网上使用的第一个多播路由选择协议是距离向量多播路由选择协议 DVMRP (Distance Vector Multicast Routing Protocol，DVMRP)，它到现在还在使用[RFC1075]。

2. mrouted

由于在 UNIX 系统中实现 RIP 的程序叫作 routed，所以在 UNIX 系统上处理多播路由的程序就在 routed 的前面加表示多播(multicast)的字母 m，叫作 mrouted，它使用 DVMRP 在路由器之间传播路由信息，但它不使用标准的路由表。mrouted 只能在 UNIX 的一个特殊版本(多播内核)上运行。UNIX 的多播内核有一个特殊的路由表以及需要转发多播数据报的一些代码。多播数据报在传输的过程中，若遇到不运行多播软件的路由器或网络时，要采用一种**隧道技术**，图 4-26 是对隧道技术的说明。

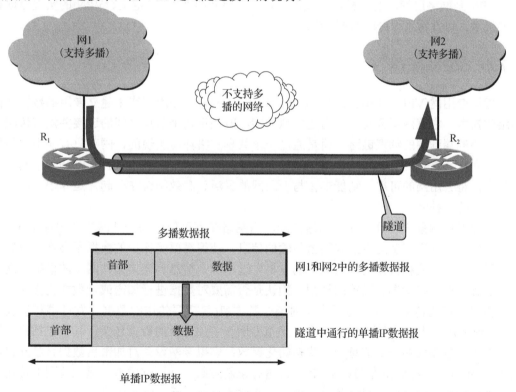

图 4-26 隧道技术在多播中的应用

图 4-26 表示网 1 中的主机向网 2 中的一些主机进行多播，但路由器 R_1 或 R_2 并不运行多播软件，因而不能按多播地址转发数据报。为此，路由器 R_1 就对多播数据报进行再

次封装，即加上普通 IP 数据报的首部，使之成为向单一目的站发送的单播 IP 数据报，然后通过"隧道"从 R_1 发送到 R_2。这种隧道叫作 mrouted tunnel。单播数据报到达路由器 R_2 后，再由路由器 R_2 剥去其首部，使它恢复成原来的多播数据报，继续向多个目的站转发。这一点和英吉利海峡隧道运送汽车的情况相似。英吉利海峡隧道不允许汽车在隧道中行驶，但是，可以把汽车放置在隧道中行驶的电气火车上通行。过了隧道后，汽车又可以继续在公路上行驶。这种使用隧道技术传送数据报又叫作 **IP-in-IP**。

3. 其他尚未成为标准的多播路由选择协议

(1) 核心基干树 CBT(Core Based Tree)[IRFC 2189，2201]。

(2) 开放最短通路优先的多播扩展 MOSPF(Multicast Extensions to OSPF)[RFC 1548]。

(3) 协议无关多播—稀疏方式 PIM-SM(Protocol Independent Multicast - Sparse Mode)[RFC 2362]。

(4) 协议无关密集方式 PIM-DM(Protocol Independent Multicast - Dense Mode)。

4.7 虚拟专用网 VPN

VPN 是网络层使用的一种常见技术，本节主要介绍 VPN 的定义、VPN 的实现原理和主要技术，以及常用 VPN 的种类等。

4.7.1 VPN 概述

虚拟专用网(Virtual Private Network，VPN) 指的是**在公用网络中建立专用的数据通信网络的技术**。它有两层含义：①它是虚拟的网，即任意两个节点之间的连接并没有传统专网所需要的端到端的物理链路，而是通过一个共享网络环境实现的，网路只有在用户需要时才建立；②它是利用公网的设施构成的专用网。这样一个网兼顾了公用网和专用网的许多优点，将公用网的可靠、功能丰富与专用网的灵活、高效结合在一起，是介于公网与专用网之间的一种网。

虚拟专用网系统使分布在不同地方的专用网络在不可信任的公共网络(如因特网)上安全地通信。它采用复杂的算法来加密传输的信息，使得需要受保护的数据不会被窃取。一般来说，其工作流程大致为：要保护的主机发送不加密信息到连接公共网络的虚拟专网设备；后者根据网络管理员设置的规则，确认是否需要对数据进行加密或让数据直接通过；对于需要加密的数据，虚拟专网设备对整个数据包(包括要传送的数据、发送端和接收端的 IP 地址)进行加密并附上数字签名；虚拟专网设备加上新的数据包头，其中包括目的地虚拟专网设备需要的安全信息和一些初始化参数；虚拟专网设备对加密后数据、鉴别包以及源 IP 地址、目标虚拟专网设备 IP 地址进行重新封装，并通过虚拟通道在公网上传输；当数据包到达目标虚拟专网设备时，数字签名被核对无误后，数据包被解密。

典型的虚拟专网结构是：若干个内部网络通过公网连接起来，各个内部网络位于虚拟专网设备的后面，同时通过路由器连接到公网。在这种虚拟专网结构中，数据按照严密的算法在公网中通过多层虚拟通道(也称"隧道")从一端虚拟专网设备发送到达另一端：隧道从一个虚拟专网设备开始，通过路由器横跨整个公网到达其他虚拟专网设备；隧道的第二层要对数据进行加密封装，到达目标虚拟专网设备后，接收方得到的是重新封装后的数据；隧道的第三层主要任务是进行身份验证，采用不同的算法来验证信息来源的真实性。

VPN 的优越性如下。

(1) **建设成本低**。虚拟专用网的显著特点是用户能够用公共网络结构提供专用网络业务传输和服务，而一般不需要大量的投资，比建立真正的专用网的成本要低得多，投资风险也小。

(2) **容易扩展**。企业只需依靠提供 VPN 服务的 ISP 就可以随时扩大 VPN 的容量和覆盖范围。

(3) **使用方便**。过去与合作伙伴联网，必须事先协商如何在双方之间建立租用线路或帧中继线路，VPN 出现之后，这种协商已毫无必要，真正达到了随意连接和断开。

(4) **易于管理**。VPN 使企业可以利用 ISP 的设施和服务，同时又完全自己掌握网络的控制权。

(5) **服务多样化**。采用 VPN 还可将用户原有的专用网与之无缝地综合在一起，使使用户可以实施混合的 VPN 方案；VPN 还具有灵活的计费方式，可以有各种方式接入，能满足不同需要，具有统一的网络功能。

VPN 的分类有多种，按 VPN 的应用平台可分为软件平台 VPN、专用硬件平台 VPN和辅助硬件平台 VPN；按构建 VPN 的隧道协议(第二层隧道协议、第三层隧道协议)又可分为 L2TP VPN、IPSec VPN 等；按 VPN 的部署模式又可分为端到端模式、供应商—企业模式和内部供应商模式等。通常根据业务类型，把 VPN 业务大致分为两类。

1) 拨号 VPN(VPDN)

拨号 VPN 是指企业员工或企业的小分支机构通过公网远程拨号的方式构筑的虚拟网。根据隧道发起方式，它又分为由用户发起、由 ISP 拨号服务器发起或由企业网远程路由器发起三种。该 VPN 的核心是通过 L2TP 协议来实现第二层的隧道封装，这样一来，企业员工到 ISP 的各节点出差或办公时，可通过当地的市话直接拨号上网，并访问企业网。这一方式使得企业网可以真正管理自己的用户，企业员工不必在 ISP 上拥有自己的账号，也可以使用自己在企业网中的账号和口令拨号上网。从目前的情况看，运营商在实现VPN 业务时，亟须解决不同厂商设备的互操作性的问题和认证、计费等问题。

2) 专线 VPN

专线 VPN 为用户提供的应是安全可靠并具有 QoS 的虚拟专网。

专线 VPN 通常是由 IPSec 协议来实现的，IPSec 是一套完整的协议，它定义了在公网上安全传输数据的方式。IPSec 要防止网络上的窃听者对数据的篡改，并确保数据通信双方的身份，对数据进行安全加密。其中，通信双方加密密钥的交换、安全信任关系的确立是 IPSec 实现的关键。专线 VPN 另一个重要功能就是为用户提供 QoS 保障。

专线 VPN 又分**内联网** VPN(Intranet，VPN)和**外联网** VPN(Extranet VPN)。内联网VPN 是企业总部与分支机构间通过公网构筑的虚拟网。外联网 VPN 是指多个具有合作伙伴关系的企业，通过公网来构筑的虚拟网。

VPN 使企业可以利用 ISP 的设施和服务，同时自己又完全掌握网络的控制权。例如，企业可以委托 ISP 提供拨号访问，由自己负责用户的查验、访问权、网络地址、安全性和网络变化管理等重要工作。

4.7.2　VPN 的主要技术

目前 VPN 主要采用 4 项技术：隧道技术(Tunneling)、加解密技术(Encryption & Decryption)、密钥管理技术(Key Management)、使用者与设备身份认证技术(Authentication)。

(1) **隧道技术**是 VPN 的基本技术，类似于点对点连接技术，它在公用网建立一条数据通道(隧道)，让数据包通过这条隧道传输。隧道是由隧道协议形成的，分为第二、三层隧道协议。第二层隧道协议先把各种网络协议封装到 PPP 中，再把整个数据包装入隧道协议中。这种双层封装方法形成的数据包靠第二层协议进行传输，第二层隧道协议有 L2F、PPTP、L2TP 等。L2TP 协议是目前 IETF 的标准，由 IETF 融合 PPTP 与 L2F 而形成。

第三层隧道协议是把各种网络协议直接装入隧道协议中，形成的数据包依靠第三层协议进行传输。第三层隧道协议有 VTP、IPSec 等。IPSec(IP Security)由一组 RFC 文档组成，定义了一个系统来提供安全协议选择、安全算法，确定服务所使用密钥等服务，从而在 IP 层提供安全保障。

(2) **加解密技术**是数据通信中一项较成熟的技术，VPN 可直接利用现有技术。

(3) **密钥管理技术**的主要任务是保证在公用数据网上安全地传递密钥而不被窃取。现行密钥管理技术又分为 SKIP 与 ISAKMP/OAKLEY 两种。SKIP 主要是利用 Diffie-Hellman 的演算法则，在网络上传输密钥；在 ISAKMP 中，双方都有两把密钥，分别用于公用、私用。

(4) **身份认证技术**最常用的是使用者名称与密码或卡片式认证等方式。

VPN 的连接过程首先由客户机向 VPN 服务器发出请求，VPN 服务器响应请求并向客户机发出身份质询，客户机将加密的响应信息发送到 VPN 服务器，VPN 服务器根据用户数据库检查该响应。如果账户有效，VPN 服务器将检查该用户是否具有远程访问权限，如果该用户拥有远程访问的权限，VPN 服务器接受此连接。在身份验证过程中产生的客户机和服务器公有密钥将用来对数据进行加密。VPN 的连接如图 4-27 所示。

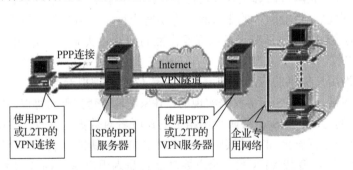

图 4-27　VPN 的连接

要理解 VPN 的工作原理，则必须对 VPN 的寻址及路由有个基本认识。VPN 连接在建立的同时创建一个虚拟接口，该虚拟接口必须被分配适当的 IP 地址，同时需要对路由做修改或添加，以确保数据流是在安全的 VPN 连接上而不是在公共网络上传输。下面以远程访问 VPN 为例介绍 VPN 的寻址和路由。

在远程访问 VPN 连接建立过程中，VPN 服务器为远程访问 VPN 客户机分配一个 IP 地址并修改远程客户机上的默认路由，从而使得在默认情况下数据流可以经由虚拟接口发送。

① IP 地址和拨号 VPN 客户机。

对于在创建 VPN 连接之前，需要以拨号方式上网的 VPN 客户机，有两个 IP 地址必须被分配：创建 PPP 连接时，IPCP 与 ISP NAS 协商，分配一个公共 IP 地址。创建 VPN 连接时，IPCP 与 VPN 服务器协商，分配一个 Intranet IP 地址。这个由 VPN 服务器分配的 IP 地址可以是一个公共 IP 地址，也可以是一个专用 IP 地址，具体情况依据不同的企业在其 Intranet 上所实现的是公共地址分配还是专用地址分配而定。

分配给 VPN 客户机的两个 IP 地址都必须是可以被 Intranet 中的主机找得到的，反之亦然。为了实现这一点，VPN 服务器的路由表中必须包含能找到 Intranet 中每一台主机的路由表条目，而 Intranet 的路由器的路由表中也必须包含能找到所有 VPN 客户机的路由表条目。

如上所述，VPN 隧道数据将产生两个 IP 报头，其内部 IP 报头的源端和目的端地址分别是由 VPN 服务器分配的 VPN 客户机 IP 地址和 Intranet 地址；其外部 IP 报头中源端和目的端地址分别是由 ISP 分配的 VPN 客户机 IP 地址和 VPN 服务器的公共地址。由于 Internet 上的路由器仅处理外部 IP 报头，因此在 IP 网络上传输时，Internet 路由器将数据转发到 VPN 服务器的公共 IP 地址上。

图 4-28 给出了拨号客户机寻址示意，其中，企业 Intranet 采用专用 IP 地址分配，传输数据为 IP 数据报。

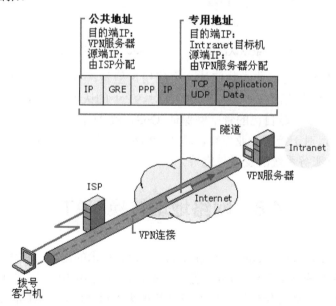

图 4-28　PPTP 数据包中的公共地址和专用地址

② 默认路由和基于 Internet 的 VPN。如图 4-29 所示，拨号客户机拨打 ISP 时，利用至 ISP 的连接，即添加了一条默认路由。这样，经由 ISP NAS 的路由器，客户机可以到达 Internet 上任意目标地址。

从图 4-29 中已经看到，客户机拨打 ISP 时会产生一条默认路由，而随后当 VPN 客户机创建 VPN 连接时，又将添加另一条直接至隧道服务器地址的默认路由和宿主机路由，如图 4-30 所示。前一条默认路由将被保存，但新的默认路由长度更长。添加新的默认路由意味着在一条 VPN 连接的有效连接期内，发自客户机的数据包只能到达隧道服务器的 IP 地址，而无法达到其他任何 Internet 目的地址。

生成两条默认路由的意义如下。

(1) 当 VPN 连接处于非活动状态时，发自客户机的数据包可到达任意 Internet 目的地址，但不能抵达 Intranet 目的地址。

(2) 当 VPN 连接处于活动状态时，发自客户机的数据包可到达 Intranet 目的地址，但不能抵达任何 Internet 目的地址。

对于绝大多数 VPN 客户机而言，上述机制并不会造成困扰，因为通常 VPN 客户机在某一时刻或者与 Intranet 进行数据通信或者与 Internet 进行数据通信，而不会同时与两者进行通信。

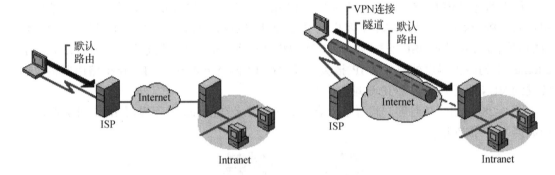

图 4-29　拨打 ISP 时产生一条默认路由　　　图 4-30　VPN 连接创建时产生另一条新默认路由

VPN 虽然是当下因特网非常热门的一个应用，但是，目前 VPN 还存在一些缺陷。VPN 协议还未完全标准化而各 VPN 产品厂商对 VPN 的认识也不尽相同，产品的互通性还有待解决；ISP 无法跨越自己的骨干网保证 QoS，SLA(服务水平协议)只能对 ISP 运营管理的网段起作用，对于跨国企业而言，基于 IP 网络的全球性的 VPN 仍有赖于未来漫游技术及更先进的 IP 账务系统的发展与完善。

4.8　网络地址转换 NAT

网络地址转换(Network Address Translation，NAT)技术的出现，极大地缓解了 IP 地址耗尽的尴尬。它使得成千上万台使用(并且大量重复使用)专用 IP 地址的计算机可以接入因特网进行通信。本节主要介绍专用地址的概念和由来，以及实现 NAT 的主要技术原理。

4.8.1　专用地址

为了防止大量的专用网计算机大量占用宝贵的 IP 地址空间，RFC 1918 定义了一些专用地址，这些地址只能用于一个机构内部(专用网)的通信，而不能和因特网上的主机进行

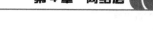

通信。换言之，专用地址只能作为专用网使用的地址，而不能作为公网地址。为了防止出现地址的二义性问题，**因特网路由器对目的地址是专用地址的数据一律不进行转发**。

RFC 1918 定义的专用地址如下。

(1) 10.0.0.0～10.255.255.255(或记为 10/8，它又称为 24 位块)。

(2) 172.16.0.0～172.31.255.255(或记为 172.16/12，它又称为 20 位块)。

(3) 192.168.0.0～192.168.255.255(或记为 192.168/16，它又称为 16 位块)。

采用这些 IP 地址的互联网络称为专用互联网或本地互联网，简称为**专用网**。专用地址的最大优势就是可以在不同专用网中重复使用。由于专用网之间互相不通信，也不会和因特网通信，在专用网中使用相同的专用 IP 地址并不会引起地址冲突。因此专用地址又被称为"**可重用地址**"。

4.8.2 NAT 的基本原理

在专用网内部的一些主机本来已经分配了专用 IP 地址，但又想和 Internet 上的主机通信(并不需要加密)，应当采取什么措施呢？

最简单的办法就是设法再申请一些全球 IP 地址，但这在很多情况下是不容易做到的，因为全球 IP 地址已所剩不多了。目前使用得最多的方法就是 NAT，NAT 方法是在 1994 年提出的。这种方法需要在专用网连接到 Internet 的路由器上安装 NAT 软件，装有 NAT 软件的路由器叫作 NAT 路由器，它至少有一个有效的内部全球地址 IPG。这样，所有使用本地地址的主机和外界通信时，都要在 NAT 路由器上将其本地地址转换成 IPG 才能和 Internet 连接。

NAT 技术中最常用的有两种实现模式：静态 NAT 和动态 NAT。

静态 NAT 是建立内部本地地址和内部全球地址的一对一的永久映射。当外部网络需要通过固定的全局可路由地址访问内部主机时，静态 NAT 就显得十分重要。

动态 NAT 是建立内部本地地址和内部全球地址池的临时对应关系，如果经过一段时间，内部本地地址没有向外的请求或者数据流，该对应关系将被删除。

如图 4-31 所示，内部主机 X 用本地地址 IPX(10.1.0.1)和 Internet 上主机 Y(194.4.5.6)通信的详细过程如下。

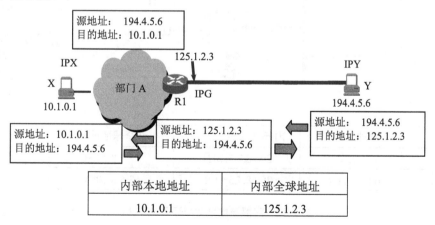

图 4-31　NAT 转换过程

(1) 内部主机 X(10.1.0.1)发起对 IPY(194.4.5.6)的连接。

(2) 所发送的数据报经过 NAT 路由器。当 NAT 路由器收到以 IPX(10.1.0.1)为源地址的第一个数据包时，引起路由器检查 NAT 映射表。如果该地址配置有静态映射，就执行步骤(3)；如果没有静态映射，就进行动态映射，路由器从内部全局地址池中选择一个有效的地址，并在 NAT 映射表中创建 NAT 转换记录。这种记录叫基本记录。

(3) 路由器用 10.1.0.1 对应的 NAT 转换记录中的全局地址替换数据包源地址，转换成全球地址 IPG(125.1.2.3)，但目的地址 IPY(194.4.5.6)保持不变，然后发送到 Internet。

(4) 目的地址 IPY(194.4.5.6)收到数据包后，向 IPG(125.1.2.3)发回响应包。

(5) NAT 路由器收到主机 Y 发回的数据包时，知道数据包中的源地址是 IPY(194.4.5.6)，目的地址是 IPG(125.1.2.3)。根据 NAT 转换表，NAT 路由器将目的地址 IPG(125.1.2.3)转换为 IPX(10.1.0.1)，转发给最终的内部主机 X。

(6) 主机 X 收到应答包，并继续保持会话。步骤(1)～步骤(5)将一直重复，直到会话结束。

如果 NAT 路由器具有多个全球 IP 地址，就可以同时将多个本地地址转换为全球 IP 地址，从而使多个拥有本地地址的主机能够和 Internet 上的主机进行通信。

还有一种 NAT 转换表将传输层的端口号也利用上，这样就可以用一个全球 IP 地址使多个拥有本地地址的主机同时和 Internet 上的不同主机进行通信，这种方法叫作**网络地址端口转换**(Network Address Port Translation，NAPT)，它将内部地址映射到外部网络的一个 IP 地址的不同端口上。

NAPT 普遍应用于接入设备中，它可以将中小型的网络隐藏在一个合法的 IP 地址后面。NAPT 与动态地址 NAT 不仅将内部连接映射到外部网络中的一个单独的 IP 地址上，同时在该地址上加上一个由 NAT 设备选定的 TCP 端口号。

在 Internet 中使用 NAPT 时，所有不同的 TCP 和 UDP 信息流看起来好像来源于同一个 IP 地址。这个优点在小型办公室内非常实用，通过从 ISP 处申请一个 IP 地址，可将多个连接通过 NAPT 接入 Internet。

图 4-32 反映了内部源地址 NAPT 的整个映射过程。

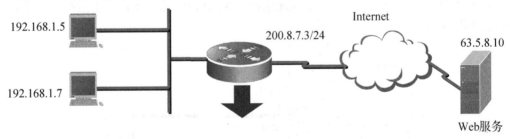

内部本地地址:端口	内部全球地址:端口	外部全球地址:端口
192.168.1.7:1024	200.8.7.3:1024	63.5.8.10:80
192.168.1.5:1136	200.8.7.3:1136	63.5.8.10:80

图 4-32 内部源地址 NAPT 映射过程

(1) 内部主机 192.168.1.5 发起一个到外部主机 63.5.8.10 的连接。

(2) 当路由器接收到以 192.168.1.5 为源地址的第一个数据包时，引起路由器检查 NAT 映射表。如果 NAT 中没有转换记录，路由器就为 192.168.1.5 作地址转换，并创建一条转换记录；如果启用了 NAPT，就进行另外一次转换，路由器将复用全球地址并保存足够的信息以便还能将全球地址转换回本地地址。NAPT 的地址转换记录称为扩展记录。

(3) 路由器用 200.8.7.3 对应的 NAT 转换记录中的全球地址替换数据包源地址。经过转换后，数据包的源地址变为 200.8.7.3，然后转发该数据包。

(4) 63.5.8.10 主机接收到数据包后，就向 200.8.7.3 发响应包。

(5) 当路由器接收到内部全球地址的数据包时，将以内部全球地址 200.8.7.3 及其端口号、外部全球地址及其端口号为关键字查找 NAT 记录表，将数据包的目的地址转换成 192.168.1.5 并转发给 192.168.1.5。

(6) 192.168.1.5 接收到应答包，并继续保持会话。步骤(1)～步骤(5)一直重复，直到会话结束。

习题与思考题四

一、单项选择题

1. 以下哪个是正确的子网掩码? (　　)

    A. 176.0.0.0　　　　　　　　　　B. 96.0.0.0

    C. 255.0.0.0　　　　　　　　　　D. 127.192.0.0

2. RIP 允许的最大"跳数"是(　　)。

    A. 24　　　　　　B. 18　　　　　　C. 15　　　　　　D. 16

3. 若两台主机在同一子网中，则两台主机的 IP 地址分别与它们的子网掩码逐位与运算的结果一定(　　)。

    A. 全 0　　　　　B. 全 1　　　　　C. 相同　　　　　D. 不同

4. 下面哪一层负责进行路由选择? (　　)

    A. 物理层　　　　B. 数据链路层　　C. 网络层　　　　D. 传输层

5. 下面使用距离向量的路由选择协议的是(　　)。

    A. RIP　　　　　B. OSPF　　　　　C. BGP　　　　　D. EGP

6. 下面不属于专用地址的是(　　)。

    A. 10.6.6.6　　　B. 172.20.1.1　　C. 172.32.6.6　　D. 192.168.10.10

7. Internet 中每一台主机都有一个唯一的 IP 地址，它由(　　)位地址组成。

    A. 16　　　　　　B. 32　　　　　　C. 64　　　　　　D. 128

8. 如果互联的局域网高层分别采用 TCP/IP 协议与 SPX/IPX 协议，那么可以选择的网络互联设备应该是 (　　)。

    A. 路由器　　　　B. 集线器　　　　C. 网卡　　　　　D. 中继器

9. 在路由器互联的多个局域网中，通常要求每个局域网的(　　)。

    A. 数据链路层协议和物理层协议都必须相同

B. 数据链路层协议必须相同，而物理层协议可以不同

C. 数据链路层协议可以不同，而物理层协议必须相同

D. 数据链路层协议和物理层协议都可以不相同

10. 当路由器遇到路由表中多个匹配项时选择(   )。

    A. 最短前缀匹配　　　　　　　　　　B. 最长前缀匹配

    C. 随机匹配　　　　　　　　　　　　D. 选择匹配的第一行

二、多项选择题

1. 路由表的核心项目包括(   )。

    A. 目的网络地址　　　　　　　　　　B. 子网掩码

    C. 跳数　　　　　　　　　　　　　　D. 下一跳

2. 内部网关协议包括(   )。

    A. RIP　　　　　　B. OSPF　　　　　　C. BGP　　　　　　D. IP

3. 以下哪些是专用地址？(   )

    A. 10.0.0.0　　　　B. 172.16.0.0　　　　C. 192.168.0.0　　　　D. 223.0.0.0

4. 常见的网络互联设备是(   )。

    A. 集线器　　　　B. 光纤　　　　C. 交换机　　　　D. 路由器

5. 网络层提供的两种服务包括(   )。

    A. 路由服务　　　B. 虚电路服务　　　C. 数据报服务　　　D. 封装服务

三、判断题

1. CIDR 编址方式属于三级地址结构。   (   )

2. RIP 协议的一个特点是坏消息传得快，好消息传得慢。   (   )

3. 在分类的 IP 地址中，某台主机的子网掩码为 255.255.255.0，它的 IP 地址一定是 C 类。   (   )

4. IPV4 采用 32 位二进制数表示地址空间大小。   (   )

5. 三层交换机实际应用中，典型的做法是处于同一个局域网中各个子网的互联及局域网中 VLAN 间的路由。   (   )

第 5 章　传　输　层

本章主要讲解传输层的作用、端口等基本概念，以及传输层的两个重要协议：用户数据报协议 UDP、传输控制协议 TCP。通过本章的学习，应达到以下学习目标。

- 了解传输层在网络传输中所起的作用。
- 熟练掌握传输层的端口复用与分用功能。
- 了解端口和 Socket。
- 掌握 UDP 用户数据报格式。
- 熟练掌握 TCP 报文段格式。
- 掌握 TCP 的相关控制机制。

5.1　传输层概述

传输层，又称运输层，是两台计算机经过网络进行数据通信时第一个端到端的层次，具有缓冲作用。**当网络层服务质量不能满足要求时，它将服务加以提高，以满足高层的要求；当网络层服务质量较好时，它只做很少的工作。**传输层还可进行**复用**，即在一个网络连接上创建多个逻辑连接。

传输层是网络体系结构中最重要、最关键的层次之一，是唯一负责总体的数据传输和数据控制的一层。传输层提供端到端的交换数据的机制，对应用层提供可靠的传输服务，对网络层提供可靠的目的地站点信息。传输层只存在于端系统之中，是介于低 3 层通信子网系统和应用层之间的一层，它是源端到目的端对数据传送进行控制从低到高的最后一层。

5.1.1　传输层的设计问题

传输层的最高目标是向其用户(一般是指应用层的进程，即运行着的应用程序)提供有效、可靠且价格合理的服务。为了达到这一目标，传输层利用了网络层所提供的服务。传输层完成这一工作的硬件和软件称为传输实体(Transport Entity)。传输实体可能在操作系统内核中，或在一个单独的用户进程内，也可能是包含在网络应用的程序库中，或是位于网络接口卡上。网络层、传输层和应用层的逻辑关系如图 5-1 所示。

传输层协议通常具有几种责任。一种责任就是**创建进程到进程的通信**，通常使用端口号来完成；另一种责任是在传输层**提供控制机制，比如差错控制、流量控制及拥塞控制等**。UDP 协议提供很简单的控制机制，而 TCP 却要复杂很多，如使用确认分组、超时和重传来完成差错控制，使用滑动窗口协议完成流量控制等。另外，传输层还应当负责为进程建立连接机制，这些进程应当能够向传输层发送数据流。传输层在发送站的责任应当是和接收站建立连接，把数据流分割成可传输的单元，并把它们编号，然后逐个发送。传输层在接收端的责任应当是等待属于同一个进程的所有不同单元的到达，检查并传递那些没有差错的单元，并把它们作为一个流交付给接收进程。当整个流发送完毕后，传输层应当关闭这个连接。

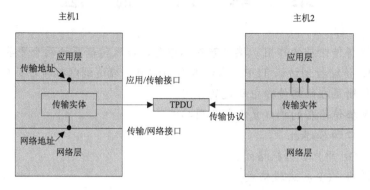

图 5-1　网络层、传输层和应用层的逻辑关系

传输层的任务是为两个主机中的应用进程提供通信服务。这与网络层中的 IP 协议有区别，IP 协议是负责计算机级的通信，换句话说，是提供主机到主机的通信服务。作为网络层协议，IP 协议只能将报文交付给目的计算机。但是，这是一种不完整的交付，该报文还必须送交给正确的进程，这正是传输层协议所要做的事。图 5-2 给出了 IP 协议与传输层协议作用范围的区别。

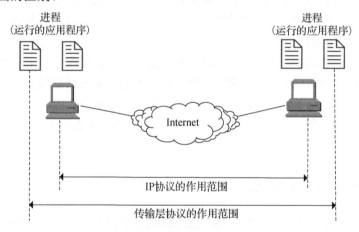

图 5-2　IP 协议与传输层协议作用范围

另外，除了在作用范围上有所区别外，传输层还能比网络层提供更可靠的传输服务，分组丢失、数据残缺均会被传输层检测到并采取相应的补救措施。

5.1.2　端口

现在的操作系统都支持多用户、多任务的运行环境。一个计算机在同一时间可运行多个进程。在网络上，主机是用 IP 地址来定义的，要定义主机上的某一个进程，便需要第二个标识符，叫作**端口号**，简称为**端口**。

端口是个非常重要的概念，因为应用层的各种进程是通过相应的端口与传输实体进行交互的。因此在传输协议数据单元的首部中都要写入源端口号和目的端口号。当传输层收到 IP 层交上来的数据时，就要根据其目的端口号来决定应当通过哪一个端口上交给目的应用进程。

在 TCP/IP 协议族中，端口号由 16 位二进制数表示，换算为十进制则是 0~65536 之间的整数。端口号只有本地意义，即端口号只是为标志本计算机应用层中的各进程，不同计算机的相同端口号是没有联系的。

端口号分为两类：①由因特网指派名字和号码公司 ICANN 负责分配给一些常用的应用层程序固定使用的**熟知端口**(Well-known Port)，其数据一般为 0~1023，表 5-1 中便列出了部分常见的熟知端口。"熟知"就表示这些端口号是 TCP/IP 体系确定并公布的，因而是所有用户进程都知道的。当一种新的应用程序出现时，必须为它指派一个熟知端口，否则其他的应用进程都无法和它进行交互。应用层中各种不同的服务器进程不断地检测分配给它们的熟知端口，以便发现是否有某个客户进程要和它通信。②**一般端口**，用来随时分配给请求通信的客户进程，一般来说，客户进程所使用的端口号都是临时产生的，通信完成后便释放，所以又称短暂端口号。

表 5-1　常见的熟知端口

协　议	端　口	说　明
FTP	21	文件传输协议
TELNET	23	远程登录协议
SMTP	25	简单邮件传输协议
DNS	53	域名解析协议
DHCP	67	动态主机配置协议
TFTP	69	快速文件传输协议
HTTP	80	超文本传输协议
SNMP	161	简单网络管理协议

为了在通信时能确定唯一主机的唯一进程，就必须把端口号和主机的 IP 地址结合起来一起使用，称为**套接字地址**(Socket Address)，或直接称为**套接字**(Socket)。套接字的组成如图 5-3 所示。在实际通信过程中，需要一对套接字地址：客户套接字地址和服务器套接字地址，客户套接字地址唯一定义了客户进程，而服务器套接字唯一地定义了服务器进程。这四种信息分别是 IP 首部与传输协议数据单元首部中的一部分。

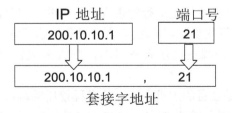

图 5-3　套接字的组成

5.2　用户数据报协议 UDP

UDP 只在 **IP** 的数据报服务之上增加了很少一点的功能，即端口的功能和差错检测的功能，虽然 UDP 用户数据报只能**提供不可靠的交付**，但 UDP 在某些方面有其特殊的优点：发送数据之前不需要建立连接；UDP 的主机不需要维持复杂的连接状态表；UDP 用户数据报只有 8 个字节的首部开销；网络出现的拥塞不会使源主机的发送速率降低。这对某些实时应用是很重要的。

5.2.1　UDP 概述

用户数据报协议(User Datagram Protocol，UDP)是传输层的两大协议之一，其实现功能较为简单，但由于其灵活、开销小等特点，更适合于对网络延迟要求高的实时应用。

UDP 提供无连接的服务，这表示 UDP 发送出的每一个用户数据报都是独立的数据报，用户数据报并不进行编号，也没有建立连接和释放连接的过程，每一个用户数据报可以走不同的路径。

UDP 是一个不可靠的传输层协议，它没有流量控制，因而当到来的报文太多时，接收端可能溢出。除校验和外，UDP 也没有差错控制机制，这表示发送端并不知道报文是丢失了还是重复地交付了。当接收端使用校验和并检测出差错时，就悄悄地将这个用户数据报丢掉。缺少流量控制和差错控制就表示使用 UDP 的进程必须提供这些机制。

5.2.2　UDP 用户数据报

UDP 分组叫作**用户数据报**，它有 8 个字节的固定首部。图 5-4 给出了用户数据报的格式。

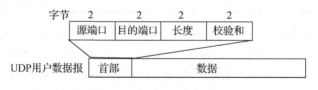

图 5-4　用户数据报格式

用户数据报首部中的字段有以下几个。

(1)　源端口号。这是在源主机上运行的进程所使用的端口号，有 16 位长，表示端口号的范围为 0～65535。若源主机是客户端(当客户进程发送请求时)，则在大多数情况下，这个端口是短暂端口号；若源主机是服务器端，则大多数情况下这个端口号是熟知端口号。

(2)　目的端口号。这是在目的主机上运行的进程使用的端口号，也是 16 位长。若目的主机是客户端(当客户进程发送请求时)，则在大多数情况下，这个端口是短暂端口号；反之，若目的主机是服务器端，则在大多数情况下这个端口号是熟知端口号。

(3)　总长度。用户数据报的总长度，即首部加上数据后的总长度，也是 16 位长。这表示总长度最长为 65535 字节，但最小长度不是 0 字节，而是 8 字节，它指出用户数据报只有首部而无数据。

(4)　检验和。这个字段用来检验整个用户数据报出现的差错。

用户数据报数据部分则是从应用层继承下来的，数据的长度为 0～65507(即 65535-20-8)字节(20 字节的 IP 首部和 8 字节的 UDP 首部)。

UDP 用户数据报首部中校验和的计算方法有些特殊。在计算校验和时，要在 UDP 用户数据报之前增加 12 个字节的伪首部。所谓"伪首部"是因为这种伪首部并不是 UDP 用户数据报真正的首部。伪首部共 6 个字段：源 IP 地址、目的 IP 地址、全 0(为补偶数个字节用)、协议号、UDP 长度，大部分字段都是从 IP 数据报首部中提取出来的。在计算校验和时，临时和 UDP 用户数据报连接在一起，得到一个过渡的 UDP 用户数据报，校验和就是按照这个过渡的 UDP 用户数据报来计算的。伪首部的存在仅为了计算校验和。

UDP 计算校验和是将首部和数据部分一起校验。在发送端，首先将全零放入检验和字段，再将伪首部以及 UDP 用户数据报看成是由许多 16bit 的字串接起来。若 UDP 用户数据报的数据部分不是偶数个字节，则要填入一个全零字节(但此字节并不发送)，然后按二进制反码计算出这些 16bit 字的和。将此和的二进制反码填入校验和字段后，发送此 UDP 用户数据报。在接收端，将收到的 UDP 用户数据报连同伪首部(以及可能的填充全零字节)一起，按二进制反码求这些 16bit 字的和。当无差错时，其结果应为全 1，否则就表明有差错出现，接收端就应将此 UDP 用户数据报丢弃。

5.2.3　UDP 协议的几个特性

(1)　**UDP 是一个无连接协议，**传输数据之前源端和终端不建立连接，当它想传送时就简单地去抓取来自应用程序的数据，并尽可能快地把它扔到网络上。在发送端，UDP 传送数据的速度仅仅受应用程序生成数据的速度、计算机的能力和传输带宽的限制；在接收端，UDP 把每个消息段放在队列中，应用程序每次从队列中读取一个消息段。

(2)　**UDP 支持一对多的通信，**由于传输数据不建立连接，因此也就不需要维护连接状态，包括收发状态等，因此一台服务机可同时向多个客户机传输相同的消息。

(3)　**UDP 开销小，**UDP 信息包的标题很短，只有 8 个字节，相对于 TCP 的 20 个字节信息包，额外开销很小。

(4)　**UDP 没有拥塞控制和流量控制，**吞吐量不受控制算法的调节，只受应用软件生成数据的速率、传输带宽、源端和终端主机性能的限制。

(5)　**UDP 使用尽最大努力交付，**即不可靠交付，因此主机不需要维持复杂的链接状态表(这里面有许多参数)。UDP 不提供数据包分组、组装，不能对数据包进行排序，也就是说，当报文发送之后，是无法得知其是否安全完整到达的。

(6)　**UDP 是面向报文的，**发送方的 UDP 对应用程序交下来的报文添加首部后就向下交付给 IP 层，既不拆分，也不合并，而是保留这些报文的边界，因此，应用程序需要选择合适的报文大小。

虽然 UDP 是一个不可靠的协议，但它是分发信息的一个理想协议。例如，在屏幕上报告股票市场、在屏幕上显示航空信息等。UDP 也用在路由信息协议 RIP(Routing Information Protocol)中修改路由表。在这些应用场合下，如果有一个消息丢失，几秒之后就会有另一个新的消息替换它。UDP 广泛用在多媒体应用中，例如，Progressive Networks 公司开发的 RealAudio 软件，它是在因特网上把预先录制的或者现场音乐实时传送给客户机的一种软件，该软件使用的 RealAudio Audio-on-demand Protocol 协议就是运行在 UDP 之上的协议，大多数因特网电话软件产品也是运行在 UDP 之上的。

5.2.4 UDP 的应用

UDP 用来支持那些需要在计算机之间传输数据的网络应用，包括网络视频会议系统在内的众多的客户/服务器模式的网络应用都需要使用 UDP 协议。UDP 协议从问世至今，已经被使用了很多年，虽然其最初的光彩已经被一些类似协议所掩盖，但即使是今天，UDP 仍然不失为一项非常实用和可行的网络传输层协议。

在选择使用协议的时候，选择 UDP 必须谨慎。在网络质量令人不十分满意的环境下，UDP 协议数据包丢失会比较严重。但是由于 UDP 的特性，它不属于连接型协议，因而具有资源消耗小、处理速度快的优点，所以通常音频、视频和普通数据在传送时使用 UDP 较多，因为它们即使偶尔丢失一两个数据包，也不会对接收结果产生太大影响。比如实时聊天软件很多就使用了 UDP 协议。

反观 TCP，虽然 TCP 协议中植入了各种安全保障功能，但是在实际执行的过程中会占用大量的系统开销，无疑使速度受到严重的影响。而 UDP 由于排除了信息可靠传递机制，将安全和排序等功能移交给上层应用来完成，极大降低了执行时间，使速度得到了保证。因此，**UDP 很适合那些可以容忍少量传输数据出错(或丢失)，但对网络延迟较为敏感的应用**。常见的应用层协议所选择的传输层协议见表 5-2。

表 5-2 使用 UDP 和 TCP 协议的各种应用

应用	应用层协议	传输层协议
名字转换(域名解析)	DNS	UDP
简单文件传送	TFTP	UDP
路由选择	RIP	UDP
IP 地址自动分配	DHCP	UDP
网络管理	SNMP	UDP
远程文件服务器	NFS	UDP
IP 电话	专用协议	UDP 或 TCP
流式多媒体通信	专用协议	UDP 或 TCP
IP 多播	IGMP	UDP
电子邮件	SMTP	TCP
远程终端接入	Telnet	TCP
万维网(WWW)	HTTP	TCP
文件传送	FTP	TCP

关于 UDP 协议的最早规范是 RFC 768，1980 年发布，尽管时间已经很长，但是 UDP 协议仍然继续在主流应用中发挥着作用，包括视频电话会议系统在内的许多应用都证明了

UDP 协议的存在价值。因为相对于可靠性来说，这些应用更加注重实际性能，所以为了获得更好的使用效果(例如，更高的画面帧刷新速率)，往往可以牺牲一定的可靠性(例如画面质量)，这就是 UDP 和 TCP 两种协议的权衡之处。根据不同的环境和特点，两种传输协议都将在今后的网络世界中发挥更加重要的作用。

5.3 传输控制协议 TCP

传输控制协议(Transmission Control Protocol，TCP)中包含了专门的传递保证机制，当数据接收方收到发送方传来的信息时，会自动向发送方发出确认消息；发送方只有在接收到该确认消息之后才继续传送其他信息，否则将一直等待，直到收到确认信息为止。

TCP 不提供广播或多播服务，而是提供可靠的、面向连接(即一对一的通信)的运输服务，因此不可避免地增加了许多的开销。这不仅使协议数据单元的首部增大很多，还要占用许多的处理机资源。

5.3.1 TCP 概述

与 UDP 不同，TCP 是一种**面向数据流**的协议。在 UDP 中，进程把一块数据发送给 UDP 以便进行传递，UDP 在这块数据上添加自己的首部，这就构成了数据报，然后把它传递给 IP 来传输。这个进程可以一连传递好几个块数据给 UDP，但 UDP 对每一块数据都独立对待，而并不考虑它们之间的任何联系。

TCP 允许发送进程以字节流的形式来传递数据，而接收进程也把数据作为字节流来接收。TCP 创建了一种环境，它使得两个进程好像被一个假想的"管道"所连接，而这个管道在 Internet 上传送两个进程的数据，发送进程产生字节流，而接收进程消耗字节流。

由于发送进程和接收进程产生和消耗数据的速度并不一样，因此 TCP 需要**缓存**来存储数据。每一个方向上都有缓存，即发送缓存和接收缓存。另外，除了用缓存来处理这种速度的差异，在发送数据前还需要一种重要的方法，即将字节流分割为报文段(Segment)。报文段是 TCP 处理的最小数据单元，其长度可以是不等的。TCP 发送与接收数据的过程如图 5-5 所示。

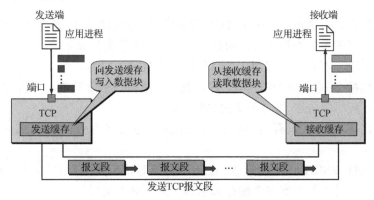

图 5-5 TCP 发送与接收数据的过程

TCP 提供全双工服务，即数据可在同一时间双向流动，每一个 TCP 都有发送缓存和接收缓存，而两个方向都可以发送报文段。TCP 是面向连接的协议，它有连接建立、数据传输、连接释放三个过程。TCP 是可靠的传输协议，它使用确认机制来检查数据是否安全和完整地到达。

5.3.2 TCP 报文段

TCP 的传输数据单元叫作**报文段**(Segment)，它同样由首部和数据两部分组成，但其首部要比 UDP 复杂得多。其首部前 20 个字节是固定的，后面有 $4N$ 字节是根据需要而增加的选项(N 为整数)，因此，TCP 首部长度在 20～60 字节之间。

报文段首部各字段如图 5-6 所示，作用解释如下。

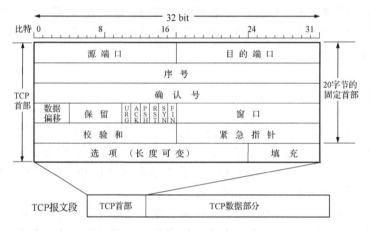

图 5-6　TCP 报文段格式

(1) 源端口和目的端口字段。各占 2 字节。端口是传输层与应用层的服务接口，传输层的复用和分用功能都要通过端口才能实现。

(2) 序号字段。占 4 字节。TCP 连接中传送的数据流为每一个字节都编上一个序号。序号字段的值则指的是本报文段所发送的数据的第一个字节的序号。

(3) 确认号字段。占 4 字节，是期望收到对方的下一个报文段的数据的第一个字节的序号。

(4) 数据偏移。占 4bit，它指出 TCP 报文段的数据起始处距离 TCP 报文段的起始处有多远。数据偏移的单位不是字节，而是 32 bit 字(4 字节为计算单位)。

(5) 保留字段。占 6 bit，保留为今后使用，但目前应置为 0。

(6) 紧急比特 URG。当 URG = 1 时，表明紧急指针字段有效。它告诉系统此报文段中有紧急数据，应尽快传送(相当于高优先级的数据)。

(7) 确认比特 ACK。只有当 ACK = 1 时确认号字段才有效。当 ACK = 0 时，确认号无效。

(8) 推送比特 PSH(PuSH)。接收 TCP 收到推送比特置 1 的报文段，就尽快地交付给接收应用进程，而不再等到整个缓存都填满了后再向上交付。

(9) 复位比特 RST(ReSeT)。当 RST = 1 时，表明 TCP 连接中出现严重差错(如由于主机崩溃或其他原因),必须释放连接,然后重新建立传输连接。

(10) 同步比特 SYN。同步比特 SYN 置为 1,就表示这是一个连接请求或连接接收报文。

(11) 终止比特 FIN(FINal)。用来释放一个连接。当 FIN = 1 时,表明此报文段发送端的数据已发送完毕,并要求释放传输连接。

(12) 窗口字段。占 2 字节。窗口字段用来控制对方发送的数据量,单位为字节。TCP连接的一端根据设置的缓存空间大小确定自己的接收窗口大小,然后通知对方以确定对方发送窗口的上限。

(13) 校验和。占 2 字节。检验和字段检验的范围包括首部和数据这两部分。在计算校验和时,要在 TCP 报文段的前面加上 12 字节的伪首部。

(14) 紧急指针字段。占 16bit。紧急指针指出,本报文段中紧急数据共有多少个字节(紧急数据放在本报文段数据的最前面)。

(15) 选项字段。长度可变。TCP 只规定了一种选项,即最大报文段长度 MSS (Maximum Segment Size)。MSS 告诉对方 TCP:我的缓存所能接收的报文段的数据字段的最大长度是 MSS 个字节。

(16) 填充字段。这是为了使整个首部长度是 4 字节的整数倍。

5.3.3 TCP 的可靠性

TCP 是一种可靠的传输协议,其可靠性体现在它可保证数据按序、无丢失、无重复地到达目的端。TCP 报文段首部的数据编号与确认字段为这种可靠传输提供了保障。

TCP 将所要传送的整个报文看成一个个字节组成的数据流,并使每一个字节对应于一个序号,在连接建立时,双方要商定初始序号。TCP 每次发送的报文段的首部中的序号字段数值表示该报文段中的数据部分的第一个字节的序号。

接收站点在收到发送方发来的数据后,依据序号重新组装所收到的报文段。因为在一个高速链路与低速链路并存的网络上,可能会出现高速链路上的报文段比低速链路上的报文段提前到达的情况,此时就必须依靠序列号来重组报文段,以保证数据可以按序上交应用进程。这就是序列号的作用之一。

TCP 的确认是对接收到的数据的最高序号(即收到的数据中的最后一个序号)进行确认,但返回的确认序号 ACK 是已收到的数据的最高序号再加 1,该确认号既表示对已收数据的确认,同时表示期望下次收到的第一个数据字节的序号。

图 5-7 显示了 TCP 报文段传输时 SEQ 和 ACK 所扮演的角色。

实际通信中,存在着超时和重传两种现象。如果在传输过程中丢失了某个序号的报文段,导致发送端在给定的时间段内得不到相应的确认序号,那么就确认该报文段已被丢失并要求重传。已发送的 TCP 报文段会被保存在发送端的缓冲区中,直到发送端接收到确认序号,才会消除缓冲区中的这个报文段。这种机制称为**肯定确认和重新传输**(Positive Acknowledgement and Retransmission,PAR),它是许多通信协议用来确保可信度的一种技术,工作过程如图 5-8 所示。

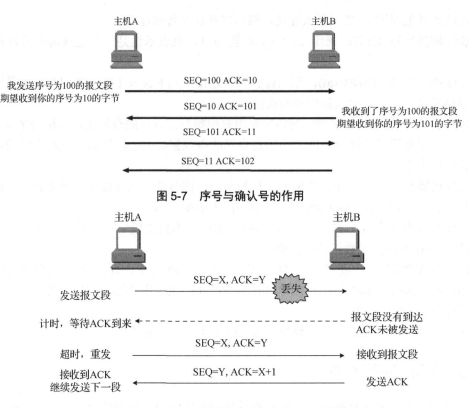

图 5-7　序号与确认号的作用

图 5-8　超时和重传过程中序号与确认号的作用

序号的另一个作用是消除网络中的重复包(同步复制)。例如在网络阻塞时，发送端迟迟没有收到接收端发来的对于某个报文段的 ACK 信息，它可能会认为这个序号的报文段丢失了。于是它会重新发送这一报文段，这种情况将会导致接收端在网络恢复正常后收到两个同样序号的报文段，此时接收端会自动丢弃重复的报文段。

序号和确认号为 TCP 提供了一种纠错机制，提高了 TCP 的可靠性。

5.3.4　TCP 连接管理

TCP 是面向连接的协议，它在源端和目的端之间建立一条**虚拟路径**(或称为**虚拟连接**)，属于一个报文的所有报文段都沿着这条虚路径发送。在 TCP 通信中，整个过程分为三个阶段：**建立连接、传送数据和释放连接**。

1. 建立连接

TCP 以全双工方式传送数据，当两个机器中的两个 TCP 进程建立连接后，它们应当都能够同时向对方发送报文段。主动发起连接建立的应用进程叫作客户方，而被动等待连接建立的应用进程叫作服务器方。在连接建立过程中要解决以下三个问题。

(1) 要使每一方能够确知对方的存在。

(2) 要允许双方协商一些参数(如最大报文段长度、最大窗口大小、服务质量等)。

(3) 能够对传输实体资源(如缓存大小、连接表中的项目等)进行分配。

设主机 A 要与主机 B 通信，在主机 A 与主机 B 建立连接的过程中，要完成以下三个动作。

(1) 主机 A 向主机 B 发送请求报文段，宣布它愿意建立连接，报文段首部中同步比特 SYN 应置 1，同时选择一个序号 x，表明在后面传送数据时的第一个数据字节的序号是 x+1。

(2) 主机 B 发送报文段确认 A 的请求，确认报文段中应将 SYN 和 ACK 都置 1，确认号应为 x+1，同时也为自己选择一个序号 y。

(3) 主机 A 发送报文段确认 B 的请求，确认报文段中 ACK 置 1，确认号为 y+1，而自己的序号为 x+1。TCP 的标准规定，SYN 置 1 的报文段要消耗掉一个序号。

连接建立采用的这种过程叫作**三次握手**(又叫三向握手)，如图 5-9 所示。

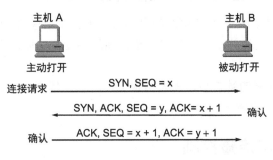

图 5-9 连接建立过程中的"三次握手"

为什么需要三次握手而不是两次握手呢？这主要是为了防止已失效的连接请求报文段突然传送到了主机 B 而产生错误。

主机 A 发出连接请求，但因连接请求报文丢失而未收到确认，主机 A 于是再重传一次。后来收到了确认，建立了连接。数据传输完毕后，就释放了连接。主机 A 共发送了两个连接请求报文段，其中第二个到达了主机 B。现在假定出现了另一种情况，即主机 A 发出的第一个连接请求报文段并没有丢失，而是在某些网络节点滞留时间太长，以致延误到在这次的连接释放以后才传送到主机 B。本来这是一个已经失效的报文段，但主机 B 收到此失效的连接请求报文段后，就误认为是主机 A 又发出一次新的连接请求，于是就向主机 A 发出确认报文段，同意建立连接。

主机 A 由于并没有要求建立连接，因此不会理会主机 B 的确认，也不会向主机 B 发送数据。但主机 B 却以为传输连接就这样建立了，并一直等待主机 A 发来数据。主机 B 的许多资源就这样白白浪费了。采用三次握手可以防止上述现象的发生。在上面所述的情况下，主机 A 不会向主机 B 的确认发出确认，主机 B 收不到确认，连接就建立不起来。

2. 释放连接

传输数据的双方中的任何一方都可以关闭连接，当一个方向的连接被终止时，另外一方还可继续向对方发送数据。因此，要在两个方向都关闭连接就需要 4 个动作，释放连接的过程称为**四次握手**(又叫四向握手)，如图 5-10 所示。

(1) 主机 A 发送报文段，宣布愿意终止连接，并不再发送数据。TCP 通知对方要释放从 A 到 B 这个方向的连接，将发往主机 B 的 TCP 报文段首部的终止比特 FIN 置 1，其序号 x 等于前面已传送过的数据的最后一个字节的序号加 1。

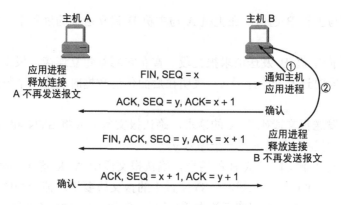

图 5-10 释放连接过程中的"四向握手"

（2）主机 B 发送报文段对 A 的请求加以确认。其报文段序号为 y，确认号为 x+1。在此之后，一个方向的连接就关闭了，但另一个方向的并没有关闭。主机 B 还能够向 A 发送数据。

（3）当主机 B 发完它的数据后，就发送报文段，表示愿意关闭此连接。

（4）主机 A 确认 B 的请求。

5.3.5 滑动窗口与流量控制

利用滑动窗口进行流量控制的方法在数据链路层协议中就采用过。为了提高报文段的传输效率，TCP 采用大小可变的滑动窗口进行流量控制。

窗口大小的单位是字节。在 TCP 报文段首部的窗口字段写入的数值就是当前给对方设置的发送窗口数值的上限。发送窗口在连接建立时由双方商定。但在通信过程中，接收端可根据自己的资源情况，随时动态地调整对方的发送窗口上限值。

滑动窗口允许发送方在收到接收方的确认信息之前发送多个数据段。窗口大小决定了在收到确认信息之前，一次可以传送的数据段的最大数目。窗口越大，主机一次可以传输的数据段就越多。当主机发送完窗口允许的最大数量的数据段后，就必须等待确认信息，在接收到确认信息后才可以再发送下面的数据段。例如，当窗口大小为 1 时，则发送完 1 个数据段后，必须经过确认才可以发送下一个数据段；当窗口大小等于 3 时，发送方可以一次发送 3 个数据段，再等待对方的确认信息，每收到一个数据段的确认信息，窗口便可向前滑动一个报文段的位置，当然，接收方也可采用接收到多个连续的报文段，再一次性发送对最后一个接收报文段的确认信息的策略，从而节省确认信息的开销。正如前文所述，窗口的大小并非一成不变，接收端可根据自己的资源情况，动态地调整发送方的发送窗口大小。大小可变的滑动窗口应用如图 5-11 所示。

图 5-11 中，窗口左边的报文段是已经成功发送并被接收和得到确认的 TCP 报文段，窗口中的报文段是已经发送但还没有收到确认信息的 TCP 报文段，窗口右边的是还没有发送的报文段。当主机 B 收到了 6~8 三个报文段后，发回确认信息，并把窗口（WIN）由原来的 3 调整为 4，表示发送方可将发送窗口大小上调。当收到 9~12 四个报文段后，将窗口调整为 0，表示不再接收任何数据，直到下次发出新消息为止。TCP 便是用这种方法来控制流量。这种机制也可以防止网络拥塞。比如，当因为网络拥塞导致数据包丢失时，

窗口大小会自动减小一半，以保证数据的有效传输。

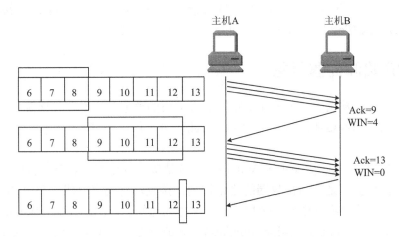

图 5-11　大小可变的滑动窗口在通信中的应用

5.4　TCP 的拥塞控制

利用发送窗口调节发送端向网络注入分组的速率，不仅仅是为了使接收端来得及接收，而且还为了对网络进行拥塞控制。拥塞发生在通过网络传输的分组数量开始接近网络对分组的处理能力时。从这个角度看，**拥塞控制的目标就是将网络中的分组数量维持在一定的水平之下**。如果网络中的分组数量超过这个水平，网络的性能就会急剧恶化。拥塞控制也是传输层必须解决的一个非常复杂的问题，在讨论拥塞控制时，需要特别注意以下两点。

(1) 我们在网络层观察问题时，经常讲到主机发送分组(或 IP 数据报)和路由器转发分组(或 IP 数据报)。但在传输层讨论问题时，就说"主机发送报文段"。这两种说法并没有多大实质性差别，因为传输层的报文段就是分组(或 IP 数据报)的数据部分，在讨论网络的各种问题时，也经常同时使用"报文段"和"分组"这两个名词，但应注意它们是不同层次的数据传送单位。

(2) 在每一个传输连接上，报文段是断续发送的(因为要受发送窗口的制约，有时要停止发送而等待对方的确认)，这样就有了两种速率，一种是**链路层的数据率**，另一种是**从传输层看到的数据注入速率**。例如，主机连接到网络前，链路速率是 2Mb/s。主机只要发送报文段，在链路上的数据传送速率就是 2Mb/s。但当主机暂停发送报文段时，链路则处于空闲状态。现在假定主机在 1s 内发送 100 个报文段，而每个报文段含有 1000 字节的数据。从传输层看，这相当于主机在这 1s 向网络注入了 100000 字节的数据，即0.8Mb/s。实际上，一个报文段除了数据部分还有 20 字节长的首部，但通常在传输层观察向网络注入数据时，往往不考虑首部的 20 字节，这是因为传输层只对数据部分的每个字节进行编号，而传输层的窗口大小都是对报文段中的数据部分而言的。实际上从链路层注入网络的数据量，还必须把传输层和网络层的首部，以及链路层的首部和尾部都加上去。

为了更好地在传输层进行拥塞控制，1999 年公布的因特网建议标准 RFC 2581 定义了以下 4 种算法：**慢开始**(Slow-start)、**拥塞避免**(Congestion Avoidance)、**快重传**(Fast Retransmit)和**快恢复**(Fast Recovery)。下面介绍这些算法的要点。

5.4.1　慢开始和拥塞避免

根据以上所述，发送端的主机在确定发送报文段的速率时，既要根据接收端的接收能力，又要从全局考虑不要使网络发生拥塞。因此，对于每一个 TCP 连接，需要有以下状态变量。

(1) **接收端窗口** rwnd(Receiver Window)。这是接收端根据其目前的接收缓存大小所许诺的最新的窗口值，是来自接收端的流量控制。接收端将此窗口值放在 TCP 报文的首部中的窗口字段，传送给发送端。接收端窗口又称为通知窗口(Advertised Window)。

(2) **拥塞窗口** cwnd(Congestion Window)。这是发送端根据自己估计的网络拥塞程度而设置的窗口值，是来自发送端的流量控制。

发送端确定拥塞窗口的原则是这样的：只要网络没有出现拥塞，发送端就使拥塞窗口再增大一些，以便将更多的分组发送出去。但只要网络出现拥塞，发送端就使拥塞窗口减小一些，以减少注入网络中的分组数。

发送端又是如何知道网络发生了拥塞呢？当网络发生拥塞时，路由器就要丢弃分组，因此，只要发送端没有按时收到应当到达的确认报文 ACK，就可以认为网络出现了拥塞。现在通信线路的传输质量一般都很好，因传输出差错而丢弃分组的概率是很小的(远小于 1%)。下面将继续讨论发送端如何具体控制拥塞窗口 cwnd 的大小。

发送端的发送窗口的上限值应当取接收端窗口 rwnd 和拥塞窗口 cwnd 这两个变量中较小的一个，即应按式(5-1)确定：

$$\text{发送窗口的上限值} = \text{Min[rwnd，cwnd]} \tag{5-1}$$

式(5-1)告诉我们：当 rwnd<cwnd 时，是接收端的接收能力限制发送窗口的最大值。但当 cwnd<rwnd 时，则是网络的拥塞限制发送窗口的最大值。也就是说，TCP 发送端的发送速率是受目的主机或网络中较慢的一个制约。也就是说，**rwnd 和 cwnd 中较小的一个控制着数据的传输。**

慢开始算法的原理如下：当主机开始发送数据时，如果立即将较大的发送窗口中的全部数据字节都注入网络，由于这时还不清楚网络的状况，就有可能引起网络拥塞。经验证明，较好的方法是试探一下，即由小到大逐渐增大发送端的拥塞窗口数值。通常在刚刚开始发送报文段时，可先将拥塞窗口 cwnd 设置为一个最大报文段 MSS 的数值，而在每收到一个对新的报文段的确认后，将拥塞窗口增加至多一个 MSS 的数值。用这样的方法逐步增大发送端的拥塞窗口 cwnd，可以使分组注入网络的速率更加合理。

下面用例子说明慢开始算法的原理。为说明原理的方便起见，我们用报文段的个数作为窗口大小的单位。此外，还假定接收端窗口 rwnd 足够大，因此发送窗口只受发送端的拥塞窗口的制约。

在一开始，发送端先设置 cwnd=1，发送第一个报文段 M0，接收端收到后发回 ACK1 (表示期望收到下一个报文段 M1)；发送端收到 ACK1 后，将 cwnd 从 1 增大到 2，于是发送端可以接着发送 M1 和 M2 两个报文段；接收端收到后发回 ACK2 和 ACK3。发送端每收到一个对新报文段的确认 ACK，就使发送端的拥塞窗口加 1，因此现在发送端的 cwnd 又从 2 增大到 4，并可发送 M4～M6 共 3 个报文段。可见慢开始的"慢"并不是指 cwnd 的增长速率慢。即使 cwnd 增长得很快，同一开始就将 cwnd 设置为较大的数值相比，使用慢开始算法可以使发送端在开始发送时向网络注入的分组数大大减少，这对防止网络出现拥塞是个非常有力的措施。

为了防止拥塞窗口 cwnd 的增长引起网络拥塞，还需要另一个状态变量，即**慢开始门限 ssthresh**，慢开始门限的用法如下。

当 cwnd<ssthresh 时，使用上述的慢开始算法。

当 cwnd>ssthresh 时，停止使用慢开始算法而改用拥塞避免算法。

当 cwnd=ssthresh 时，既可使用慢开始算法，也可使用拥塞避免算法。

具体的做法是：

拥塞避免算法使发送端的拥塞窗口 cwnd 每经过一个往返时延 RTT 就增加一个 MSS 的大小(而不管在时间 RTT 内收到了几个 ACK)，这样，**在拥塞避免阶段拥塞窗口 cwnd 按线性规律缓慢增长**，比慢开始算法的拥塞窗口增长速率缓慢得多。

无论在慢开始阶段还是在拥塞避免阶段，**只要发送端发现网络出现拥塞**(其根据就是没有按时收到 ACK 或收到了重复的 ACK)，**就要将 ssthresh 设置为出现拥塞时的发送窗口值(即接收端窗口和拥塞窗口中数值较小的一个)的一半，但不能小于 2**。这样设置的考虑就是：既然出现了网络拥塞，那就要减少向网络注入的分组数。然后将拥塞窗口 cwnd 重新设置为 1，并执行慢开始算法。这样做的目的是要迅速减少主机发送到网络中的分组数，使得发生拥塞的路由器有足够时间把队列中积压的分组处理完毕。

图 5-12 说明了上述拥塞控制的具体过程。

(1) 当 TCP 连接进行初始化时，将拥塞窗口置为 1。为了便于理解，图 5-12 中的窗口单位不使用字节而使用报文段。慢开始门限的初始值设置为 16 个报文段，即 ssthresh=16。发送端的发送窗口不能超过拥塞窗口 cwnd 和接收端窗口 rwnd 中的最小值。我们假定接收端窗口足够大，因此现在发送窗口的数值等于拥塞窗口的数值。

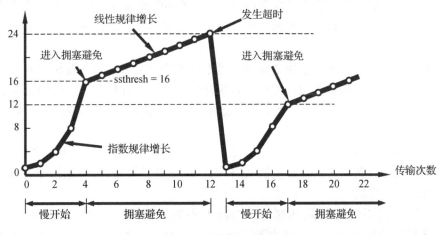

图 5-12　慢开始和拥塞避免

(2) 在执行慢开始算法时，拥塞窗口 cwnd 的初始值为 1，以后发送端每收到一个对新报文段的确认 ACK，就将发送端的拥塞窗口加 1，然后开始下一次的传输(图 5-12 的横坐标是传输次数)。因此拥塞窗口 cwnd 随着传输次数按指数规律增长。当拥塞窗口 cwnd 增长到慢开始门限值 ssthresh 时(即当 cwnd=16 时)，就改为执行拥塞避免算法，拥塞窗口按线性规律增长。

(3) 假定拥塞窗口的数值增长到 24 时，网络出现超时(表明网络拥塞了)，更新后的 ssthresh 值变为 12(即发送窗口数值 24 的一半)，拥塞窗口再重新设置为 1，并执行慢开始算法。当 cwnd=12 时改为执行拥塞避免算法，拥塞窗口按线性规律增长，每经过一个往返时延就增加一个 MSS 的大小。

这里要再强调一下，拥塞避免并非指完全能够避免了拥塞，而是说在拥塞避免阶段将拥塞窗口控制为按线性规律增长，使网络比较不容易出现拥塞。

5.4.2 快重传和快恢复

慢开始和拥塞避免算法是 TCP 中最早使用的拥塞控制算法，后来人们发现这种拥塞控制算法还需要改进，因为有时一条 TCP 连接会因等待重传计时器的超时而空闲较长的时间，于是以后又增加了两个新的拥塞控制算法，这就是快重传和快恢复。

下面结合一个例子来说明快重传的工作原理。

假定发送端发送了 M1～M4 共 4 个报文段，接收端每收到一个报文段都要立即发出确认 ACK，而不是等待自己发送数据时才将 ACK 捎带上。当接收端收到了 M1 和 M2 后，发出确认 ACK2 和 ACK3，假定由于网络拥塞使 M3 丢失了，接收端后来收到下一个 M4，发现其序号不对，但仍收下放在缓存中，同时发出确认，不过发出的是重复的 ACK3(不能够发送 ACK5，因为 ACK5 表示 M4 和 M3 都已经收到了)。这样，发送端就知道可能是网络出现了拥塞造成分组丢失，但也可能是报文段 M3 尚滞留在网络中的某处，还要经过较长的时延才能到达接收端。发送端接着发送 M5 和 M6。接收端收到了 M5 和 M6 后，也还要分别发出重复的 ACK3。这样，发送端共收到了接收端的 4 个 ACK3，其中三个是重复的，快重传算法规定，发送端只要一连收到三个重复的 ACK，即可断定有分组丢失了，就应立即重传丢失的报文段 M3，而不必继续等待为 M3 设置的重传计时器的超时。不难看出，快重传并非取消重传计时器，而是在某些情况下可更早地重传丢失的报文段。

与快重传配合使用的还有快恢复算法。当不使用快恢复算法时，发送端若发现网络出现拥塞，就将拥塞窗口降低为 1，然后执行慢开始算法。这样做的缺点是网络不能很快地恢复到正常工作状态。快恢复算法可以较好地解决这一问题，快重传算法的效果如图 5-13 所示。

快重传的具体步骤如下。

(1) 当发送端收到连续三个重复的 ACK 时，就重新设置慢开始门限 ssthresh。这一点和慢开始算法是一样的。

(2) 与慢开始不同之处是拥塞窗口 cwnd 不是设置为 1，而是设置为 ssthresh + 3×MSS。这样做的理由是：发送端收到三个重复的 ACK3 表明有三个分组已经离开了网络，且停留在接收端的缓存中(接收端发送出三个重复的 ACK 就证明了这个事实)，它们不会再消耗网络的资源。可见现在网络中并不是堆积了分组，而是减少了三个分组。因此，将拥塞窗口扩大一些并不会加剧网络的拥塞。

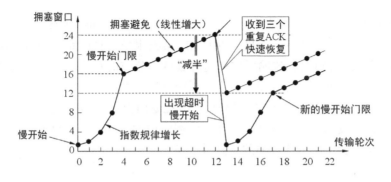

图 5-13 快恢复和快重传

(3) 若收到的重复的 ACK 为 n 个($n>3$)，则将 cwnd 设置为 ssthresh+n×MSS。

(4) 若发送窗口值还容许发送报文段，就按拥塞避免算法继续发送报文段。

(5) 若收到了确认新的报文段的 ACK，就将 cwnd 缩小到 ssthresh。

在采用快恢复算法时，慢开始算法只是在 TCP 连接建立时才使用。

在 TCP 拥塞控制的文献中经常可看见"**乘法减小**"(Multiplicative Decrease，MD)和"**加法增大**"(Additive Increase，AI)这样的提法，有时合称为 **AIMD**。乘法减小是指不论在慢开始阶段还是拥塞避免阶段，只要出现一次超时(即出现一次网络拥塞)，就将慢开始门限值 ssthresh 设置为当前的拥塞窗口值乘以 0.5。当网络频繁出现拥塞时，ssthresh 值就下降得很快，以大大减少注入网络中的分组数。而加法增大是指执行拥塞避免算法后，当收到对所有报文段的确认，就将拥塞窗口 cwnd 增加一个 MSS 大小，使拥塞窗口缓慢增大，以防止网络过早出现拥塞。采用 AIMD 的流量控制方法，使得 TCP 的性能有明显的改进，如图 5-14 所示。

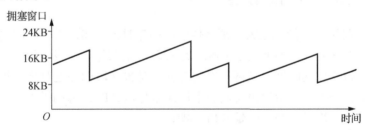

图 5-14 AIMD 的流量控制效果

5.5 TCP 的重传机制

重传机制是 TCP 中最重要和最复杂的问题之一。TCP 每发送一个报文段，就对这个报文段设置一次计时器，只要计时器设置的重传时间已到但还没有收到确认，就要重传这一报文段。

5.5.1　TCP 连接的往返时延

由于 TCP 的下层是一个互联网环境，发送的报文段可能只经过一个高速率的局域网，也可能经过多个低速率的广域网，并且 IP 数据报所选择的路由还可能会发生变化。图 5-15 显示了数据链路层和传输层的往返时延概率分布的对比。往返时延就是从数据发出到收到对方的确认所经历的时间。对于数据链路层，其往返时延的方差很小，因此将超时时间设置为 T_1 即可。但对于传输层来说，其往返时延的方差很大，若将超时时间设置为 T_2，则很多报文段的重传时间就太早了，给网络增加了许多不应有的负荷。若将超时时间选为 T_3，则显然会使网络的传输效率降低很多。

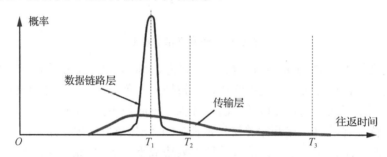

图 5-15　数据链路层和传输层的往返时延概率分布

造成 TCP 连接往返时延差异很大的原因很多，但最主要的原因就是 **TCP 连接是一条虚连接，而不是固定的物理连接**，下面各层在为 TCP 连接提供服务时，由于网络故障、网络拥塞、网络拓扑结构改变等因素造成的路由改变和延迟变化，对 TCP 协议来说都是透明的，TCP 既看不到，也无法预知这一切。

5.5.2　TCP 重传时间的设置

TCP 的往返时延变化如此之大，那么传输层的超时计时器的重传时间究竟应设置为多大呢？对此，TCP 采用了一种自适应算法。这种算法记录每一个报文段发出的时间，以及收到相应的确认报文段的时间，这两个时间之差就是报文段的往返时延。将各个报文段的往返时延样本加权平均，就得出报文段的平均往返时延 RTT。每测量到一个新的往返时延样本，就重新计算一次平均往返时延 RTT，即：

$$\text{平均往返时延 RTT} = \alpha \times (\text{旧的 RTT}) + (1-\alpha) \times (\text{新的往返时延样本}) \tag{5-2}$$

式中，$0 \leqslant \alpha < 1$。若 α 很接近于 1，表示新算出的平均往返时延 RTT 和原来的值相比变化不大，而新的往返时延受样本的影响不大(RTT 值更新较慢)。若选择 α 接近于零，则表示加权计算的平均往返时延 RTT 受新的往返时延样本的影响较大(RTT 值更新较快)。典型的 α 值为 7/8。

显然，计时器设置的超时重传时间 RTO(Retransmission Time-Out)应略大于上面得出的平均往返时延 RTT，即：

$$\text{RTO} = \beta \times \text{RTT} \tag{5-3}$$

这里 β 是个大于 1 的系数。实际上，系数 β 是很难确定的。若取 β 接近于 1，发送端可以很及时地重传丢失的报文段，因此效率得到提高。但若报文段并未丢失，而仅仅是增加了一点时延，那么过早地重传未收到确认的报文段，反而会加重网络的负担。因此 TCP 原先的标准推荐将 β 值取为 2。

上面所说的往返时间的测量，实现起来相当复杂，试看下面的例子。

如图 5-16 所示，发送端发送出一个 TCP 报文段 1。设定的重传时间到了，还没有收到确认，于是重传此报文段，即报文段 2。经过了一段时间后，收到了确认报文段 ACK。现在的问题是：如何判定此确认报文段是对原来的报文段 1 的确认，还是对重传的报文段 2 的确认？由于重传的报文段 2 和原来的报文段 1 完全一样，因此源站在收到确认后，就无法做出正确的判断，而正确的判断对确定平均往返时延 RTT 的值关系很大。

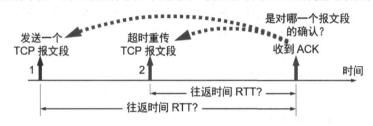

图 5-16　收到的确认报文段 ACK 是对哪一个报文段的确认

若收到的确认是对重传报文段 2 的确认，但却被源站当成是对原来的报文段 1 的确认，那么计算出的往返时延样本和重传时间就会偏大。如果后面再发送的报文段又是经过重传后才收到确认报文段，那么按此方法得出的重传时间会越来越长。

同样，若收到的确认是对原来的报文段 1 的确认，但被当成是对重传报文段 2 的确认，则由此计算出的往返时延样本和重传时间都会偏小，这必然导致报文段的重传，从而可能导致重传时间越来越短。

根据以上所述，Karn 提出了一个算法：**在计算平均往返时延 RTT 时，只要报文段重传了，就不采用其往返时延样本**，这样得出的平均往返时延 RTT 和重传时间就较准确。

但是，这又会引起新的问题。设想出现这样的情况：报文段的时延突然增大了很多，因此在原来得出的重传时间内不会收到确认报文段，于是就重传报文段。但根据 Karn 算法，不考虑重传的报文段的往返时延样本，这样，重传时间就无法更新。

因此，要对 Karn 算法进行修正，方法是：**报文段每重传一次，就将重传时间增大一些**。

$$新的重传时间 = \gamma x(旧的重传时间) \tag{5-4}$$

系数 γ 的典型值是 2。当不再发生报文段重传时，才根据报文段的往返时延更新平均往返时延 RTT 和重传时间的数值。实践证明，这种策略较为合理。

习题与思考题五

一、单项选择题

1. 下面哪些协议不使用面向连接的 TCP 协议？（　　　）

　　A. SMTP　　　　　　B. HTTP　　　　　　C. DNS　　　　　　D. TELNET

计
算
机
网
络
技
术
基
础
(微
课
版)

2. 下面说法正确的是(　　)。

    A. TCP 需要计算往返时间 RTT

    B. UDP 需要计算往返时间 RTT

    C. TCP 和 UDP 都需要计算往返时间 RTT

    D. TCP 和 UDP 都不需要计算往返时间 RTT

3. 数据链路层的停等协议和传输层的 TCP 协议都使用滑动窗口技术,从这方面来进行比较,数据链路层协议和传输层协议的主要区别是(　　)。

    A. 传输层的 TCP 协议是端到端(进程到进程)的协议,而数据链路层的 HDLC 协议则是仅在一段链路上的节点到节点的协议

    B. TCP 的窗口机制和 HDLC 的也有许多区别。如 TCP 是按数据部分的字节数进行确认,而 HDLC 则是以帧为确认的单位

    C. 以上两种说法都正确

    D. 以上两种说法都不正确

4. TCP 报文段的首部中只有端口号而没有 IP 地址,当 TCP 将其报文段交给 IP 层时,IP 协议怎样知道目的 IP 地址呢? (　　)

    A. 从 IP 地址填写在 IP 数据报的首部中获取

    B. 从 IP 地址填写在 IP 数据报的数据段中获取

    C. 以上两种说法都正确

    D. 以上两种说法都不正确

5. TCP/IP 网络中,提供端口到端口的通信的是(　　)。

    A. 应用层　　　　B. 传输层　　　　C. 网络层　　　　D. 网络接口层

6. 在 OSI 参考模型中,传输层的数据服务单元是(　　)。

    A. 分组　　　　B. 报文　　　　C. 帧　　　　D. 比特序列

7. 下列哪个不是传输层的功能? (　　)

    A. 复用　　　　B. 封装成帧　　　　C. 可靠传输　　　　D. 拥塞控制

8. 超文本传输协议 HTTP 的端口号是(　　)。

    A. 80　　　　B. 21　　　　C. 25　　　　D. 53

9. TCP 连接建立阶段的交互方式是(　　)。

    A. 挑战-响应　　B. 信道预约　　C. 三次握手　　D. 四次握手

10. TCP 拥塞控制算法不包括(　　)。

    A. 慢开始　　　B. 快重传　　　C. 拥塞避免　　　D. 拥塞阻止

二、多项选择题

1. TCP 协议首部字段包括(　　)。

    A. 源 IP 地址　　B. 源端口　　　C. 目的 IP 地址　D. 目的端口

2. TCP 的可靠传输机制包括(　　)。

    A. 数据编号与确认　　　　　　B. 滑动窗口

    C. 超时重传　　　　　　　　　D. 快重传

3. UDP 的特点包括(　　)。

A. 支持一对多的通信　　　　　　B. 流量控制和拥塞控制

C. 面向连接的服务　　　　　　　D. 面向报文的传输

4. 下列哪些应用使用了 UDP 协议作为传输层协议? (　　　)

A. 电子邮件　　　B. 域名解析　　　C. 网络管理　　　D. IP 地址配置

5. TCP 的特点包括(　　　)。

A. 支持一对多的通信　　　　　　B. 流量控制和拥塞控制

C. 尽最大努力交付　　　　　　　D. 面向字节流的传输

三、判断题

1. 端口号只具有本地意义,不同计算机中的相同端口号是没有联系的。　　　(　　)

2. 可以容忍少量传输数据出错(或丢失),但对网络延迟较为敏感的应用应当选择 TCP 作为运输层协议。　　　(　　)

3. TCP 连接释放阶段的交互过程叫三次握手。　　　(　　)

4. AIMD 是 TCP 进行拥塞控制的基本策略之一。　　　(　　)

5. TCP 计算重传时间时,报文段每被重传一次,就要将重传时间增大一些。　　　(　　)

第6章 应 用 层

本章主要介绍应用层的几种主要协议，如 DNS、HTTP、FTP、Telnet、DHCP 及电子邮件的相关协议等。通过本章学习，应该掌握以下内容。

- 掌握应用层的客户—服务器工作模式。
- 熟练掌握域名系统与域名解析协议 DNS。
- 掌握文件传输协议 FTP 与 TFTP。
- 掌握远程终端协议 Telnet。
- 熟练掌握电子邮件系统与协议。
- 熟练掌握万维网与 HTTP 协议。
- 熟练掌握动态主机配置协议 DHCP。
- 了解多媒体应用的主要技术和协议。
- 了解 API 的概念和进程实现网络通信的基本原理。

6.1 应用层概述

6.1.1 应用层的主要功能

应用层是网络体系统结构的最高层，其任务是为最终用户提供服务。每一种应用层协议都是为了解决某一类问题，而每一个问题都对应一个应用程序，在应用层中运行的每一个应用程序称为一个应用进程，而应用层的具体内容就是规定应用进程在通信时所遵循的协议。

应用层直接和**应用程序接口**(Application Programming Interface，API)进行交互并提供常见的网络应用服务，其作用是在实现多个系统应用进程相互通信的同时，完成一系列业务处理所需的服务。其服务元素分为两类：**公共应用服务元素**(Computer Application Service Element，CASE)和**特定应用服务元素**(Specific Application Service Element，SASE)。CASE 提供最基本的服务，它成为应用层中任何用户和任何服务元素的用户，主要为应用进程通信提供基本的控制机制；SASE 则要满足一些特定服务，如文件传送、访问控制、作业传送、银行事务、订单输入等。

6.1.2 应用层的主要协议

应用层中协议很多，主要可分为以下几类。

(1) 文件传输类，如 HTTP(超文本传输协议)、FTP(文件传输协议)、TFTP(简单文件传输协议)。

(2) 远程登录类，如 Telnet。

(3) 电子邮件类，如 SMTP(简单邮件传输协议)、POP(邮局协议)。

(4) 网络管理类，如 SNMP(简单网络管理协议)、DHCP(动态主机配置协议)。

(5) 域名解析类，如 DNS(域名解析协议)。

应用层协议虽然种类繁多，但它们有一个共同的特点，绝大多数都采用**客户—服务器方式**。客户(Client)和服务器(Server)都是指通信中所涉及的两个应用进程，客户—服务器方式描述的是这两个进程之间服务和被服务的关系，**客户是服务请求方，服务器是服务提供方**。客户软件和服务器软件通常还具有以下一些主要特点。

1. 客户软件

(1) 在进行通信时临时成为客户，但它也可在本地进行其他的计算。

(2) 被用户调用并在用户的计算机上运行，而在打算通信时，主动向远地服务器发起通信。

(3) 可与多个服务器进行通信。

(4) 不需要特殊的硬件和很复杂的操作系统。

2. 服务器软件

(1) 一种专门用来提供某种服务的程序，可同时处理多个远地或本地客户的请求。

(2) 在共享计算机上运行。当系统启动时，即自动调用，并一直不断地运行着。

(3) 被动地等待并接受来自多个客户的通信请求。

(4) 一般需要强大的硬件和高级的操作系统支持。

客户与服务的通信关系一旦建立，客户和服务器都可发送和接收信息。图 6-1 给出客户和服务器进程的通信示意。功能较强的计算机可同时运行多个服务器进程。

图 6-1 客户和服务器进程的通信示意

6.2 域名系统 DNS

许多应用层软件经常直接使用**域名系统**(Domain Name System，DNS)，但计算机的用户只是间接而不是直接使用域名系统。因特网采用**层次结构的命名树**作为主机的名字，并使用分布式的域名系统 DNS。名字到域名的解析是由若干个**域名服务器**程序完成的，域名服务器程序在专设的节点上运行，运行该程序的机器称为域名服务器。

6.2.1 域名系统的概念

20 世纪 70 年代，Internet 的前身 ARPANET 的规模比较小，它只由几百台主机组成。美国的 Menlepark 的 SRI 网络信息中心的 host.txt 文件就包含了所有主机的信息，同时也包括了连接到 ARPANET 上每台主机的名字到主机 **IP** 地址的映射。host.txt 文件由 SRI 网络信息中心负责进行维护。SRI 网络信息中心每周更新数据一次到两次，每次更新后的数据由 SRI 网络信息中心的主机向外发送。ARPANET 管理人员也将它们的改动用 E-mail 发送给 SRI 网络信息中心，同时定期从 SRI 网络信息中心的主机上获取最新的 host.txt 文件。但是随着 ARPANET 的增长，这种工作方式无法再维持下去。一方面，host.txt 文件的大小随 ARPANET 的规模在增长，同时更新过程所带来的通信量增长更快，这就带来了通信量、名字冲突与一致性等一系列新的问题。

为此，1983 年 Internet 开始采用层次结构的命名树作为主机的名字，并使用域名系统 DNS(Domain Name System)。Internet 的域名系统 DNS 被设计成一个联机分布式数据库系统，并采用客户—服务器方式。DNS 使大多数名字都在本地映射，仅少量映射需要在 Internet 上进行，这就使得系统的效率大大提高。

Internet 采用层次树状结构的命名方法，任何一个连接在 Internet 上的主机或路由器，都有唯一的层次结构的名字，即域名(Domain Name)。域(Domain)是名字空间中一个可被管理的划分，域还可以继续划分为子域，如二级域、三级域等。

域名的结构由若干个分量组成，各分量之间用点隔开。

....三级域名.二级域名.顶级域名

每一级的域名都由英文字母和数字组成(不超过 63 个字符，且不区分大小写)，完整的域名不超过 255 个字符。Internet 的域名结构如图 6-2 所示。

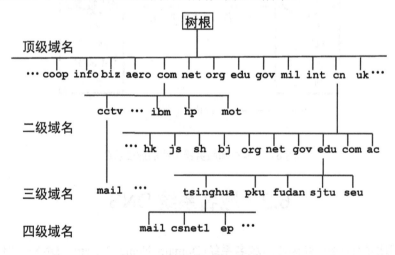

图 6-2 Internet 的域名结构

顶级域名有三大类：**国家顶级域名、国际顶级域名、通用顶级域名**，表 6-1 中列出了部分示例。

表 6-1　顶级域名

类　别	域　名	含　义
国家顶级域名	.cn	中国
	.us	美国
	.uk	英国
	.ca	加拿大
国际顶级域名	.int	国际性组织
通用顶级域名	.com	公司、企业
	.edu	教育机构
	.gov	政府部门
	.org	非营利性组织
	.net	网络服务机构

举一个简单的域名的例子，如国内知名门户网站新浪网的域名为：

www.sina.com.cn

可以看出，该域名的顶级域名为 cn，代表是中国，二级域名为 com，代表该站点为某一公司所有，sina 是该站点所在的域，而 www 则是该域上的一台服务器，它提供的是 www 服务。

6.2.2　域名解析

虽然主机域名比 IP 地址更容易记忆，但在通信时必须将其映射成能直接用于 TCP/IP 协议通信的 IP 地址。这个将主机域名映射为 IP 地址的过程叫域名解析。

域名解析有两个方向：从主机域名到 IP 地址的**正向解析**；从 IP 地址到主机域名的**反向解析**。域名解析是由一系列的域名服务器来完成的。域名服务器是回答域名服务查询的计算机，它允许为私人 TCP/IP 网络和连接公共 Internet 的用户提供并管理 DNS 服务，维护 DNS 名字数据并处理 DNS 客户端主机名的查询。DNS 服务器保存了包含主机名和相应 IP 地址的数据库，例如，如果提供了名字 sina.com.cn，DNS 服务将返回新浪网站的 IP 地址 202.106.184.200。**域名服务器提供服务的监听端口为 53**。

域名解析是一个**递归查询**的过程，下面用一个例子说明这个过程。比如一个 flits.cs.vu.nl 上的域名解析服务器想要知道主机 linda.cs.yale.edu 的 IP 地址，对于 flits.cs.vu.nl 来说，这是一个远程域，在本地没有关于此域的有效信息。那么第一步，它发送一条查询给本地的名字服务器 cs.vu.nl，假定本地名字服务器以前从未遇到过关于此域的查询，对它一无所知，它可能会询问一些邻近的名字服务器，如果它们也不知道，它就发送一个 UDP 分组给 edu 域服务器。edu 服务器不知道 linda.cs.yale.edu 的地址，也可能不知道 cs.yale.edu，但它肯定知道自己的子域，所以它把请求传递给 yale.edu 域名服务器。接下去，这个服务器再把请求传递给 cs.yale.edu，它一定有目标地址的资源记录。因为每个请求都是从客户到服务器的，被请求的资源记录沿着相反的路线返回，最终把 linda.cs.yale.edu 的 IP 地址交给 flits.cs.vu.nl。具体的查询过程如图 6-3 所示。

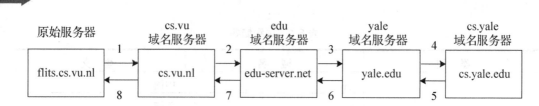

图 6-3　域名解析的递归查询过程

6.3　文件传输

网络环境中的一项基本应用就是将文件从一台计算机复制到另一台可能相距很远的计算机中。初看起来,在两个主机之间传送文件是很简单的事情,其实这往往非常困难,原因是众多的计算机厂商研制出的文件系统多达数百种,且差别很大。

6.3.1　文件传输协议 FTP

文件传输协议 FTP 是 TCP/IP 提供的标准机制,用来从一个主机把文件复制到另一个主机。从一台计算机向另一台计算机传送文件是联网或互联网环境中最常见的任务。

FTP 与其他客户—服务器应用程序的不同就是它在主机之间使用**两条连接**。**一条连接用于数据传送,而另一条则用于传送控制信息(命令和响应)**,把命令和数据的传送分开使得 FTP 的效率更高。一方面,控制连接使用非常简单的通信规则,一次只需传送一行命令或一行响应。另一方面,数据传送需要更加复杂的规则,因为要传送的数据类型比较多。

FTP 使用两个熟知端口:**端口 21 用作控制连接,而端口 20 用作数据连接**。

图 6-4 给出了 FTP 的基本模型。客户有三个构件:用户接口、客户控制进程和客户数据传送进程。服务器有两个构件:服务器控制进程和服务器数据传送进程。控制连接是在控制进程之间进行的,数据连接是在数据传送进程之间进行的。

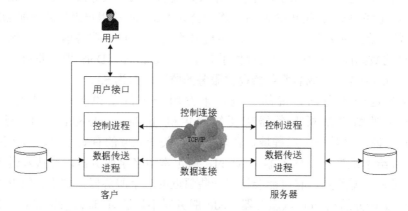

图 6-4　FTP 的基本模型

在整个 FTP 会话中,控制连接始终是处于连接状态,数据连接则是在每一次文件传送时,先打开然后关闭。每当涉及传送文件的命令被使用时,数据连接就被打开,而当数据传送完毕时，连接就关闭。换言之，当用户开始 FTP 会话时，控制连接就打开，在控制连接处于打开状态时，若传送多个文件，则数据连接可以打开和关闭多次。

FTP 一般都是交互式地工作，图 6-5 给出了使用 FTP 时用户机器上显示出的信息。

```
[01] ftp nic.ddn.mil
[02] connected to nic.ddn.mil
[03] 220 nic FTP server (Sunos 4.1)ready.
[04] Name: anonymous
[05] 331 Guest login ok, send ident as password.
[06] Password: abc@xyz.math.yale.edu
[07] 230 Guest login ok, access restrictions apply.
[08] ftp> cd rfc
[09] 250 CWD command successful.
[10] ftp> get rfc1261.txt nicinfo
[11] 200 PORT command successful.
[12] 150 ASCII data connection for rfc1261.txt
       (128.36.12.27,1401) (4318 bytes).
[13] 226 ASCII Transfer complete.
       local: nicinfo remote: rfc1261.txt
       4488 bytes received in 15 seconds (0.3 Kbytes/s).
[14] ftp> quit
[15] 221 Goodbye.
```

图 6-5 使用 FTP 时用户机器上显示出的信息

6.3.2 简单文件传送协议 TFTP

简单文件传输协议(Trivial File Transfer Protocol，TFTP)是一个简单而开销很小的文件传送协议。与 FTP 协议相比，TFTP 协议具有以下特点。

(1) TFTP 按客户机/服务器模式工作，**通信建立在 UDP 传输服务**之上。收发双方以 512 字节大小的带序号文件块为单位，依靠类似等待协议的确认、超时和重传机制保证数据的到达。

(2) **TFTP 不像 FTP 一样支持交互**，而**只能支持最基本的文件传输**，因此用户不能通过列目录或向服务器发出询问来确定可得到哪些文件。另外，TFTP 不支持存取权限，用户不需要用户账号和口令，只能存取全局共享的文件。

(3) TFTP 在设计时是用于小文件传输的，**它对内存和处理器的要求很低，速度快**。TFTP 代码所占的内存比 FTP 小，这对无盘工作站设备特别有用，这些设备只需要配置一个小容量的固化 IP、UDP 和 TFTP 的只读存储器(ROM)和一个网络连接等。当接通电源后，设备 ROM 中的代码在网络上广播一个 TFTP 请求，网络上的 TFTP 服务器收到请求后，发送一个已配置好的可执行二进制程序文件响应请求。设备收到文件后，将它载入内存，然后开始运行程序。这个过程称为网络自举，这种方式可以通过修改服务器上的配置文件来更新系统软件，而不需要修改硬件或重装 ROM，因此非常灵活且开销很小。

TFTP 的适用范围不像 FTP 那么广泛，目前，TFTP 多用于交换机、路由器等设备的 Internet 网络操作系统镜像和配置文件的备份和升级。

6.4　远程终端协议 Telnet

在分布式计算环境中，常常需要调用远程计算机资源同本地计算机协同工作，这样，就可以用多台计算机来共同完成一个较大的任务。协同操作的工作方式要求用户能够登录到远程计算机中，启动某个进程，并使进程之间能够相互通信。为了达到这个目的，人们开发了远程终端协议(Telnet 协议)。Telnet 协议是 TCP/IP 协议族的一部分，它定义了客户机与远程服务器之间的交互过程。

远程登录服务是用户使用 Telnet 命令，使自己的计算机暂时成为远程计算机的一个仿真终端的过程。一旦用户成功地实现了远程登录，用户的计算机就可以像一台与远程计算机直接相连的本地终端一样工作。

远程登录允许任意类型的计算机之间进行通信。远程登录之所以能提供这种功能，主要是因为所有的运行操作都是在远程计算机上完成的，用户的计算机仅仅是作为一台仿真终端向远程计算机传送击键信息与显示结果。

远程登录服务采用的是典型的客户—服务器模式，它的工作原理如图 6-6 所示。在远程登录过程中，用户的实际终端采用用户终端的模式与本地 Telnet 客户机进程通信，远程主机采用远程系统的格式与远程服务器进程通信。

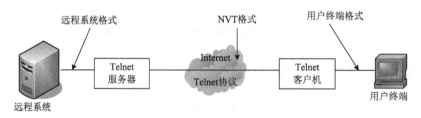

图 6-6　Telnet 工作原理

当用 Telnet 登录进入远程计算机系统时，事实上启动了两个程序，一个叫 Telnet 客户程序，它运行在本地机上；另一个叫 Telnet 服务器程序，它运行在要登录的远程计算机上。本地机上的客户程序要完成如下功能。

(1)　建立与服务器的 TCP 连接。

(2)　从键盘上接收输入的字符。

(3)　把输入的字符串变成标准模式并传送给远程服务器。

(4)　从远程服务器接收输出的信息。

(5)　把该信息显示在屏幕上。

远程计算机的"服务"程序一旦接到请求，便马上活动起来，并完成如下功能。

(1)　通知计算机，远程计算机已经准备好了。

(2)　等候输入命令。

(3)　对命令做出反应(如显示目录内容，或执行某个程序等)。

(4) 把执行命令的结果送回给计算机。

(5) 重新等候命令。

使用 Telnet 的首要条件是本地机上装有包括 Telnet 应用层协议在内的 TCP/IP 协议族；其次要预先知道远程登录的主机的 IP 地址或域名地址，最后是用户在主机上登录的登录标识(Login Id)和密码(Password)，对某些收费系统来说是必需的。当然，在 Internet 上也有许多免费的系统可供使用，对于这些系统，预先知道 IP 地址或域名是必需的，而登录标识和密码在大多的情况下可以省略。Telnet 的标准端口值是 23，在访问这些服务器时，如果所分配的端口值与标准值不同，则必须在命令行中给出适当的端口值，否则可省略。

当运行远程登录时，应首先运行 Telnet 程序进行联机，有两种运行 Telnet 的方法。

1. 运行 Telnet 的第一种方法

输入下列命令，并以回车换行结束(下同) 。

命令格式：telnet 主机网络地址 端口号(默认可缺省)

例如：假设用户要连接一台名叫 dns 的计算机，它的网络地址为 dns.hunu.edu.cn，IP 地址为 202.197.96.1，则连接时应输入命令 telnet dns.hunu.edu.cn 或 telnet 202.197.96.1。

如果用户要登录的主机与用户的计算机在同一个本地网上，通常可以只输入主机的名字，而不用输入完整的地址，例如上例可以输入：telnet dns。

2. 运行 Telnet 程序的第二种方法

输入命令：

```
telnet
```

此时程序运行，但并未进行连接(因未指明主机)。

然后屏幕显示：

```
telnet>
```

这是 Telnet 的提示符，它表明 Telnet 程序已经运行，并正在等待用户输入使用 Telnet 的命令。如要连接一台远程主机，则使用 Open 命令，即输入命令 open，并附上该主机的网络地址，如：

```
telnet> open dns.hunu.edu.cn
```

其连接效果与第一种方法完全一样。

假如 Telnet 的运行不能与主机确定连接，则用户将会看到主机找不到的信息。例如，假设用户想要连接的远程主机为 nipper.com，而用户的输入为：

```
telnet nippet.com
```

则在屏幕上用户将会看到：

```
nippet.com: unknown host
telnet>
```

此时，用户可以另输入正确的主机名进行连接，或者用 Quit 命令中止 Telnet 程序的执行。导致 Telnet 不能与远程主机连接的因素很多，常见的因素有三类：计算机地址输入有错，如上面例子所示；远程计算机暂时不能使用(如发生故障等)；用户指定的计算机不在 Internet 上。处理这类情况的主要办法包括重新联机、隔一段时间再试等。对于不在 Internet 上的计算机，使用当然是比较困难的。

6.5 电子邮件

电子邮件(Electronic Mail，简写为 E-mail)是因特网上使用最广泛的一种服务。电子邮件是以信息方式存放在计算机中，称为报文(Message)。计算机网络传送报文的方式与普通邮电系统传递信件的方式类似，采用的是存储转发机制，就如信件从源地址到达目的地址要经过许多邮局转发一样。报文从源节点出发后，也要经过若干网络节点的接收和转发，最后到达目的节点，而且接收方收到电子报文并阅读后，还可以以文件的方式保存下来，供今后查询。由于电子邮件是经过计算机网络传送的，其速度要比普通邮政快得多，收费也相对低廉，因而为人们提供了一种人际通信的良好手段。电子邮件报文中除了可包含文件信息外，还可以包含声音、图形和图像等多媒体形式的信息。

6.5.1 电子邮件系统构成

一个电子邮件系统应具有图 6-7 所示的三个主要组成构件，这就是用户代理、邮件服务器，以及电子邮件使用的协议，如 SMTP 和 POP3 等。

图 6-7 电子邮件系统构成

用户代理 UA(User Agent)就是用户与电子邮件系统的接口，在大多数情况下它就是在用户机中运行的程序。用户代理有很多种，如微软公司的 Outlook Express 和我国的 Foxmail，都是很受欢迎的电子邮件用户代理。用户代理应当具备三个功能：撰写邮件、显示邮件、收发邮件。

邮件服务器是电子邮件系统的核心构件，因特网上所有的 ISP 都有邮件服务器。邮件服务器的功能是发送和接收邮件，同时还要向发信人报告邮件传送的情况(已交付、被拒绝、丢失等)。邮件服务器按照客户—服务器方式工作。邮件服务器需要使用两个不同的协议，一个协议用于发送邮件，即 SMTP 协议；另一个协议用于用户接收邮件，即 POP 协议。

一个邮件服务器既可以作为客户，也可以作为服务器。例如，当邮件服务器 A 向另一个邮件服务器 B 发送邮件时，邮件服务器 A 就作为 SMTP 客户，而 B 是 SMTP 服务器。当邮件服务器 A 从另一个邮件服务器 B 接收邮件时，邮件服务器 A 就作为 SMTP 服务器，而 B 是 SMTP 客户。

电子邮件的典型发送和接收过程如下。

(1) 发信人调用用户代理来编辑要发送的邮件，用户代理用 SMTP 将邮件传送给发送端邮件服务器。

  (2) 发送端邮件服务器将邮件放入邮件缓存队列中，等待发送。

  (3) 运行在发送端邮件服务器的 SMTP 客户进程，发现在邮件缓存中有待发送的邮件，就向运行在接收端邮件服务器的 SMTP 服务器进程发起 TCP 连接的建立。

  (4) 当 TCP 连接建立后，SMTP 客户进程开始向远程的 SMTP 服务器进程发送邮件。如果有多个邮件在邮件缓存中，则 SMTP 客户一一将它们发送到远程的 SMTP 服务器。当所有的待发邮件发完了，SMTP 就关闭所建立的 TCP 连接。

  (5) 运行在接收端邮件服务器中的 SMTP 服务器进程收到邮件后，将邮件放入收信人用户邮箱里，等待收信人方便时进行读取。

  (6) 收信人打算收信时，调用用户代理，使用 POP3 协议将自己的邮件从接收端邮件服务器的用户邮箱中取回。

  SMTP(Simple Mail Transfer Protocol)称为**简单邮件传输协议**，目标是向用户提供高效、可靠的邮件传输。SMTP 的一个重要特点是它能够在传送中接力传送邮件，即邮件可以通过不同网络上的主机接力式传送。SMTP 工作在两种情况下：①电子邮件从客户机传输到服务器；②从某一个服务器传输到另一个服务器。SMTP 是个请求/响应协议，它监听 25 端口，用于接收用户的邮件请求，并与远端邮件服务器建立 SMTP 连接。

  POP3(Post Office Protocol)即**邮局协议**，用于电子邮件的接收。它使用 TCP 的 110 端口，现在常用的是第三版，所以简称为 POP3。POP3 仍采用客户—服务器工作模式。当客户机需要服务时，客户端的软件将与 POP3 服务器建立 TCP 连接，此后要经过 POP3 协议的三种工作状态，首先是认证过程，确认客户机提供的用户名和密码；认证通过后便转入处理状态，用户在此状态下可收取自己的邮件或删除邮件；在完成响应的操作后，客户机发出 quit 命令，此后便进入更新状态，将做了删除标记的邮件从服务器端删除掉，至此，整个 POP 过程完成。

6.5.2 邮件地址与基本格式

  Internet 上的电子邮件地址由两部分组成：用户名和邮箱所在的邮件服务器的主机域名，中间用"@"隔开，如下所示：

用户名@邮箱所在主机域名

  其中符号"@"表示"在"的意思，读作"at"。用户邮箱名必须保证在邮件服务器主机上是唯一的，又由于主机域名也是唯一的，这就保证了用户在 Internet 的电子邮件系统中拥有唯一的电子邮件地址。虽然电子邮件地址是唯一的，然而大多数电子邮件系统都提供一种很方便的邮件别名扩展机制，这种机制的实质是在电子邮件地址和某种邮件标识之间建立一对多或多对一的别名映射关系，将针对单个用户的多个标识符如姓名、昵称、职务等映射到该用户的唯一邮件地址，可以帮助管理和识别该用户的邮件。

  电子邮件报文主要头字段及其语义见表 6-2。

  根据因特网文本报文格式 RFC 822 文档，每个标准的电子邮件信息由两部分组成：报文头(Header)，"信封"，收件人地址、投递日期、邮件主题、发件人地址；报文体(Body)，邮件正文，相当于装在信封内的信。

表 6-2　电子邮件报文主要头字段及其语义

首部字段名	含　义
Return-path	由最后一个 MTA 添加，用于标识返回给发件人的地址
Received	传送途中，每个 MTA 加上的与之有关的一行内容
From	邮件书写者的个人或多人的名字
To	收件人的地址
Cc	抄送收件人的地址
Bcc	暗送收件人的地址，这一行在首选和抄送收信人邮件中不出现
Sender	实际发件人的地址
Subject	主题行，可用于显示本邮件的简短摘要
Date	发送邮件的日期和时间
Message-id	邮件的唯一标识号
Reply-to	回信应送达的地址

RFC 822 中规定报文头由系统头字段(Header Fields)组成，标准详细规定了各种头字段的语法和语义。每个头字段的形式是：

字段名(field-name):字段体(field-body)。

6.5.3　通用 Internet 邮件扩展协议 MIME

由于因特网的 SMTP 只能传送 7 位的 ASCII 码邮件，非 ASCII 码的信息，如非英语文字、可执行文件、声音图像文件等二进制文件不能附在邮件中传输，因此在 1993 年提出了**通用因特网邮件扩充** MIME(Multipurpose Internet Mail Extensions)。MIME 并没有改动 SMTP 或取代它，MIME 的目的是继续使用目前的因特网文本报文格式，但增加了邮件主体的结构，并定义了传送非 ASCII 码的编码规则。图 6-8 表明了 MIME 与 SMTP 的关系。

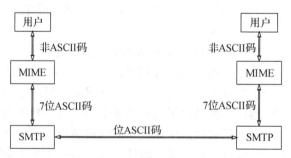

图 6-8　SMTP 与 MIME 的关系

MIME 主要包括三个部分。

(1) 增加了 5 个新的邮件首部字段，它们可包含在 RFC 822 首部中。这些字段提供了有关邮件主体的信息。

① MIME-Version。标志 MIME 的版本，现在的版本号是 1.0。若无此行，则为英文

文本。

② Content-Description。这是可读字符串，说明此邮件是什么，和邮件的主题差不多。

③ Content-Id。邮件的唯一标识符。

④ Content-Transfer-Encoding。传送时邮件的主体是如何编码的。

⑤ Content-Type。说明邮件的性质。

(2) 定义了邮件内容类型，对多媒体电子邮件的表示方法进行了标准化。

MIME 标准规定 Content-Type 说明必须含有两个标识符，即内容类型(Type)和子类型(Subtype)，中间用"/"分开。MIME 标准定义了 7 个基本内容类型(见表 6-3)和 15 种子类型。

表 6-3　MIME 基本内容类型

类型	text	image	audio	video	application	message	Multipart
含义	文本数据	图像数据	声音数据	运动图像数据	要求额外处理的数据	含有嵌套和链接的数据	包含多个部分的数据

(3) 定义了主体内容传送编码。凡在首部中定义了内容类型的数据，都可以包装成基本格式的电子邮件，这种包装实质上是进行一种编码转换，将任意格式的数据编码转换为标准 ASCII 码用于传送。MIME 定义了 7 位 ASCII 码、8 位 ASCII 码、二进制、可打印引用和 Base64 5 种内容传送编码方法。

6.5.4 因特网报文存取协议 IMAP

下面介绍因特网报文存取协议 IMAP(Interactive Mail Access Protocol)，它比 POP3 复杂得多。IMAP 和 POP3 都按客户—服务器方式工作，但它们有很大的差别。较新的版本是 1996 年的版本 4，即 IMAP4[RFC 2060]。

在使用 IMAP 时，所有收到的邮件同样是先送到 ISP 邮件服务器的 IMAP 服务器，而在用户的 PC 上运行 IMAP 客户程序，然后与 ISP 的邮件服务器上的 IMAP 服务器程序建立 TCP 连接。用户在自己的 PC 上就可以操纵 ISP 邮件服务器的邮箱，就像在本地操纵一样，因此 IMAP 是一个联机协议。当用户 PC 上的 IMAP 客户程序打开 IMAP 服务器的邮箱时，用户就可看到邮件的首部。若用户需要打开某个邮件，则该邮件才传到用户的计算机上。用户可以根据需要为自己的邮箱创建便于分类管理的层次式的邮箱文件夹，并且能够将存放的邮件从某一个文件夹中移动到另一个文件夹中。用户也可按某种条件对邮件进行查找。在用户未发出删除邮件的命令之前，IMAP 服务器邮箱中的邮件会一直保存着，这样就省去了用户 PC 硬盘上的大量存储空间。

IMAP 最大的好处就是用户可以在不同的地方使用不同的计算机(例如，使用办公室的计算机，或家中的计算机，或在外地使用笔记本计算机)随时上网阅读和处理自己的邮件。IMAP 还允许收信人只读取邮件中的某一个部分。例如，收到了一个带有视像附件(此文件可能很大)的邮件，用户使用的是无线上网，信道的传输速率很低，为了节省时间，可以先下载邮件的正文部分，待以后有时间再读取或下载这个很长的附件。

IMAP 的缺点是，如果用户没有将邮件复制到自己的 PC 上，则邮件一直是存放在

IMAP 服务器上，因此用户需要经常与 IMAP 服务器建立连接(因而许多用户要考虑所花费的上网费)。

最后再强调一下，不要把邮件读取协议 POP 或 IMAP 与邮件传送协议 SMTP 弄混，发信人的用户代理向源邮件服务器发送邮件，以及源邮件服务器向目的邮件服务器发送邮件，都是使用 SMTP 协议，而 POP 或 IMAP 则是用户从目的邮件服务器上读取邮件所使用的协议。

6.6　万维网 WWW

万维网即 WWW(World Wide Web)，简称 3W，它是目前 Internet 上最方便、最受欢迎的信息服务类型，它的影响力已远远超出了专业技术范畴，并且已经进入广告、新闻、销售、电子商务与信息服务等各个行业。在因特网的普及和网络用户的爆炸式增长中，万维网应用占据了最突出的贡献。

6.6.1　WWW 的概念

WWW 同样是建立在客户—服务器模型之上的。WWW 是以超文本标注语言 HTML (Hyper Text Markup Language)与超文本传输协议 HTTP(Hyper Text Transfer Protocol)为基础，能够提供面向 Internet 服务的、一致的用户界面的信息浏览系统。其中，WWW 服务器采用超文本链路来链接信息页，这些信息页既可放置在同一主机上，也可放置在不同地理位置的主机上；文本链路由统一资源定位器(Uniform Resource Locator，URL)维持，WWW 客户端软件(即 WWW 浏览器)负责信息显示与向服务器发送请求。

Internet 采用超文本和超媒体的信息组织方式，将信息的链接扩展到整个 Internet 上。目前，用户利用 WWW 不仅能访问 Web Server 的信息，而且可以访问 Gopher、FTP 等网络服务。因此，它已成为 Internet 上应用最广泛和最有前途的工具，并在商业范围内日益发挥着越来越重要的作用。

要想了解 WWW，首先要了解**超文本**(Hypertext)与**超媒体**(Hypermedia)的基本概念，因为它们正是 WWW 的信息组织形式。

一个超文本由多个信息源链接成，而这些信息源的数目实际上是不受限制的。利用一个链接可使用户找到另一个文档，而这又可链接到其他的文档。这些文档可以位于世界上任何一个接在因特网上的超文本系统中。超文本是万维网的基础。

超媒体与超文本的区别是文档内容不同。超文本文档仅包含文本信息，而超媒体文档还包含其他表示方式的信息，如图形、图像、声音、动画以及活动视频图像等。万维网就是一个分布式的超媒体系统，它是超文本系统的扩充。

6.6.2　HTTP 协议

超文本传输协议(Hyper Text Transfer Protocol，HTTP)位于 TCP/IP 协议的应用层，是最广为人知的协议，也是互联网中最核心的协议之一。同样，HTTP 也是基于客户—服务

计算机网络技术基础(微课版)

器模型实现的。事实上，我们使用的浏览器如 IE，是实现 HTTP 协议中的客户端，而一些常用的 Web 服务器软件如 Apache、IIS 是实现 HTTP 协议中的服务器端。Web 页由服务器端资源定位，传输到浏览器，经过浏览器的解释后，被客户所看到。

HTTP 协议是 Web 浏览器和 Web 服务器之间的应用层协议，是通用的、无状态的和面向对象的协议。

一个完整的 HTTP 协议会话过程包括 4 个步骤。

(1) 连接。Web 浏览器与 Web 服务器建立连接，打开一个 Socket 连接，标志着连接建立成功。

(2) 请求。Web 浏览器通过 Socket 向 Web 服务器提交请求。HTTP 的请求一般是 GET 或 POST 命令。

(3) 应答。Web 浏览器提交请求后，通过 HTTP 协议传送给 Web 服务器。Web 服务器接到后，进行事务处理，处理结果又通过 HTTP 传回给 Web 浏览器，从而在 Web 浏览器上显示出所请求的页面。

(4) 关闭连接。应答结束后 Web 浏览器与 Web 服务器必须断开，以保证其他 Web 浏览器能够与 Web 服务器建立连接。

了解 HTTP 功能最好的方法就是研究 HTTP 的报文结果。HTTP 有两类报文。

(1) 请求报文。从客户向服务器发送请求报文，如图 6-9(a)所示。

(2) 响应报文。从服务器向客户发送回答报文，如图 6-9(b)所示。

由于 HTTP 是面向正文的(Text-oriented)，因此报文中的每一个字段都是一些 ASCII 码串，因而每个字段的长度都是不确定的。

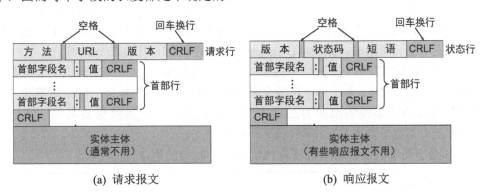

(a) 请求报文　　　　　　　　　　(b) 响应报文

图 6-9　HTTP 的报文结构

报文由三个部分组成，即**开始行、首部行**和**实体主体**。

开始行的作用是区分请求报文和响应报文。在请求报文中，开始行就是请求行，而在响应报文中的开始行叫作状态行。开始行的三个字段之间都用空格分隔开，最后的"CR"和"LF"分别代表"回车"和"换行"。请求报文的第一行"请求行"只有三个内容，即方法、请求资源的 URL，以及 HTTP 的版本。

首部行用来说明浏览器、服务器或报文主体的一些信息。首部可以有好几行，也可以不使用。每一个首部行中都有首部字段名和它的值，每一行在结束的地方都要有"回车"和"换行"。整个首部行结束时还有一空行将首部行和后面的实体主体分开。

实体主体是请求或响应的有效承载信息。在请求报文中一般不用实体主体字段，在响应报文中也可能没有这个字段。

6.6.3 超文本标记语言 HTML

现在计算机使用的字处理器种类繁多而版本各异，某一台计算机屏幕上显示出的文件，在另一台机器上就未必能显示出来。万维网要使任何一台计算机都能显示出任何一个万维网服务器上的页面，就必须解决页面制作的标准化问题。**超文本标记语言 HTML** (Hyper Text Markup Language)就是一种制作万维网页面的标准语言，它消除了不同计算机之间信息交流的障碍。

HTML 定义了许多用于排版的命令，即"**标签(Tag)**"。例如，<I>表示后面开始用斜体字排版，而</I>则表示斜体字排版到此结束。HTML 把各种标签嵌入万维网的页面中，这样就构成了所谓的 HTML 文档。HTML 文档是一种可以用任何文本编辑器创建的 ASCII 码文件。当浏览器从服务器读取某个页面的 HTML 文档后，就按照 HTML 文档中的各种标签，根据浏览器所使用的显示器的尺寸和分辨率大小，重新进行排版并恢复出所读取的页面。

元素(Element)是 HTML 文档结构的基本组成部分。一个 HTML 文档本身就是一个元素，**每个 HTML 文档由两个主要元素组成：首部(Head)和主体(Body)**，主体紧接在首部的后面。首部包含文档的标题(Title)，以及系统用来标识文档的一些其他信息。标题相当于文件名，用户可以使用标题来搜索页面和管理文档。文档的主体是 HTML 文档最主要的部分，文档所包含的主要信息都在主体中。当浏览器工作时，在浏览器的最上面的标题栏显示出文档的标题，而在浏览器最大的主窗口中显示的就是文档的主体。主体部分往往又由若干个更小的元素组成，如段落(Paragraph)、表格(Table)及列表(List)等。

HTML 用一对标签(即一个开始标签和一个结束标签)或几对标签来标识一个元素。开始标签由一个小于字符"<"、一个标签名和一个大于字符">"组成。结束标签和开始标签的区别只是在小于字符的前面要加上一个斜杠字符"/"。虽然标签名并不区分大小写，但习惯上大家都愿意用大写字符表示一个标签名。

图 6-10 是个简单例子，用来说明 HTML 文档中标签的用法。

```
<HTML>
<HEAD>
      <TITLE>一个 HTML 的例子</TITLE>
</HEAD>
<BODY>
<H1>HTML 很容易掌握</H1>
<P>这是第一个段落。</P>
  <P>这是第二个段落。</P>
</BODY>
</HTML>
```

图 6-10 HTML 文档示例

6.6.4　统一资源定位符 URL

HTML 的超链接使用**统一资源定位符**(Uniform Resource Locatior，URL)来定位信息资源所在的位置。通俗地说，URL 是 Internet 上用来描述信息资源的字符串，主要用在各种 WWW 客户程序和服务器程序上。采用 URL 可以用一种统一的格式来描述各种信息资源，包括文件、服务器的地址和目录等。

URL 的一般格式如下：

<URL 的访问方式>://<主机>:<端口>/<路径>

从上式可以看出，URL 由三部分组成。

第一部分是协议(或称为服务方式，也就是访问方式)。

第二部分是存有该资源的主机 IP 地址(有时也包括端口号)。

第三部分是主机资源的具体地址，如目录和文件名等。

在第一部分和第二部分之间用"://"符号隔开，第二部分和第三部分用"/"符号隔开。第一部分和第二部分是不可缺少的，第三部分有时可省略。

URL 通过访问类型来表示访问方式或使用的协议。

(1) 文件的 URL。

用 URL 表示文件时，服务器方式用 file 表示，后面要有主机 IP 地址、文件的存取路径(即目录)和文件名等信息。有时可以省略目录和文件名，但"/"符号不能省略。例如 file://ftp.skywww.com/pub/files/happy.txt，代表存放在主机 ftp.skywww.com 上的 pub/files/ 目录下的一个文件，文件名是 happy.txt。

(2) HTTP 的 URL。

对万维网站点的访问要使用 HTTP 协议。HTTP 的 URL 的一般形式是：

http://<主机>:<端口>/<路径>

HTTP 的默认端口号是 80，通常可省略。若再省略文件的路径项，则 URL 就指到因特网上的某个主页(Home Page)。例如，可通过 http://www.tsinghua.edu.cn 访问清华大学的主页。

(3) FTP 的 URL。

使用 FTP 访问站点的 URL 的最简单的形式如 ftp://rtfm.mit.edu，这里 ftp://rtfm.mit.edu 就是在麻省理工学院 MIT 的匿名服务器 rtfm 的因特网域名。如果不使用域名，而是把该服务器的点分十进制的 IP 地址写在双斜杠后，也是可以的。

某些 FTP 服务器要求用户提供用户名和口令，那么这时就要在<host>项之前输入用户名和口令。FTP 的默认端口号是 21，一般可省略。

6.7　动态主机配置协议 DHCP

随着网络规模的扩大和网络复杂度的提高，网络配置越来越复杂，经常出现计算机位置变化(如便携机或无线网络)和计算机数量超过可分配的 IP 地址的情况，动态主机配置协议 DHCP 就是为满足这些需求而发展起来的。

DHCP(Dynamic Host Configuration Protocol，动态主机配置协议)是由 IETF(Internet 网络工程师任务小组)设计的，详尽的协议内容在 RFC 2131 和 RFC 1541 文档里。它的前身是 BOOTP，BOOTP 原本是用于无磁盘主机连接在网络上面的，网络主机使用 BOOT ROM 而不是磁盘启动并连接网络，BOOTP 则可以自动地为那些主机设定 TCP/IP 环境。但 BOOTP 有一个缺点：在设定前，须事先获得客户端的硬件地址，而且与 IP 的对应是静态的。换言之，BOOTP 非常缺乏"动态性"，若在有限的 IP 资源环境中，BOOTP 的一一对应会造成非常可观的浪费。DHCP 可以说是 BOOTP 的增强版本。

在以下场合通常利用 DHCP 服务器来完成 IP 地址分配：网络规模较大，手工配置需要很大的工作量，并难以对整个网络进行集中管理；网络中主机数目大于该网络支持的 IP 地址数量，无法给每个主机分配一个固定的 IP 地址；大量用户必须通过 DHCP 服务动态获得自己的 IP 地址，而且，对并发用户的数目也有限制；网络中具有固定 IP 地址的主机比较少，大部分主机可以不使用固定的 IP 地址。

与 BOOTP 相比，DHCP 也采用客户—服务器通信模式，由客户端向服务器提出配置申请(包括分配的 IP 地址、子网掩码、默认网关等参数)，服务器根据策略返回相应配置信息，两种协议的报文都采用 UDP 进行封装，并使用基本相同的报文结构。

BOOTP 运行在相对静态(每台主机都有固定的网络连接)的环境中，管理员为每台主机配置专门的 BOOTP 参数文件，该文件会在相当长的时间内保持不变。

DHCP 从两方面对 BOOTP 进行了扩展：DHCP 可使计算机仅用一个消息就获取它所需要的所有配置信息；DHCP 允许计算机快速、动态地获取 IP 地址，而不是静态地为每台主机指定地址。

1. DHCP 的 IP 地址分配

1) IP 地址分配策略

对于 IP 地址的占用时间，不同主机有不同的需求：对于服务器，可能需要长期使用固定的 IP 地址；对于某些主机，可能需要长期使用某个动态分配的 IP 地址；而某些个人则可能只在需要时分配一个临时的 IP 地址就可以了。

针对这些不同的需求，DHCP 服务器提供三种 IP 地址分配策略。

(1) 手工分配地址。由管理员为少数特定主机(如 WWW 服务器等)配置固定的 IP 地址。

(2) 自动分配地址。为首次连接到网络的某些主机分配固定 IP 地址，该地址将长期由该主机使用。

(3) 动态分配地址。以"租借"的方式将某个地址分配给客户端主机，使用期限到期后，客户端需要重新申请地址。大多数客户端主机得到的是这种动态分配的地址。

2) IP 地址分配的优先次序

DHCP 服务器按照如下次序为客户端选择 IP 地址。

(1) DHCP 服务器的数据库中与客户端 MAC 地址静态绑定的 IP 地址。

(2) 客户端以前曾经使用过的 IP 地址，即客户端发送的 DHCP-request 报文中请求 IP 地址选项(Requested IP Addr Option)的地址。

(3) 在 DHCP 地址池中顺序查找可供分配的 IP 地址，最先找到的 IP 地址。

如果未找到可用的 IP 地址，则依次查询超过租期、发生冲突的 IP 地址，如果找到，则进行分配，否则报告错误。

2. DHCP 服务器的基本原理

在 DHCP 的典型应用中，一般包含一台 DHCP 服务器和多台客户端(如 PC 和便携机)，如图 6-11 所示。

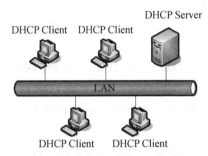

图 6-11　DHCP 服务器典型组网应用

DHCP 客户端为了获取合法的动态 IP 地址，在不同阶段与服务器之间交互不同的信息，通常存在以下三种模式。

1)　DHCP 客户端首次登录网络

DHCP 客户端首次登录网络时，主要通过 4 个阶段与 DHCP 服务器建立联系。

(1) 发现阶段。即 DHCP 客户端寻找 DHCP 服务器的阶段。客户端以广播方式发送 DHCP_discover 报文，只有 DHCP 服务器才会进行响应。

(2) 提供阶段。即 DHCP 服务器提供 IP 地址的阶段。DHCP 服务器接收到客户端的 DHCP_discover 报文后，从 IP 地址池中挑选一个尚未分配的 IP 地址分配给客户端，向该客户端发送包含出租 IP 地址和其他设置的 DHCP_offer 报文。服务器在发送 DHCP_offer 报文之前，会以广播的方式发送 ARP 报文进行地址探测，以保证发送给客户端的 IP 地址的唯一性。

(3) 选择阶段。即 DHCP 客户端选择 IP 地址的阶段。如果有多台 DHCP 服务器向该客户端发来 DHCP_offer 报文，客户端只接受第一个收到的 DHCP_offer 报文，然后以广播方式向各 DHCP 服务器回应 DHCP_request 报文，回应信息中包含 DHCP 服务器在 DHCP_offer 报文中分配的 IP 地址。

(4) 确认阶段。即 DHCP 客户端确认所提供 IP 地址的阶段。客户端收到 DHCP_ack 确认报文后，广播 ARP 报文，目的地址是被分配的 IP 地址。如果在规定的时间内没有收到回应，客户端才使用此地址。

除 DHCP 客户端选中的服务器外，其他 DHCP 服务器本次未分配出的 IP 地址仍可用于其他客户端的 IP 地址申请。

2)　DHCP 客户端再次登录网络

当 DHCP 客户端再次登录网络时，主要通过以下几个步骤与 DHCP 服务器建立联系。

(1)　DHCP 客户端首次正确登录网络后，以后再登录网络时，只需要广播包含上次分配 IP 地址的 DHCP_request 报文即可，不需要再次发送 DHCP_discover 报文。

(2)　DHCP 服务器收到 DHCP_request 报文后，如果客户端申请的地址没有被分配，则返回 DHCP_ack 确认报文,通知该 DHCP 客户端继续使用原来的 IP 地址。

(3) 如果此 IP 地址无法再分配给该 DHCP 客户端使用(例如已分配给其他客户端),DHCP 服务器将返回 DHCP_nak 报文。客户端收到后,重新发送 DHCP_discover 报文请求新的 IP 地址。

3) DHCP 客户端延长 IP 地址的租用有效期

DHCP 服务器分配给客户端的动态 IP 地址通常有一定的租借期限,期满后服务器会收回该 IP 地址。如果 DHCP 客户端希望继续使用该地址,需要更新 IP 租约(如延长 IP 地址租约)。

实际使用中,**在 DHCP 客户端启动或 IP 地址租约期限达到一半时,DHCP 客户端会自动向 DHCP 服务器发送 DHCP_request 报文,以完成 IP 租约的更新。**如果此 IP 地址有效,则 DHCP 服务器回应 DHCP_ack 报文,通知 DHCP 客户端已经获得新 IP 租约。

6.8 多媒体应用

6.8.1 流媒体技术概述

流媒体技术(Streaming Media Technology)是为解决以 Internet 为代表的中低带宽网络上多媒体信息(以视频、音频信息为重点)传输问题而产生、发展起来的一种网络技术。采用流媒体技术,能够有效地突破低比特率接入 Internet 方式下的带宽瓶颈,克服文件下载传输方式的不足,实现多媒体信息在 Internet 上的流式传输。

"流媒体"的概念包括以下两个层面。①**流媒体是计算机网络上需要实时传输的多媒体文件,**如声音、视频文件。在流媒体传输前需要将其压缩处理成多个压缩包,并附加上与其传输有关的信息(比如,控制用户端播放器正确播放的必要的辅助信息),形成实时数据流。数据流最大的特点是允许播放器及时反应而不用等待整个文件的下载。②**流媒体是对多媒体信息进行"流化"处理。**这种流技术把连续的影像和声音信息压缩处理后利用网络服务器,让用户一边下载一边观看、收听,而不需要等整个压缩文件下载到自己的机器后才可以观看。该技术先在使用者的计算机上创造一个缓冲区,在播放前预先下载一段资料作为缓冲,在网络实际连接速率小于播放所耗用资料的速度时,播放程序就会取用这一小段缓冲区内的资料,从而避免播放的中断,使得播放得以维持。

流媒体技术的关键是**流式传输、文件压缩和数据缓存**这三个方面。

在网络上传输多媒体信息目前主要有下载和流式传输两种方案。采用下载方式时,因为音频、视频文件一般较大,需要存储容量比较大,同时受网络带宽的限制,下载需要的时间也很长,所以这种处理方法延迟很大。而采用流式传输时,声音、影像或动画等多媒体信息由服务器向用户计算机连续实时传送,用户不必等到整个文件全部下载完毕,而只需经过几秒或数十秒的启动延时,即可进行观看。当多媒体信息在客户机上播放时,文件的剩余部分将在后台从服务器上继续下载,这大大节省了延时时间。流媒体实现的最关键技术就是区别于传统的下载技术的流式传输技术。

由于目前的存储容量和网络带宽还不能完全满足巨大的 A/V、3D 等多媒体数据流量的要求，所以对于 A/V、3D 等多媒体数据一般要将其进行预处理后才能存储或传输。预处理主要包括采用先进高效的压缩算法和降低质量(有损压缩)两个方面。同样，在流媒体技术中，进行流式传输的多媒体数据应首先经过特殊的压缩，然后分成一个个压缩数据包，由服务器向用户计算机连续、实时传送。

另外，与下载方式相比，尽管流式传输对于系统存储容量的要求大大降低，但它的实现仍需要缓存。这是因为 Internet 在传输数据过程中把数据分解为许多数据包，在网络内部采用无连接方式传送，由于网络是动态变化的，各个分组选择的路由可能不尽相同，故到达用户计算机的路径和时间延迟也就不同。也就是说，可能出现后面的数据先到达的情况。所以，必须使用缓存机制来弥补延迟和抖动的影响，使媒体数据能正确连续地输出，不会因网络暂时拥塞而使播放出现停顿。高速缓存使用环形链表结构来存储数据，通过丢弃已经播放的内容，可以重新利用空出的高速缓存空间来缓存后续的媒体内容，所以它需要的缓存空间较小。

总之，流媒体技术的特点使其与传统下载播放模式相比，具有如下优点：①不需要将全部数据下载，因此等待时间可以大大缩短；②流文件往往小于原始文件的数据量，并且用户也不需要将全部流文件下载到硬盘，从而节省了大量的磁盘空间；③流媒体技术采用的 RTSP 等实时传输协议更加适合动画、视音频在网上的实时传输。

Internet 的迅猛发展和普及为流媒体业务发展提供了强大的市场动力，流媒体业务正变得日益流行。流媒体技术广泛用于多媒体新闻发布、在线直播、网络广告、电子商务、视频点播(VOD)、远程教育、远程医疗、网络电台、实时视频会议等互联网信息服务的方方面面。流媒体技术的应用将为网络信息交流带来革命性的变化，对人们的工作和生活产生深远的影响。

6.8.2　流媒体的技术原理

实现流式传输有两种方法：**实时流式传输**(Real-time Streaming Transport)和**顺序流式传输**(Progressive Streaming Transport)。一般来说，如为实时广播，或使用流式传输媒体服务器，或应用实时流协议(RTSP)等，即为实时流式传输。如使用超文本传输协议(HTTP)服务器，文件即通过顺序流发送，采用哪种传输方法可以根据需要进行选择。当然，流式文件也支持在播放前完全下载到硬盘。

1. 实时流式传输

实时流式传输总是实时传送数据，特别适合现场广播，也支持随机访问，用户可快进或后退以观看后面或前面的内容。但实时流式传输必须保证媒体信号带宽与网络连接匹配，以便传输的内容可被实时观看。这意味着在以调制解调器速度连接网络时图像质量会较差，如果因为网络拥塞或出现问题而导致出错和丢失的信息都被忽略掉，那么图像质量将很差。实时流式传输需要专用的流媒体服务器与传输协议。

2. 顺序流式传输

顺序流式传输是顺序下载，在下载文件的同时用户可观看在线内容，在给定时刻，用户只能观看已下载的部分，而不能跳到还未下载的部分。由于标准的 HTTP 服务器可发送顺序流式传输的文件,也不需要其他特殊协议,所以顺序流式传输经常被称作 HTTP 流式传输。顺序流式传输比较适合高质量的短片段,如片头、片尾和广告,由于这种传输方式使可观看的部分是无损下载的,所以能够保证播放的最终质量。但这也意味着用户在观看前必须经历时延。顺序流式传输不适合长片段和有随机访问要求的情况,如讲座、演说与演示;也不支持现场广播,严格说来,它是一种点播技术。

流式传输的实现需要合适的传输协议。由于 TCP 需要较多的开销,故不太适合传输实时数据。在流式传输的实现方案中,一般采用 HTTP/TCP 来传输控制信息,而用实时传输协议/用户数据报协议(RTP/UDP)来传输实时数据。

流式传输的实现需要缓存。因为一个实时音视频源或存储的音视频文件在传输中被分解为许多数据包,而网络又是动态变化的,各个包选择的路由可能不相同,故到达客户端的时延也就不同,甚至先发的数据包有可能后到。为此,需要使用缓存系统来消除时延和抖动的影响,以保证数据包顺序正确,从而使媒体数据能够连续输出。通常高速缓存所需容量并不大,因为通过丢弃已经播放的内容,可以重新利用空出的空间来缓存后续尚未播放的内容。

流式传输的过程一般如下。

(1) 用户选择某一流媒体服务后,Web 浏览器与 Web 服务器之间使用 HTTP/TCP 交换控制信息,以便把需要传输的实时数据从原始信息中检索出来。

(2) Web 浏览器启动音视频客户程序,使用 HTTP 从 Web 服务器检索相关参数对音视频客户程序初始化,这些参数可能包括目录信息、音视频数据的编码类型或与音视频检索相关的服务器地址。

(3) 音视频客户程序及音视频服务器运行实时流协议,以交换音视频传输所需的控制信息,实时流协议提供执行播放、快进、快倒、暂停及录制等命令的方法。

(4) 音视频服务器使用 RTP/UDP 协议将音视频数据传输给音视频客户程序,一旦音视频数据抵达客户端,音视频客户程序即可播放输出。

需要说明的是,在流式传输中,使用 RTP/UDP 和 RTSP/TCP 两种不同的通信协议与音视频服务器建立联系,目的是能够把服务器的输出重定向到一个非运行音视频客户程序的客户机的目的地址。另外,实现流式传输一般需要专用服务器和播放器。

6.8.3　几种重要的流媒体技术

1. 流媒体编解码技术

由于视频数据的庞大性,传输未压缩的数字视频数据量对于目前的计算机和网络来说无论是存储还是传输都是不现实的,因此在多媒体中应用数字视频的关键问题是数字视频的压缩技术。

国际标准化组织(ISO)、国际电信联盟(ITU)制定了许多视频图像编码标准,如以 MPEG-1、MPEG-2 为代表的中高码率多媒体数据编码标准,以 H.261、H.263 和 H.264 为代表的低码率运动图像压缩标准,以及覆盖范围更宽、面向对象应用的 MPEG-4。此外,微软公司开发的 WMV9,压缩效率和重建图像质量与 H.264 不相上下,目前正在申请成为国际标准。我国正在制定具有自主知识产权的音视频编解码系统(AVS) 标准,其编码效率和重建图像质量也与 H.264 相当。其他一些国际公司也开发了自己的视频压缩标准，比如 ASF、nAVI、AVI、DIVx、QuickTime、Real Audio、Real Video 及 Real Flash 等。

2. 流媒体下载与播放

流媒体的播放主要有两种方式：下载后播放和边下载边播放。以万维网为例来分析，图 6-12 演示了流媒体下载后播放的整个过程。

(1) 用户从客户机(Client Machine)的浏览器上用 HTTP 协议向服务器请求下载某个音频/视频文件。

(2) 服务器如有此文件，就发送给浏览器。响应报文中就包含用户所要的音频/视频文件。整个下载过程可能会花费很长的时间。

(3) 当浏览器完全收下这个文件后，就可以传送给自己机器上的媒体播放器进行解压缩，然后播放。

当流媒体文件很大，下载需要耗费很长时间时，就需要边下载边播放的技术，以减少用户等待下载的时间。为了实现边下载边播放，可以把音视频文件存储在一个单独的**媒体服务器**(Media Server)上，只在万维网服务器上存储一个**元文件**(Metafile)。元文件是描述音视频文件的小文件，类似于 P2P 下载中的"种子文件"，浏览器从万维网服务器下载元文件，然后按照元文件中的信息去连接媒体服务器，并下载音视频文件，同时进行播放，整个过程如图 6-13 所示。

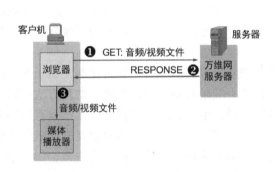

图 6-12 从万维网服务器下载后播放

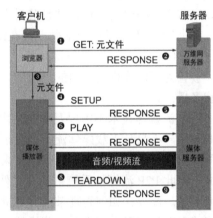

图 6-13 从媒体服务器边下载边播放

使用元文件下载音频/视频文件的步骤如下。

(1) 浏览器用户使用 HTTP 的 GET 报文接入万维网服务器。这个超链指向一个元文件，元文件中有实际的音频/视频文件的统一资源定位符 URL。

(2) 万维网服务器把该元文件装入 HTTP 响应报文的主体，发回给浏览器。

(3) 客户机浏览器调用相关的媒体播放器，把提取出的元文件传送给媒体播放器。

(4) 媒体播放器使用元文件中的 URL，向万维网服务器发送 HTTP 请求报文，要求下载音频/视频文件。

(5) 万维网服务器发送 HTTP 响应报文，把该音频/视频文件发送给媒体播放器，媒体播放器边下载、边解压缩、边播放。

3. P2P 技术

P2P(Peer-to-Peer)称为**对等网**。简单地说，P2P 技术是一种用于不同 PC 用户之间、不经过中继设备直接交换数据或服务的技术。它打破了传统的 Client/Server(客户机/服务器)模式，在对等网络中，每个节点的地位都是相同的，具备客户端和服务器双重特性，可以同时作为服务使用者和服务提供者。它依赖网络中参与者的计算能力和带宽，而不依赖于较少的几台服务器。

P2P 技术具有如下特点和优势。

(1) 非中心化。网络中的资源和服务分散在所有节点上，信息的传输和服务的实现都直接在节点之间进行，无须中间环节和服务器的介入，避免了可能的"瓶颈"，消除了单个资源带来的"瓶颈"，可以控制和实现网络上各节点的负荷平衡。

(2) 可扩展性。P2P 网络不仅能利用服务器资源，同时能合理地使用用户计算机的空闲资源。随着用户的加入，系统整体的资源和服务能力也在同步地扩充，从而能更高效地满足用户的需要。

(3) 健壮性。P2P 架构天生具有耐攻击、高容错的优点。由于其服务是分散在各个节点之间进行的，部分节点或网络遭到破坏对其他部分的影响很小。

因此，P2P 技术在网络电视、文件共享、在线通信、企业计算等应用领域显露出很强的技术优势。P2P 直播是最能体现 P2P 价值的表现。直播服务中，用户只能按照节目列表收看当前正在播放的节目，并且节目内容趋同，因此可以充分利用 P2P 的传递能力。理论上，在上/下行带宽对等的基础上，在线用户数可以无限扩展。2004 年香港科技大学开发的 CoolStreaming 原型系统将高可扩展和高可靠性的网状多播协议应用在 P2P 直播系统中，被誉为流媒体直播方面的里程碑，后期出现的 PPLive 和 PPStream 等系统都沿用了其网状多播模式。

P2P 流媒体技术不需要互联网路由器和网络基础设施的支持，性价比高，易于部署；流媒体用户不只是下载媒体流，而且还把媒体流上载给其他用户，因此，这种方法可以扩大用户组的规模，且由更多的需求带来更多的资源。由于 P2P 流媒体系统中节点存在不稳定性，因此 P2P 流媒体系统需要在文件定位技术、节点选择技术、容错以及安全机制方面有所突破。此外在如何管理节点并建立发布树、如何应付不可预知的节点失效、如何适应网络状态变化方面也面临着一些挑战。

4. 内容分发网络 CDN

采取点播方式进行播出、传输与接收流媒体内容的业务必须采用**内容分发网络**(Content Distribution Network，CDN)技术。CDN 的基本原理是在网络边缘设置流媒体内容缓存服务器，把经过用户选择的访问率极高的流媒体内容从初始的流媒体服务器复制、分发到网络边缘最靠近终端用户的缓存服务器上，当终端用户请求某点播类业务时，由 CDN 的管理和分发中心实时地根据网络流量和各缓存服务器的负载状况以及到用户的距离等信息，将用户的请求导向最靠近请求终端的缓存服务器并提供服务。

但 CDN 存在一些先天性不足。现有的 CDN 是由基于 PC 的流媒体业务发展而来的，大量用户同时选择同一内容时存在服务效率低、重定向机制复杂的问题，这使得其难以满足 IPTV 等业务的节目性要求。为解决这些问题，将 CDN 架构改造成 P2P 形式的媒体交付网络的研究目前已经大量展开。

使用 P2P 技术的 CDN(P2P CDN，PCDN)就是顺应电信运营商利用有效的 CDN 平台，管理无序的 P2P 技术的需求而产生的。PCDN 建立在传统的 CDN 系统基础上，在骨干网层次保留了原有的 CDN 系统的架构和功能，在边缘节点引入了 P2P 技术来进行文件及流媒体的共享，实现了 P2P 技术与 CDN 传输的结合。CDN 骨干网仍旧继承了 CDN 的内容缓存机制、全局负载均衡机制、骨干网内容分发流程、认证计费相关机制等基本技术特征。

为了避免骨干网上的流量对冲，PCDN 通过集中的分布式架构将 P2P 的流量严格限制在同一边缘节点的区域内。PCDN 传输的内容与原 CDN 的内容有所不同，它根据 P2P 协议对内容(包括文件和流)做切片处理后，P2P 用户将根据这些规则来完成 P2P 共享，P2P 在边缘层的引入大大降低了边缘服务器的压力，提高了文件传输和流媒体传输的效率，同时又充分利用了用户的闲置上行带宽。另外，PCDN 的用户采用客户端的方式，可以拓展更好的应用和服务，比如分众广告和差异性服务等。

PCDN 的网络架构采用三层结构，分为核心层、骨干层和边缘的 P2P 自治域，在核心节点部署应用及服务中心和管理中心，实现对 PCDN 网络的业务管理、运营支撑和业务生成。骨干节点部署节点设备，核心节点与骨干节点构成内容分发体系实现内容的有序分发和传送，P2P 自治域实现 P2P 的内容服务，通过骨干节点的设备进行管理、控制和服务保障。

PCDN 目前支持包括点播、直播、下载、广告、Web 2.0 等在内的多种业务，同时还支持 DRM、防盗链、客户端安全等安全机制。

6.8.4 因特网多媒体典型应用：IPTV

不同行业、组织或知识背景的人，对 IPTV 的含义存在不同的理解，因此 IPTV 在国际上有多个定义。直到 2006 年 4 月，作为全球化的标准化组织的 ITU-T 成立 IPTV 焦点工作组，给出了一个全球范围内认可的统一的定义：IPTV 是在 IP 网络上传送的包含电视、视频、文本、图形和数据等，提供 QoS/QoE 安全、交互性和可靠性的可管理的多媒体业务。

IPTV 具有以下特点。

(1) 连续内容流。IPTV 设计用于为每位观众传送视频流节目，这些内容流是连续的，每位观众可以选择想看的内容，但必须加入流进程中。观众可以选择观看的频道，但不能选择频道的内容。相比之下，网络视频的观众则可以选择观看的内容，并以设置的顺序播放。

(2) 多频道。通过 IPTV 网络传送的内容大多数是广播网络生产的，它们来自各个电视公司的节目频道。IPTV 适于传送直播内容，如体育比赛或颁奖典礼，网络中的硬件能够对连续内容流进行复制，并将其同时传送给成千上万的家庭。

(3) 统一的内容格式。大多数 IPTV 系统使用同一种视频编码格式，可以是 MPEG-2 或 MPEG-4 等，但 IPTV 提供商可以从中为所有的视频信号选择一种典型格式，从而不需要支持多种视频解压引擎。提供商还将输入内容转化为通用比特率，通常一种比特率是针对标准清晰度的(SD)，另一种是针对高清晰度的(HD)，大大简化了频道变化过程和带宽整体管理。

(4) 专用网传送。为了向成百上千的观众传送重复的频道内容，需要能够连续播放的视频流。在专用网中，通过仔细的工程设计可确保每个分组源是可控的，避免分组在超负荷情况下进入网络，而在互联网上，服务提供商无法对分组源和目标保持控制。

从物理结构上看，IPTV 分为三个子系统：**前端、承载网络、接收端**。

1) 前端

IPTV 系统的前端部分主要包括流媒体系统、用户管理系统、存储设备、编码器、信源转换设备等。

流媒体系统把经过数字化处理的视频内容以视频流的形式推送到网络中，使得用户可以仅下载部分视频文件即可开始观看，在观看的同时，后续视频内容将继续传输。流媒体系统中包括提供广播和点播服务的视频服务器。用户管理包括对 IPTV 业务用户的认证、计费、授权等功能，保证用户可以得到合理安全的服务。存储系统主要用于存储数字化后的供点播的视频内容和各类管理信息，考虑到数字化后的视频文件相当庞大，以及各类管理信息的重要性，存储系统必须兼顾海量和安全等特性。编码器按照一定的格式和码率特性要求，完成视频信号的数字化。信源接收系统完成各种视频信号源，如有线电视、卫星电视等的接收。

IPTV 系统前端的作用是：把实时性的视频信号(如卫星电视、有线电视等)或非实时性的视频节目(如 DVD、录像带等)通过接收系统送入编码器，编码输出的数字化文件按照实时广播或点播的要求分别被传送到广播流服务器和点播服务器，供点播的节目需要存储在存储设备中，流媒体服务器在用户管理系统的控制下把视频文件以视频流的方式推送到网络中去。

2) 承载网络

IPTV 传输主要依靠以 TCP/IP 为主的网络，包括骨干/城域网、宽带接入网和内容分发网等。骨干/城域网主要完成视频流在城市范围和城市之间的传送，目前，城域网主要采用千兆/万兆以太网，而长距离的骨干网则较多选用 SDH 或 DWDM 作为 IP 业务的承载网络。宽带接入网主要完成用户到城域网的连接，目前常见的宽带接入网包括 xDSL、LAN、WLAN 和双向 HFC 等，可以为用户提供数百 kbps 至 100Mbps 的带宽。内容分发网络(CDN)是一个叠加在骨干网/城域网之上的应用系统，其主要作用是将位于前端的视频内容存放到网络的边缘，以改善用户获得服务的质量，减少视频流对骨干/城域网的带宽压力。一般而言，IPTV 系统的前端直接连接在骨干/城域网上，视频流通过内容分发网被复制到位于网络边缘的宽带接入设备或边缘服务器中，然后通过宽带接入网传送到业务的接收端。由此可以看出，IPTV 业务中的视频流实际上是通过分布在全网边缘的各个宽带接入设备或边缘服务器与前端部分共同完成的。

3) 接收端

IPTV 系统的接收端包括计算机、电视、手机和其他智能终端设备。

计算机设备包括各种台式计算机以及各种可以移动的计算机，如 PDA 等。此类设备的特点是自身具备较强的处理能力，不仅可以独立完成视频解码显示任务，同时还可以安装其他软件完成信息交互、自动升级和远程管理等功能，如浏览器和终端管理代理等。

电视一般仅具备显示各类模拟和数字视频信号的能力。目前市场上大多数的模拟电视需要配备专门的数字视频处理设备(机顶盒)，才可以完成数字视频的显示工作；数字电视产品可以接收基于 DVB 的数字电视信号，但对于 IPTV 业务来说仍然需要增加相应的功能。

6.9　应用进程跨越网络的通信

如果还有一些特定的应用需要因特网的支持，但这些应用又不能直接使用已经标准化的因特网应用协议，那么我们应当做哪些工作？要回答这个问题就要先了解下面介绍的系统调用和应用编程接口。

6.9.1　系统调用和应用编程接口

大多数操作系统使用**系统调用**(System Call)的机制，在应用程序和操作系统之间传递控制权。对程序员来说，每一个系统调用和一般程序设计中的函数调用非常相似，只是系统调用是将控制权传递给了操作系统。图 6-14 说明了多个应用进程使用系统调用的机制。

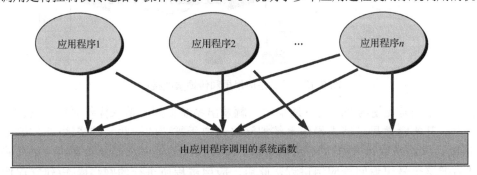

图 6-14　多个应用进程使用系统调用的机制

当某个应用进程启动系统调用时，控制权就从应用进程传递给了系统调用接口，这个接口再把控制权传递给计算机的操作系统，操作系统把这个调用转给某个内部过程，并执行所请求的操作。内部过程一旦执行完毕，控制权就又通过系统调用接口返回给应用进程。总之，只要应用进程需要从操作系统获得服务，就要把控制权传递给操作系统，操作系统在执行必要的操作后再把控制权返回给应用进程。因此，系统调用接口实际上就是应用进程的控制权和操作系统的控制权进行转换的一个接口。由于应用程序在使用系统调用之前要编写一些程序，特别是需要设置系统调用中的许多参数，因此这种系统调用接口又称为**应用程序接口**(Application Programming Interface，API)。

由于 TCP/IP 协议族被设计成能运行于多厂商的环境中，因此 TCP/IP 标准没有规定应用程序与 TCP/IP 协议软件如何接口的细节，而是允许系统设计者能够选择有关 API 的具体实现细节。

目前只有几种可供应用程序使用的 TCP/IP 应用编程接口 API。

(1)　美国加利福尼亚大学伯克利分校为 UNIX 操作系统定义了一种 API，又称为插口

(套接字)接口(Socket Interface)。

(2) 微软公司在其操作系统中采用了插口接口 API，形成了一个稍有不同的 API，并称为 Windows Socket。

(3) AT&T 为其 UNIX 系统 V 定义了一种 API，简写为 TLI(Transport Layer Interface)。

在网络环境下的计算机应用都有一个共同的特点，这就是：不同地点的计算机要通过网络进行通信，也就是说，某个计算机要读取另一个地点的计算机中的数据，或者要将数据从某个计算机写入另一个地点的计算机中。下面就将这种"读取""写入"的过程和系统调用联系起来。

应用进程之间是通过端口和传输层进行交互的，而两个计算机的通信还必须指明它们的 IP 地址，因此，我们也常用**插口**(Socket，也就是套接字)表示应用层和传输层之间的接口，如图 6-15 所示。此图虽是以 TCP 为例，但对 UDP 来说，插口的意义也是一样的。

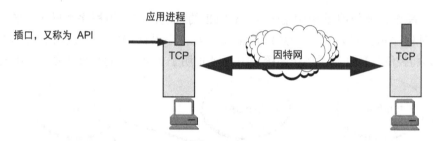

图 6-15　插口是应用层和传输层的接口

当应用进程需要使用网络进行通信时，就发出系统调用，请求操作系统为其创建一个"插口"，其实际效果是请求操作系统把网络通信所需要的一些系统资源(存储器空间、CPU 时间、网络带宽等)分配给该应用进程。操作系统将这些资源的总和用一个号码来表示，然后把这个号码返回给应用进程，此后，应用进程所进行的网络操作(建立连接、收发数据、调整网络通信参数等)都必须使用这个号码。所以，几乎所有的网络系统调用都把该号码作为第一个参数。在处理系统调用的时候，通过这个参数，操作系统就可以识别出应该使用哪些资源来完成应用进程所请求的服务。通信完毕后，应用进程通过一个关闭插口的系统调用通知操作系统回收与该"号码"相关的所有资源。由此可见，插口是应用进程为了获得网络通信服务而与操作系统进行交互时使用的一种机制。

也可以把插口看成是应用进程和网络之间的接口，因为插口既包含有传输层与应用层之间的端口号，又包含有机器的 IP 地址。插口和应用编程接口 API 是性质不同的接口。API 是从程序设计的角度定义了许多标准的系统调用函数，应用进程只要使用标准的系统调用函数就可得到操作系统的服务，因此，从这个意义上讲，**API 是应用程序和操作系统之间的接口**。

我们还应当记住：在插口以上的进程是受应用程序控制的，而在插口以下的 TCP 协议软件、TCP 使用的缓存和一些必要的变量等，则受计算机操作系统的控制。因此，只要应用程序使用 TCP/IP 协议进行通信，它就必须通过插口与操作系统交互(使用系统调用函数)并请求服务。我们应当注意到，应用程序的开发者对插口以上的应用进程具有完全的控制，但对插口以下的传输层却只有少量的控制，例如，选择传输层协议和一些传输层的参数(如最大缓存空间和最大报文长度等)等。

6.9.2　服务器的两种工作方式

服务器有两种不同的工作方式：**循环方式**和**并发方式**。循环方式是在计算机中一次只运行一个服务器进程，当有多个客户进程请求服务时，服务器进程就按请求的先后顺序依次做出响应。并发方式则可在计算机中同时运行多个服务器进程，而每一个服务器进程都对某个特定的客户进程做出响应。

服务器可使用 UDP 无连接的传输层协议，也可以使用 TCP 这样的面向连接的传输层协议。因此，从理论上讲，可以有 4 种不同的服务器：无连接循环服务器、无连接并发服务器、面向连接循环服务器和面向连接并发服务器。不过实际上人们只使用第 1 种和第 4 种。

1. 无连接循环服务器

无连接的 UDP 服务器通常工作在循环方式，这种工作方式的特点如图 6-16 所示，其中最主要的特点是一个服务器在同一时间只能向一个客户提供服务。

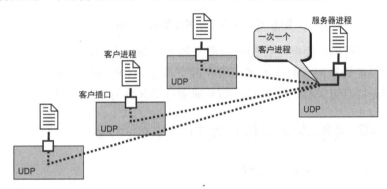

图 6-16　无连接循环服务器的特点

服务器收到客户的请求后，就发送 UDP 用户数据报作为响应，但对其他客户发来的请求则暂时不予理睬，这些请求都在服务器端的一个队列中排队等候服务器的处理。当服务器处理完毕一个请求时，就从队列中读取下一个客户请求，然后继续处理。

服务器从熟知端口接受来自客户的服务请求，所有请求服务的客户都通过服务器插口得到服务器的响应。每个客户使用自己创建的临时插口，即客户插口(端口号自己设定)。

2. 面向连接并发服务器

面向连接的 TCP 服务器通常工作在并发方式，这表示一个服务器在同一时间可以向多个客户提供服务。由于 TCP 的通信是面向连接的，因此在服务器和多个客户间必须建立多条 TCP 连接，而每一条 TCP 连接要在其数据传送完毕后才能释放。

使用 TCP 的服务器只能有一个熟知端口(这样才能使各地的客户找到这个服务器)，但建立多条连接又必须有多个插口，因此并发服务器采用这样的工作方式：主服务器在熟知端口等待客户发出请求，一旦收到客户的请求，就立即创建一个从属服务器，并指明从属服务器使用一个临时插口和该客户建立 TCP 连接，然后主服务器继续在原来的熟知端口等待向其他客户提供服务。假定再有一个客户提出服务请求，主服务器就再创建一个从属服务器，并指明它使用另一个临时插口和这个客户建立 TCP 连接。图 6-17 表示了这种情况。图中的主服务器共创建了三个从属服务器，它们分别在三个临时插口和三个不同地点的客户建立三条 TCP 连接。客户都使用客户插口。

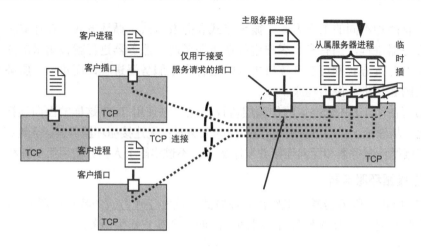

图 6-17　面向连接并发服务器的特点

从图 6-17 可看出，面向连接的并发服务器使用熟知端口就是为了接受服务请求，并发服务器之所以能够在同一时间和多个客户建立多条 TCP 连接，是因为创建了多个从属服务器。主服务器有时又称父服务器，而从属服务器又称为子服务器。

6.9.3　进程通过系统调用接口进行通信的过程

1. 无连接循环服务器的通信过程

使用 UDP 的服务器通常是无连接循环服务器，它通过熟知端口一次接受一个客户的服务请求。进程之间的通信过程如图 6-18 所示。

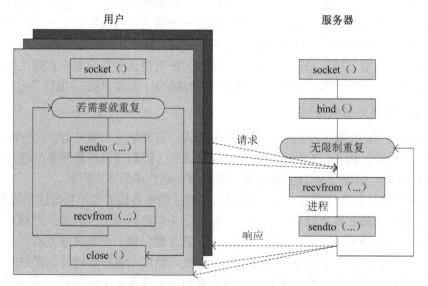

图 6-18　无连接循环服务器的通信过程

无连接循环服务器与用户通信过程中所用到的插口系统调用函数如下。

(1) **socket()调用**。用来创建一个插口。这个调用返回一个整数(即前面提到的"号码"),其标准名称是"插口描述符",该描述符唯一地定义了这个新创建的插口。

(2) **bind()调用**。指定插口所使用的 IP 地址和端口号,又称"本地插口地址"。

(3) **recvfrom()调用**。把到达插口的入队列中的下一个数据报提取出来。

(4) **sendto()调用**。一个数据报从出队列中取出,并用 UDP 发送给远程机器的一个进程。远程机器的插口地址是从 recvfrom()调用得到的。

(5) **close()调用**。用来关闭一个插口。

客户端往往不需要启动 bind()调用,因为操作系统会给新创建的插口指明一个本地插口地址(使用本地 IP 地址和临时的端口号)。

2. 面向连接并发服务器的通信过程

使用 TCP 的服务器都是面向连接的并发服务器,这种服务器可同时和多个客户建立连接,但服务器只使用一个熟知端口。服务器为每一条连接都要设置一个缓存,用来存放来自客户的报文段。这种服务器的最重要的特点是主服务器可以创建多个从属服务器。图 6-19 是面向连接并发服务器的通信过程。

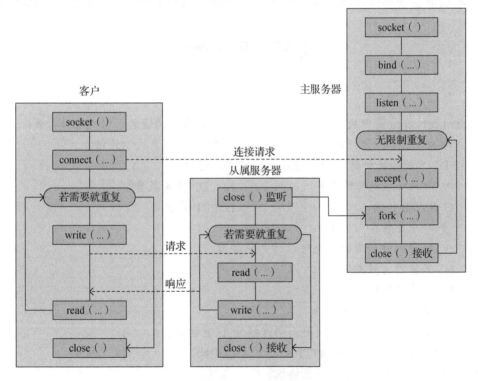

图 6-19   面向连接并发服务器的通信过程

在此对图 6-19 中新出现的系统调用函数简单解释如下。

(1) **listen()调用**。仅为 TCP 服务器使用的系统调用,其作用是使已经创建的插口变成被动插口,即监听插口。监听插口的用处不是和远程插口建立连接,而只是等待远程客户发出的连接请求。listen()调用通知操作系统:服务器已做好接受连接的准备。

(2) **connect()调用**。通常是客户进程使用的系统调用，其功能是向远程进程(通常是服务器)请求建立连接。

(3) **accept()调用**。TCP 服务器使用的系统调用，其作用是从入队列中提取最前面的连接请求。accept()调用的作用是创建一个新的插口，叫作接收插口，此后，客户将只和这个新创建的接收插口建立连接并通信，而不再和监听插口发生联系。

(4) **fork()调用**。创建一个和自己完全一样的从属进程(或子进程)。

(5) **read()调用**。读取从远程机器通过 TCP 连接传送到缓存中的数据。

(6) **write()调用**。通过 TCP 连接将数据发送到远程机器的缓存中。

要注意在 fork()调用完成后的那个时刻，客户同时连接到主服务器和从属服务器，主服务器和从属服务器都具有两个插口：监听插口和接收插口，因此，fork()调用完成后有两个不同的 close()调用。在 close()方框中注有"接收"二字的表明主服务器发出 close()调用来关闭接收插口，但监听插口仍然是打开的，因为还要等待下一个客户的连接请求。在close()方框中注有"监听"二字的表明从属服务器发出 close()调用来关闭监听插口，但接收插口仍然是打开的。

从属服务器用 read()调用读取入缓存中的数据，处理后，用 write()调用将结果发送给客户。在所有的服务结束后，从属服务器启动 close()调用来关闭这个通信用的插口。

习题与思考题六

一、单项选择题

1. mail.cctv.com 是中央台用于收发电子邮件的计算机的域名，它的端口号是(　　)。

    A. 80　　　　　　B. 81　　　　　　C. 79　　　　　　D. 78

2. TFTP 只提供文件传送的一些基本的服务，它使用(　　)。

    A. TCP 可靠的传输服务　　　　　　B. UDP 传输服务

    C. SMTP 传输　　　　　　　　　　D. POP 传输

3. 一个邮件服务器(　　)。

    A. 既可以作为客户，也可以作为服务器

    B. 只能作为服务器

    C. 只能收邮件

    D. 只能向用户发送邮件

4. 下面哪个应用层协议不使用面向连接的 TCP 协议? (　　)

    A. SMTP　　　　B. HTTP　　　　C. DNS　　　　D. Telnet

5. 下面哪个协议不属于应用层协议? (　　)

    A. SMTP　　　　B. ICMP　　　　C. SNMP　　　　D. Telnet

6. Internet 上的三大传统基本应用是(　　)。

    A. Telnet、FTP、E-mail　　　　　B. Telnet、FTP、WWW

    C. FTP、WWW、E-mail　　　　　D. WWW、BBS、SNMP

7. 以下软件中(　　)不是浏览器。

A. Outlook Express B. Netscape
C. Mosaic D. Internet Explorer

8. 将文件从 FTP 服务器传输到客户机的过程称为(　　)。

　　A. 浏览　　　　B. 下载　　　　C. 邮寄　　　　D. 上载

9. www.nankai.edu.cn 是用来标识 Internet 主机的(　　)。

　　A. MAC 地址　　B. 密码　　　　C. IP 地址　　　D. 域名

10. WWW 客户端和服务器之间相互通信使用(　　)协议。

　　A. FTP　　　　B. URL　　　　C. HTTP　　　　D. HTML

二、多项选择题

1. 下面哪些属于电子邮件协议? (　　)

　　A. SMTP　　　B. POP3　　　　C. IGMP　　　　D. IMAP

2. 实现万维网应用必须解决哪些问题? (　　)

　　A. 怎样标志万维网上的文档

　　B. 用什么协议实现浏览器与服务器文档请求和响应

　　C. 怎样编写万维网文档

　　D. 怎样查找万维网文档

3. FTP 协议所使用的连接是(　　)。

　　A. 控制连接　　B. 数据连接　　　C. 虚电路连接　　　D. UDP 连接

4. DHCP 客户端首次登录网络需要经历的步骤包括(　　)。

　　A. 发现阶段　　B. 提供阶段　　　C. 选择阶段　　　D. 确认阶段

5. 因特网多媒体应用使用的技术包括(　　)。

　　A. P2P 技术　　B. 隧道技术　　　C. 编解码技术　　　D. CDN

三、判断题

1. www.163.com 和 www.sina.com.cn 这两个域名中，com 的含义是相同的。　　(　　)

2. 流媒体的播放主要有下载后播放和边下载边播放两种方式。　　(　　)

3. DHCP 分配的 IP 地址是永久的。　　(　　)

4. MIME 协议的出现主要是为了改进 IMAP 协议。　　(　　)

5. API 是网络协议和操作系统之间的接口。　　(　　)

第7章 网 络 安 全

网络安全是一个非常庞大和复杂的交叉学科和知识体系，本章主要讲解网络安全技术相关的基础内容，为读者后续系统学习网络安全知识打下基础。本章的学习主要应以理解和掌握基本概念为主，通过本章学习，应该达到以下学习目标。

- 掌握网络安全与安全威胁。
- 熟练掌握常规密钥密码体制与公开密钥密码体制。
- 熟练掌握数字签名与身份认证技术。
- 熟练掌握防火墙的概念与设计策略。
- 掌握病毒与病毒的防治策略。
- 了解因特网商务中的加密协议 SSL 和 SET。
- 了解 IPSec 的组成和原理。

7.1 网络安全概述

随着世界经济的迅速发展和全球信息化大趋势的到来，人们对 Internet 的依赖越来越强。由于互联网是一个面向大众的开放系统，本身存在脆弱性，加上计算机网络技术的飞速发展，无论是在局域网还是在广域网中，都存在着自然和人为等诸多因素的脆弱性和潜在威胁，安全问题正日益突出，要求提高网络安全性的呼声也日益高涨。因此，为了保证网络信息的安全，必须采取相应的技术。目前网络中采用的安全技术主要包括物理安全、数据加密、网络认证技术、防火墙技术、入侵检测、网络安全协议和网络管理等。

7.1.1 网络安全的概念

网络安全是指网络系统的硬件、软件及其系统中的数据受到保护，不会由于偶然或恶意的原因而遭到破坏、更改、泄露等意外发生。网络安全是一个涉及计算机科学、网络技术、通信技术、密码技术、信息安全技术、应用数学、数论和信息论等多种学科的交叉学科。

计算机网络是计算机系统的扩展和延伸，一方面它具有信息安全的特点，另一方面又与主机系统式的计算机系统不同，计算机网络必须增加对通信过程的控制，加强网络环境下的身份认证，由统一的网络操作系统贯彻其安全策略，提高网络上各节点的整体安全性。根据这些特性，网络安全应包括以下几个方面：物理安全、人员安全、符合瞬时电磁脉冲辐射标准(TEMPEST)、信息安全、操作安全、通信安全、计算机安全和工业安全等，如图 7-1 所示。

我们可以建立如图 7-2 所示的网络安全模型。信息需要从一方通过某种网络传送到另一方，传送中居于主体地位的双方必须合作起来进行数据交换。通过通信协议(如 TCP/IP)

在两个主体之间可以建立一条逻辑信息通道。

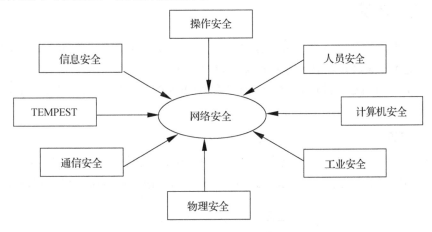

图 7-1　网络安全的组成

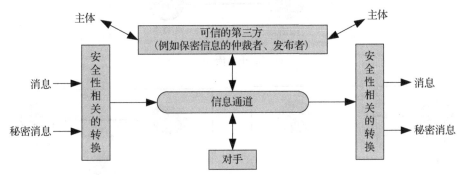

图 7-2　网络安全模型

网络安全模型的所有机制包括以下两部分。

(1)　对被传送的信息进行与安全相关的转换。图 7-2 中包含了消息的加密和以消息内容为基础的补充代码。加密消息使对手无法阅读，补充代码可以用来验证发送方的身份。

(2)　两个主体共享不希望对手得知的保密信息。例如，使用密钥连接，在发送前对信息进行加密转换，接收后再转换过来。

为防止对手对信息的机密性、可靠性等造成破坏，需要保护传送的信息，保证数据的安全性。为了实现安全传送，可能需要**可信任的第**三方。例如，第三方可能会负责向两个主体分发保密信息，而向其他对手保密；或者需要第三方将两个主体间传送信息可靠性的争端进行仲裁。

这种通用模型指出了设计特定安全服务的 4 个基本任务。

(1)　设计执行与安全性相关的转换算法，这种算法必须使对手不能破坏算法以实现其目的。

(2)　生成算法使用的保密信息。

(3)　开发分发和共享保密信息的方法。

(4)　指定两个主体要使用的协议，并且利用安全算法和保密信息来实现特定的安全服务。

7.1.2 安全威胁

安全威胁是指某个人、物、事件或概念对某一资源的机密性、完整性、可用性或合法性所造成的危害。某种攻击就是某种威胁的具体实现。

安全威胁可分为故意的(如黑客渗透)和偶然的(如信息被发往错误的地址)两类。故意威胁又可进一步分为被动和主动两类。

1. 安全攻击

对于计算机或网络安全性的攻击，最好通过在提供信息时查看计算机系统的功能来记录其特性。当信息从信源向信宿流动时，图 7-3 列出了信息正常流动和受到各种类型攻击的情况。

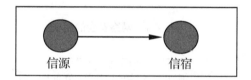

(a)正常流动

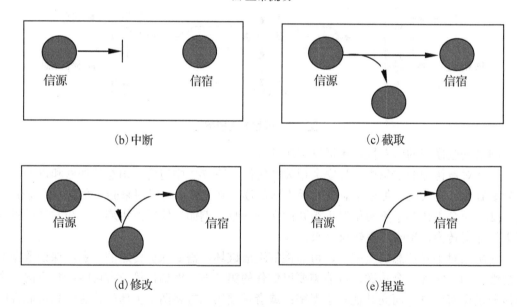

(b)中断 (c)截取

(d)修改 (e)捏造

图 7-3 安全攻击

(1) **中断**是指系统资源遭到破坏或变得不能使用，这是对可用性的攻击。例如，对一些硬件进行破坏、切断通信线路或禁用文件管理系统等。

(2) **截取**是指未授权的实体得到了资源的访问权，这是对保密性的攻击。未授权实体可能是一个人、一个程序或一台计算机等。例如，为了捕获网络数据的窃听行为，以及在未授权的情况下复制文件或程序的行为。

(3) **修改**是指未授权的实体不仅得到了访问权，而且还篡改了资源，这是对完整性的攻击。例如，在数据文件中改变数值、改动程序使它按不同的方式运行、修改在网络中传送的信息内容等。

(4) **捏造**是指未授权的实体向系统中插入伪造的对象，这是对真实性的攻击。例如，向网络中插入欺骗性的消息，或者向文件中插入额外的记录。

这些攻击可分为被动攻击和主动攻击两种。

被动攻击的特点是偷听或监视传送，其目的是获得正在传送的消息，但并不对通信过程进行破坏。被动攻击有：窃听和通信量分析等。

窃听就是获取和接收通信的内容。比如，对广播信道的局域网，只需要让网卡工作在**混杂方式**下，就可以接收下信道上所有的通信内容(不管这个帧是不是发往本站的)。

通信量分析又称为**流量分析**，用某种方法将信息内容隐藏起来，常用的技术是加密，这样，即使对手捕获了消息，也不能从中提取信息。对手可以通过确定位置和通信主机的身份，以及观察交换消息频率和长度，来猜测正在进行的通信特性。

主动攻击涉及修改数据或创建错误的数据流，包括假冒、重放、修改消息和拒绝服务等。假冒是一个实体假装成另一个实体，假冒攻击通常包括一种其他形式的主动攻击。重放涉及被动捕获数据单元及其后来的重新传送，以产生未经授权的效果。修改消息意味着改变了真实消息的部分内容，或将消息延迟或重新排序，导致未授权的操作。**拒绝服务**(Denial of Service，DOS)是指禁止对通信工具的正常使用或管理。这种攻击拥有特定的目标，例如，实体可以取消送往特定目的地址的所有消息(例如安全审核服务)。另一种拒绝服务的形式是整个网络的中断，这可以通过使网络失效而实现，或通过消息过载使网络性能降低。

主动攻击具有与被动攻击相反的特点。虽然很难检测出被动攻击，但可以采取措施防止它的成功。相反，很难绝对预防主动攻击，因为这样需要在任何时候对所有的通信工具和路径进行完全的保护。防止主动攻击的做法是对攻击进行检测，并从它引起的中断或延迟中恢复过来。因为检测具有威慑的效果，它也可以对预防做出贡献。

另外，从网络高层协议的角度，攻击方法可以概括地分为两大类：服务攻击与非服务攻击。

服务攻击(Application Dependent Attack)是针对某种特定网络服务的攻击，如针对 E-mail 服务、Telnet、FTP、HTTP 等服务的专门攻击。目前 Internet 应用协议集(主要是TCP/IP 协议集)缺乏认证、保密措施，是造成服务攻击的重要原因。现在有很多具体的攻击工具，如**邮件炸弹**(Mail Bomb)等，可以很容易实施对某项服务的攻击。

非服务攻击(Application Independent Attack)不针对某项具体应用服务，而是基于网络层等低层协议而进行的。TCP/IP 协议(尤其是 IPv4)自身的安全机制不足为攻击者提供了方便之门。

与服务攻击相比，非服务攻击与特定服务无关，往往利用协议或操作系统实现协议时的漏洞来达到攻击的目的，更为隐蔽，而且目前也是常常被忽略的方面，因而被认为是一种更为有效的攻击手段。

2. 基本的威胁

网络安全的基本目标是实现信息的机密性、完整性、可用性和合法性，4 个基本的安全威胁直接反映了这 4 个安全目标。一般认为，目前网络存在的威胁主要表现在以下几个方面。

(1) **信息泄露或丢失**。指敏感数据在有意或无意中被泄露出去或丢失，它通常包括信息在传输中丢失或泄露、信息在存储介质中丢失或泄露、通过建立隐蔽隧道等窃取敏感信息等。

(2) **破坏数据完整性**。指以非法手段窃得对数据的使用权，删除、修改、插入或重发某些重要信息，以取得有益于攻击者的响应；恶意添加、修改数据，以干扰用户的正常使用。

(3) **拒绝服务攻击**。它不断对网络服务系统进行干扰，改变其正常的作业流程，执行无关程序使系统响应减慢甚至瘫痪，影响正常用户的使用，甚至使合法用户被排斥而不能进入计算机网络系统或不能得到相应的服务。

(4) **非授权访问**。没有预先经过同意，就使用网络或计算机资源，被看作是非授权访问，如有意避开系统访问控制机制，对网络设备及资源进行非正常使用，或擅自扩大权限，越权访问信息。它主要有以下几种形式：假冒、身份攻击、非法用户进入网络系统进行违法操作、合法用户以未授权方式进行操作等。

3. 主要的可实现的威胁

有些威胁可以使基本威胁成为可能，因此十分重要，具体包括两类：**渗入威胁**和**植入威胁**。

(1) 主要的渗入威胁有假冒、旁路控制、授权侵犯。

① **假冒**。这是大多数黑客采用的攻击方法。某个未授权实体使守卫者相信它是一个合法的实体，从而攫取该合法用户的特权。

② **旁路控制**。攻击者通过各种手段发现本应保密却又暴露出来的一些系统"特征"，利用这些"特征"，攻击者绕过防线守卫者渗入系统内部。

③ **授权侵犯**。也称为"内部威胁"，授权用户将其权限用于其他未授权的目的。

(2) 主要的植入威胁有：特洛伊木马、陷门和病毒。

① **特洛伊木马**。攻击者在正常的软件中隐藏一段用于其他目的的程序，这段隐藏的程序段常常以安全攻击作为其最终目标。

② **陷门**。陷门是在某个系统或某个文件中设置的"机关"，使得当提供特定的输入数据时，允许违反安全策略。

③ **病毒**。在计算机程序中插入的破坏计算机功能或者破坏数据，影响计算机使用，并且能够自我复制的一组计算机指令或者程序代码，称为计算机病毒(Computer Virus)。病毒具有破坏性、复制性和传染性，它是能够通过修改其他程序而"感染"它们的一种程序，修改后的程序里面包含了病毒程序的一个副本，这样病毒就能够继续感染其他程序。

网络传播计算机病毒的破坏性大大高于单机系统，而且用户很难防范。在网络环境下，计算机病毒有不可估量的威胁性和破坏力，因此，计算机病毒的防范是网络安全性建设中重要的一环。网络反病毒技术包括预防病毒、检测病毒和消毒 3 种技术。

a. 预防病毒技术。它通过自身常驻系统内存，优先获得系统的控制权，监视和判断系统中是否有病毒存在，进而防止计算机病毒进入计算机系统和对系统进行破坏。这类技术有：加密可执行程序、引导区保护、系统监控与读写控制(如防病毒卡等)等。

b. 检测病毒技术。它是通过对计算机病毒的特征来进行判断的技术，如自身校验、关键字、文件长度的变化等。

c. 消毒技术。它通过对计算机病毒的分析，开发出具有删除病毒程序并恢复原文件的软件。

网络反病毒技术的具体实现方法包括对网络服务器中的文件频繁地进行扫描和监测；在工作站上使用防病毒芯片和对网络目录及文件设置访问权限等。

7.1.3　安全服务

为了消除上面所讲的众多安全威胁，计算机网络系统中需要以下 6 种最基本的安全服务。

(1) **机密性**(Confidentiality)。确保计算机系统中的信息或网络中传输的信息不会泄露给非授权用户。这是计算机网络中最基本的安全服务。

(2) **报文完整性**(Message Integrity)。确保计算机系统中的信息或网络中传输的信息不被非授权用户篡改和伪造，并能够对报文源进行鉴别。

(3) **不可否认性**(Nonrepudiation)。防止发送方或接收方否认发送或接收过某信息。在电子商务中这是一种非常重要的安全服务。

(4) **实体鉴别**(Entity Authentication)。通信实体能够验证正在通信的对端实体的真实身份，确保不会与冒充者进行通信。

(5) **访问控制**(Access Control)。系统具有限制和控制不同实体对信息资源或其他系统资源进行访问的能力。系统必须在鉴别实体身份的基础上对实体的访问权限进行控制。

(6) **可用性**(Availability)。确保授权用户能够正常访问系统信息和资源。很多攻击都会导致系统可用性的损失，拒绝服务攻击是可用性最直接的威胁。

从下一节开始，分别介绍实现以上安全服务的主要安全技术和安全机制。

7.2　加密与认证技术

随着信息交换的激增，对信息保密的需求也从军事、政治和外交等领域迅速扩展到民用和商用领域。计算机技术和微电子技术的发展为密码学理论的研究和实现提供了强有力的手段和工具，密码学已渗透到雷达、导航、遥控、通信、电子邮政、计算机、金融系统、各种管理信息系统，甚至家庭等各部门和领域。密码学也不仅仅是为了"保密"，还有认证、鉴别和数据签名等新功能。

数据加密是计算机网络安全很重要的一个部分，由于因特网本身的不安全性，为了确保数据安全，不仅要对口令进行加密，有时也要对在网上传输的文件进行加密。例如，为了保证电子邮件的安全，人们采用了数字签名这样的加密技术，并提供基于加密的身份认证技术。数据加密也使电子商务成为可能。

7.2.1　密码学的基本概念

密码学(或称密码术)是保密学的一部分。保密学是研究密码系统或通信安全的科学，它包含两个分支：密码学和密码分析学。**密码学**是对信息进行编码实现隐藏信息的一门学问，**密码分析学**是研究分析破译密码的学问，两者相互独立，而又相互影响。

1. 密码学

采用密码技术可以隐藏和保护需要保密的消息，使未授权者不能提取信息。需要隐藏的消息称为**明文**，明文被变换成另一种隐藏形式称为**密文**，这种变换称为**加密**。加密的逆过程，即从密文恢复为明文的过程称为**解密**。对明文进行加密时采用的一组规则称为**加密算法**，对密文解密时采用的一组规则称为**解密算法**，加密和解密算法所使用的参数称为**密钥**。加密密钥和解密密钥可以相同，也可以不同。

数据加密技术可以分为两大类，即**对称加密**和**非对称加密**。

(1) 对称加密又叫**对称密钥密码体制**，它使用单个密钥对数据进行加密或解密，即加密算法和解密算法使用相同的密钥。

其特点是计算量小、加密效率高。但是此类算法在分布式系统上使用较为困难，主要是密钥管理困难，使用成本较高，安全性能也不易保证。这类算法的代表是在计算机网络系统中广泛使用的 DES 算法(Digital Encryption Standard)。

(2) 非对称加密也称为公开密钥加密，或者叫**公钥密码体制**，其特点是有两个密钥(即公用密钥和私有密钥)，只有两者搭配使用才能完成加密和解密的全过程。一般来说，通信时**使用公钥进行加密，使用私钥进行解密**。

由于不对称算法拥有两个密钥，它特别适用于分布式系统中的数据加密，在 Internet 中得到广泛应用。其中公用密钥在网上公布，为数据发送方对数据加密时使用，而用于解密的相应私有密钥则由数据的接收方妥善保管。不对称加密的另一用法称为数字签名(Digital Signature)，即数据源使用其私有密钥对数据的校验(Checksum)或其他与数据内容有关的变量进行加密，而数据接收方则用相应的公用密钥解读"数字签字"，并将解读结果用于对数据完整性的检验。在网络系统中得到应用的不对称加密算法有 RSA 算法和美国国家标准局提出的 DSA 算法(Digital Signature Algorithm)。不对称加密法在分布式系统中应用时需注意的问题是如何管理和确认公用密钥的合法性。

除了对称密钥密码体制和公钥密码体制两种加密方式之外，还有一种加密方法叫作**不可逆加密算法**，它的特征是加密过程不需要密钥，并且经过加密的数据无法被解密，只有同样的输入数据经过同样的不可逆加密算法才能得到相同的加密数据。不可逆加密算法不存在密钥保管和分发问题，适合于在分布式网络系统上使用，但是其加密计算机工作量相当可观，所以通常用于数据量有限的情形下的加密，例如计算机系统中的口令就是利用不可逆算法加密的。随着计算机系统性能的不断改善，不可逆加密的应用逐渐增加。在计算机网络中应用较多的有 RSA 公司发明的 MD5 算法和由美国国家标准局建议的可靠不可逆加密标准(Secure Hash Standard，SHS)。

加密技术用于网络安全通常有两种形式，即面向网络服务或面向应用服务。

(1) **面向网络服务的加密技术**通过工作在网络层或传输层，使用经过加密的数据包传送、认证网络路由及其他网络协议所需的信息，从而保证网络的连通性和可用性不受损害。在网络层上实现的加密技术对网络应用层的用户通常是透明的。此外，通过适当的密钥管理机制，使用这一方法还可以在公用的互联网络上建立虚拟专用网络并保障虚拟专用网上信息的安全性。

(2) **面向应用服务的加密技术**则是目前较为流行的加密技术的使用方法，例如使用Kerberos 服务的 Telnet、NFS、Rlogin 等，以及用作电子邮件加密的 PEM(Privacy Enhanced Mail)和 PGP(Pretty Good Privacy)。这类加密技术的优点是实现相对较为简单，不需要对电子信息(数据包)所经过的网络的安全性能提出特殊要求，对电子邮件数据实现了端到端的安全保障。

从通信网络的传输方面，数据加密技术还可分为以下 3 类：链路加密方式、节点到节点方式和端到端方式。

(1) **链路加密方式**是一般网络通信安全采用的主要方式，它对网络上传输的数据报文进行加密。不但对数据报文的正文进行加密，而且把路由信息、校验码等控制信息全部加密，所以，当数据报文到某个中间节点时，必须被解密以获得路由信息和校验码，进行路由选择、差错检测，然后再被加密，发送到下一个节点，直到数据报文到达目的节点为止。

(2) **节点到节点加密方式**是为了解决节点中数据是明文的缺点，在中间节点里装有加、解密的保护装置，由这个装置来完成一个密钥向另一个密钥的交换。因而，除了在保护装置内，即使在节点内也不会出现明文。但是这种方式和链路加密方式一样，有一个共同的缺点：需要目前的公共网络提供者配合，修改他们的交换节点，增加安全单元或保护装置。

(3) **端到端加密方式**是由发送方加密的数据，在没有到达最终目的节点之前是不被破解的，加、解密只在源、宿节点进行，因此，这种方式可以实现按各种通信对象的要求改变加密密钥以及按应用程序进行密钥管理等，而且采用这种方式可以解决文件加密问题。链路加密方式和端到端加密方式的区别是：链路加密方式是对整个链路的通信采用保护措施，而端到端方式则是对整个网络系统采取保护措施，因此，端到端加密方式是将来的发展趋势。

2. 密码分析学

试图发现明文或密钥的过程称为密码分析。密码分析人员使用的策略取决于加密方案的特性和分析人员可用的信息。密码分析的过程通常包括：分析(统计所截获的消息材料)、假设、推断和证实等步骤。

表 7-1 总结了各类加密消息的破译类型，这些破译是以分析人员所知的信息总量为基础的。当一切都具备时，最困难的问题就是密文了，在一些情况下，分析人员可能根本就不知道加密算法，但一般可以认为已经知道了加密算法。在这种情况下，最可能的破译就是用蛮用攻击(或称为**穷举攻击**)来尝试各种可能的密钥。如果密钥空间很大，这种方法就行不通了，因此，必须依赖于对密文本身的分析，对它使用各种统计测试。为了使用这种方法，人们必须对隐藏明文的类型有所了解，如英文或法语文本、MS-DOS TXT 文本、Java 源程序清单、记账文本等。

表 7-1　加密消息的破译类型

破译类型	密码分析人员已知的内容
仅密文	加密算法、要解密的密文
已知明文	加密算法、要解密的密文、使用保密密钥生成的一个或多个明文—密文对
选择明文	加密算法、要解密的密文、密码分析人员选择的明文消息,以及使用保密密钥生成的对应的密文对
选择密文	加密算法、要解密的密文、密码分析人员选择的密文,以及使用保密密钥生成的对应的解密明文
选择文本	加密算法、要解密的密文、密码分析人员选择的明文消息,以及使用保密密钥生成的对应的密文对、密码分析人员选择的密文,以及使用保密密钥生成的对应的解密明文

　　只针对密文的破译是比较困难的,因为人们的可用信息量很少。但是,在很多情况下,分析者拥有更多的信息,他们能够捕获一些或更多的明文信息及其密文,或者已经知道信息中明文信息出现的格式,例如,Postscript 格式中的文件总是以同样的方式开始,或者电子资金的转账存在着标准化的报头或标题等,这些都是已知明文的示例。拥有了这些知识,分析者就能够在已知明文传送方式的基础上推导出密钥。

　　与已知明文的攻击方式密切相关的可能是词语攻击方式。如果分析者面对的是一般平铺直叙的加密消息,则几乎就不能知道消息的内容是什么。但是,如果分析者拥有一些非常特殊的信息,就有可能知道消息中其他部分的内容。

7.2.2　对称密钥密码体制

1. 置换密码和易位密码

　　所有对称加密算法都是建立在两个通用原则之上的:置换和易位。**置换**是将明文的每个元素(比特、字母、比特或字母的组合)映射成其他元素。**易位**(或称**移位**)是对明文的元素进行重新布置。没有信息丢失是基本的要求(也就是说,所有操作都是可逆的)。大多数系统(指产品系统)都涉及多级置换和易位。

1) 置换密码(Substation Cipher)

　　在置换密码中,每个或每组字母由另一个或另一组伪装字母所替换。最古老的一种置换密码是 Julius Caesar 发明的**凯撒密码**,这种密码算法对原始消息(明文)中的每一个字母都用该字母后的第 n 个字母来替换,其中 n 就是密钥。例如使加密字母向右移 3 个字母,即 a 换成 D,b 换成 E,c 换成 F…z 换成 C 等。

　　由于凯撒密码的整个密钥空间只有 26 个密钥,只要知道加密算法采用的是凯撒密码,对其进行破译就是轻而易举的事了,因为破译者最多只需尝试 25 次就可以知道正确的密钥。

　　对凯撒密码的一种改进方法是把明文中的字符换成另一个字符,如将 26 个字母中的每一个字母都映射成另一个字母。例如下面的映射。

明文:a b c d e f g h i j k l m n o p q r s t u v w x y z

密文:Q B E L C D F H G I A J N M K O P R S Z U T W V Y X

这种方法称为单字母表替换，其密钥是对应于整个字母表的 26 个字母串。按照此例中的密钥，明文 attack 加密后形成的密文是 QZZQEA。

采用单字母表替换时，密钥的个数有 26! = 4×1026 个。虽然破译者知道加密的一般原理，但他并不知道使用的是哪一个密钥，即使使用 1μs 试一个密钥的计算机，试遍全部密钥也要用 1013 年的时间。

这似乎是一个很安全的系统，但破译者通过统计所有字母在密文中出现的相对频率，猜测常用的字母、2 字母组、3 字母组，了解元音和辅音的可能形式，就可逐字逐句地破解出明文。

2) **易位密码**(Transposition Cipher)

它只对明文字母重新排序，但不隐藏它们。列易位密码是一种常用的易位密码，该密码的密钥是一个不含任何重复字母的单词或词语。

要破译易位密码，破译者首先必须知道密文是用易位密码写的。通过查看 E、T、A、O、I、N 等字母的出现频率，容易知道它们是否满足明文的普通模式，如果满足，则该密码就是易位密码，因为在这种密码中，各字母就表示其自身。

破译者随后猜测列的个数，即密钥的长度，最后确定列的顺序。在许多情形下，从信息的上下文可猜出一个可能的单词或短语，破译者通过寻找各种可能性，常常能轻易地破解易位密码。

2. 分组密码和序列密码

对称加密算法按明文的处理方法可分为：分组密码和序列密码。分组密码或称为**块密码**(Block Cipher)一次处理一块输入元素，每个输入块生成一个输出块。序列密码或称为**流密码**(Stream Cipher)对输入元素进行连续处理，每次生成一个输出块。

1) 分组密码

分组密码的加密方式是首先将明文序列以固定长度进行分组，每一组明文用相同的密钥和加密函数进行运算。一般为了减少存储量和提高运算速度，密钥的长度有限，因而加密函数的复杂性成为系统安全的关键。

分组密码设计的核心是构造既具有可逆性又有很强的非线性的加密算法。加密函数重复地使用替换和易位两种基本的加密变换，也就是香农在 1949 年发现的隐蔽信息的两种技术：打乱和扩散。打乱(Confusion)是改变信息块使输出位与输入位之间无明显的统计关系。扩散(Diffusion)是通过密钥的效应把一个明文位转移到密文的其他位上。另外，在基本加密算法前后，还要进行移位和扩展等。

分组密码的优点是：明文信息良好的扩散性、对插入的敏感性、不需要密钥同步、较强的适用性、适合作为加密标准等。

分组密码的缺点是：加密速度慢、错误扩散和传播等。

2) 序列密码

序列密码的加密过程是把报文、话音、图像、数据等原始信息转换成明文数据序列，然后将明文数据序列同密钥序列进行逐位模 2 加(即异或运算)运算，生成密文序列发送给接收者。接收者用相同密钥序列进行逐位解密来恢复明文序列。

序列密码的安全性主要依赖于密钥序列。密钥序列是由少量的制乱素(密钥)通过密钥序列产生器产生的大量伪随机序列。布尔函数是密钥序列产生器的重要组成部分。

序列密码的优点是：处理速度快、实时性好、错误传播小、不易被破译，适用于军事、外交等保密信道。

序列密码的缺点是：明文扩散性差，需要密钥同步。

3. 对称加密的模型

对称密钥加密体系的方案包括 5 个组成部分。

(1) 明文。作为算法输入的原始信息。

(2) 加密算法。加密算法可以对明文进行多种置换和转换。

(3) 共享的密钥。共享的保密密钥也是对算法的输入，算法实际进行的置换和转换由保密密钥决定。

(4) 密文。作为输出的混合信息，它由明文和保密密钥决定。对于给定的信息来讲，两种不同的密钥会产生两种不同的密文。

(5) 解密算法。这是加密算法的逆向算法，它以密文和同样的保密密钥作为输入，并生成原始明文。

对称密钥加密体系的模型如图 7-4 所示。

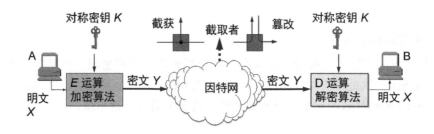

图 7-4 对称加密模型

目前经常使用的一些常规加密算法有**数据加密标准**(Data Encryption Standard，DES)、三重 DES(3DES，或称 TDEA)、Rivest Cipher5(RC5)、国际数据加密算法(International Data Encryption Algorithm，IDEA)等。

最常用的加密方案是美国国家标准和技术局(NIST)在 1977 年采用的数据加密标准(DES)，它作为联邦信息处理第 46 号标准(FIPS PUB 46)。1984 年，NIST“再次肯定”DES 以 FIPS PUB 46-2 的名义供联邦再使用 5 年。算法本身以数据加密算法(Data Encryption Algorithm，DEA)被引用。DES 本身虽已不再安全，但其改进算法的安全性还是相当可靠的。

TDEA 最初是由 Tuchman 提出的，在 1985 年的 ANSI 标准 X9.17 中第一次为金融应用进行了标准化。在 1999 年，TDEA 合并到数据加密标准中，文献号为 FIPS PUB 46-3。

RC5 是由 Ron Rivest(公钥算法 RSA 的创始人之一)在 1994 年开发出来的，其前身 RC4 的源代码在 1994 年 9 月被人匿名张贴到 Cypherpunks 邮件列表中，泄露了 RC4 的算法。RC5 是在 RFC2040 中定义的，RSA 数据安全公司的很多产品都已经使用了 RC5。

国际数据加密算法 IDEA 完成于 1990 年，开始时称为 PES(Proposed Encryption Standard)算法，1992 年被命名为 IDEA。IDEA 算法是当今最好最安全的分组密码算法。

4．对称加密的基本要求

(1) 需要强大的加密算法。算法至少应该满足这个要求，即使对手知道了算法并能访问一些或更多的密文，也不能破译密文或得出密钥。通常，这个要求以更强硬的形式表达出来，那就是，即使对方拥有一些密文和生成密文的明文，也不能破译密文或发现密钥。

(2) 发送方和接收方必须用安全的方式来获得保密密钥的副本，必须保证密钥的安全。如果有人发现了密钥，并知道了算法，则使用此密钥的所有通信便都是可读取的。

最重要的是要注意，常规机密的安全性取决于密钥的保密性，而不是算法的保密性。也就是说，如果知道了密文和加密及解密算法的知识，解密消息也是不可能的。换句话说，不需要使算法是秘密的，而只需要对密钥进行保密即可。

7.2.3　公钥密码体制

公钥密码体制最初是由 Diffie 和 Hellman 在 1976 年提出的，这是几千年来文字加密的第一次真正革命性的进步。因为公钥是建立在数学函数基础上的，而不是建立在位方式的操作上的。更重要的是，公钥加密是不对称的，与只使用一种密钥的对称常规加密相比，它涉及两位独立密钥的使用。这两种密钥的使用已经对机密性、密钥的分发和身份验证领域产生了深远的影响。

公钥加密算法可用于以下一些方面：数据完整性、数据保密性、发送者不可否认和发送者认证等。

1．公钥加密体制的模型

与对称密码体制相比，公钥密码体制有两个不同的密钥，它可将加密功能和解密功能分开。一个密钥称为私钥，它被秘密保存。另一个密钥称为公钥，不需要保密。对于公钥加密，正如其名，其加密算法和公钥都是公开的，可发表在一篇可供任何人阅读的文章中。

公钥密码体制的加密模型如图 7-5 所示。

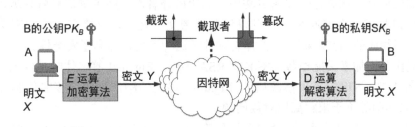

图 7-5　公钥密码体系的加密模型

公钥加密方案由 6 个部分组成。

(1) 明文。作为算法输入的可读消息或数据。

(2) 加密算法。加密算法对明文进行各种各样的转换。

(3) 公共密钥。又称公钥，公钥和私钥由接收者一次性**成对生成**，但是只有公钥被公开，用来加密。任何用户想要发送消息给该接收者，就应当用接收者的公钥来加密要发送的消息。

(4) 私有密钥。又称私钥，私有密钥只有接收者自己知道，用来解密密文。

(5) 密文。作为输出生成的杂乱的消息，它取决于明文和密钥。对于给定的消息，两种不同的密钥会生成两种不同的密文。

(6) 解密算法。这个算法以密文和对应的私有密钥为输入，生成原始明文。通常公钥加密算法在加密时使用一个密钥，在解密时使用不同但相关的密钥。

在公钥加密体制下，每个用户都生成一对加密和解密时使用的密钥。每个用户都在公共寄存器或其他访问的文件中放置一个密钥，这个就是公钥。另一个密钥为私钥。每个用户都要保持从他人那里得到的公钥集合。用这种方法，所有的参与者都可以访问公钥，而私钥却由每个参与者个人生成并拥有，不需传送。如果用户能够保护好他的私钥，则接收的消息就是安全的。用户可以随时改变私钥并发布新的公钥来替换旧公钥。

2. 常用的公钥加密体制

1) RSA 公钥体制

RSA 公钥体制是 1978 年 Rivest、Shamir 和 Adleman 提出的一个公开密钥密码体制，以其发明者姓名的首字母命名，被认为是迄今为止理论上最为成熟完善的一种公钥密码体制。该体制的构造基于 Euler 定理，利用了如下的基本事实：寻找大素数是相对容易的，而分解两个大素数的积在计算上是不可行的。

RSA 算法的安全性建立在难以对大数提取因子的基础上。所有已知的证据都表明，大数的因子分解是一个极其困难的问题。

与对称密码体制如 DES 相比，RSA 的缺点是加密、解密的速度太慢。因此，RSA 体制很少用于数据加密，而多用在数字签名、密钥管理和认证等方面。

2) Elgamal 公钥体制

1985 年，Elgamal 构造了一种基于离散对数的公钥密码体制，这就是 Elgamal 公钥体制。Elgamal 公钥体制的密文不仅依赖于待加密的明文，而且依赖于用户选择的随机参数，即使加密相同的明文，得到的密文也是不同的。由于这种加密算法的非确实性，又称其为概率加密体制。在确定性加密算法中，如果破译者对某些关键信息感兴趣，则他可事先将这些信息加密后存储起来，一旦以后截获密文，就可以直接在存储的密文中进行查找，从而求得相应的明文。概率加密体制弥补了这种不足，提高了安全性。

与既能作公钥加密又能作数字签名的 RSA 不同，Elgamal 签名体制是仅为数字签名而构造的签名体制，NIST 采用修改后的 Elgamal 签名体制作为数字签名体制标准，破译 Elgamal 签名体制等价于求解离散对数问题。

目前许多商业产品采用的公钥算法还有：Diffie-Hellman 密钥交换、数据签名标准 DSS 和椭圆曲线密码术等。

7.3　数字签名和身份认证

在日常生活中可以根据亲笔签名和印章来证明书信或文件的真实来源，而在计算机网络中也有类似的技术，为消息盖上"电子印章"，这就是**数字签名**(Digital Signature)技术。此外，有时还需要验证通信对端的真实身份，确保对方不是被另一个人冒充的，这就要用到**身份认证**技术。通过数字签名和身份认证，可以实现对真实性的双重确认：即收到的消息是真的，对面和我通信的人也是真的。

7.3.1 数字签名技术

数字签名(又称公钥数字签名、电子签章)是一种类似写在纸上的普通的物理签名，以电子形式存在于数据信息之中，或作为其附件的或逻辑上与之有联系的数据，可用于辨别数据签署人的身份，并表明签署人对数据信息中包含的信息的认可。数字签名使用了公钥加密领域的技术实现，用于鉴别数字信息。一套数字签名通常定义两种互补的运算，一个用于签名，另一个用于验证。数字签名必须保证以下三点。

(1) **接收者能够核实发送者对报文的签名。**
(2) **发送者事后不能抵赖对报文的签名。**
(3) **任何一方都不能伪造对报文的签名。**

数字签名提供了一种鉴别方法，普遍用于银行、电子商业等，以防范下列问题。

(1) 伪造。接收者伪造一份文件，声称是对方发送的。
(2) 冒充。网上的某个用户冒充另一个用户发送或接收文件。
(3) 篡改。接收者对收到的文件进行局部的修改。
(4) 抵赖。发送者或接收者最后不承认自己发送或接收的文件。

数字签名一般往往通过公开密钥来实现。在公开密钥体制下，加密密钥是公开的，加密和解密算法也是公开的，保密性完全取决于解密密钥。只知道加密密钥不可能计算出解密密钥，只有知道解密密钥的合法解密者，才能正确解密，将密文还原成明文。从另一角度，解密密钥代表解密者的身份特征，可以作为身份识别参数，因此，可以用解密密钥进行数字签名，并发送给对方。接收者收到信息后，只要利用发信方的公开密钥进行解密运算，如能还原出明文来，就可证明接收者的信息是经过发信方签名了的。接收者和第三者不能伪造签名的文件，因为只有发信方才知道自己的解密密钥，其他人是不可能推导出发信方的私人解密密钥的，这就符合数字签名的唯一性、不可仿冒、不可否认的特征和要求。

7.3.2 身份认证技术

身份认证技术是在计算机网络中确认操作者身份的过程中产生的解决方法。计算机网络世界中，一切信息(包括用户的身份信息)都是用一组特定的数据来表示的，计算机只能识别用户的数字身份，所有对用户的授权也是针对用户数字身份的授权。如何保证以数字身份进行操作的操作者就是这个数字身份的合法拥有者，也就是说保证操作者的物理身份与数字身份相对应，就需要身份认证技术。作为防护网络资产的第一道关口，身份认证有着举足轻重的作用。网络用户的身份认证可以通过下述 3 种基本途径之一或它们的组合来实现。

(1) 所知(Knowledge)。个人所掌握的密码、口令等。
(2) 所有(Possesses)。个人的身份认证、护照、信用卡、钥匙等。
(3) 个人特征(Characteristics)。人的指纹、声音、笔记、手型、血型、视网膜、

DNA，以及个人动作方面的特征等。

根据安全要求和用户可接受的程度，以及成本等因素，可以选择适当的组合来设计一个自动身份认证系统。

在安全性要求较高的系统中，由口令和证件等提供的安全保障是不完善的，口令可能被泄露，证件可能被伪造。更高级的身份验证是根据用户的个人特征来进行确认，它是一种可信度高，而又难以伪造的验证方法。

新的、广义的生物统计学正在成为网络环境中身份认证技术中最简单而安全的方法。它是利用个人所特有的生理特征来设计的，个人特征包括很多，如容貌、肤色、身材等。当然，采用哪种方式还要看是否能够方便地实现，以及是不是能够被用户所接受。个人特征都具有"因人而异"和随身"携带"的特点，不会丢失且难以伪造，适用于高级别个人身份认证的要求。

7.4 防 火 墙

防火墙是由软件、硬件构成的系统，用来在两个网络之间实施接入控制策略。接入控制策略是由使用防火墙的单位自行制定的，为的是可以最适合本单位的需要。防火墙内的网络称为**可信赖网络**(Trusted Network)，而将外部的因特网称为**不可信赖网络**(Untrusted Network)，防火墙可用来解决内联网和外联网的安全问题。

7.4.1　防火墙概述

一般来说，防火墙是设置在被保护网络和外部网络之间的一道屏障，以防止发生不可预测的、潜在破坏性的侵入。它可以通过监测、限制、更改跨越防火墙的数据流，尽可能地对外部屏蔽内部网络的信息、结构和运行状况，以此来实现网络的安全保护。

一个防火墙可以是一个实现安全功能的路由器、个人计算机、主机或主机的集合等，通常位于一个受保护的网络对外的连接处，若这个网络到外界有多个连接，那么需要安装多个防火墙系统。

防火墙可以提供以下服务。

(1) 限定人们从一个特别的控制点进入或离开。

(2) 保证对主机的应用安全访问。

(3) 防止入侵者接近你的其他防御设施。

(4) 有效防止破坏者对客户机和服务器所进行的破坏。

(5) 监视网络。

7.4.2　防火墙的系统结构

防火墙的系统结构一般分为以下几种。

1. 屏蔽路由器

一般采用路由器连接内网和外网，如图 7-6 所示，此路由器可以起到一定的防火墙作用，通过设置路由器的访问控制表，基于 IP 进行包过滤。这种方法不具备监控和认证功能，最多可以进行流量记录。

图 7-6　屏蔽路由器实现防火墙

2. 双目主机结构

它包含一个有两个网络接口的代理服务器系统，可关闭正常 IP 路由功能，并安装运行网络代理服务程序，还包含一个包过滤防火墙，用于连接 Internet，如图 7-7 所示。

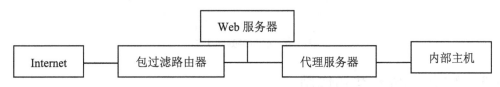

图 7-7　双目主机实现防火墙

不像屏蔽路由器，双目主机是一个保护内部网络不受攻击的完整方案，服务和访问通过代理服务器来提供，是一个简单但十分安全的防火墙方案。

3. 屏蔽主机结构

实际上是屏蔽路由器加壁垒主机模式。屏蔽路由器位于内外网之间，提供主要的安全功能，在网络层次化结构中基于低三层实现包过滤；壁垒主机位于内网，提供主要的面向外部的应用服务，基于网络层次化结构的最高层应用层实现应用过滤，如图 7-8 所示。

图 7-8　屏蔽主机实现防火墙

这种结构和双目主机防火墙的不同点是：由于代理服务器主机只有一个网络接口，内部网络只需一个子网，这样，整个防火墙的设置灵活，但相对而言，安全性不如双目主机防火墙。

4. 屏蔽子网结构

这种结构将网络划分为三个部分：外网(Internet)、非军事区(De-Militarized Zone，DMZ)和内网。Internet 与 DMZ 通过外部屏蔽路由器隔离，DMZ 与内网通过内部屏蔽路由器隔离，如图 7-9 所示。内部网都能访问 DMZ 上的某些资源，但不能通过 DMZ 让内部网和 Internet 进行直接的信息传输。

外部屏蔽路由器用于防范来自因特网的攻击，并管理因特网到 DMZ 的访问；内部屏蔽路由器只能接收壁垒主机发出的数据包，并管理 DMZ 到内部网络的访问。

目前，大多数防火墙将上述结构集于一体来实现，具有更高、更全面的安全策略。

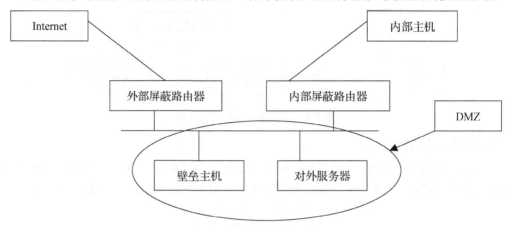

图 7-9　屏蔽子网防火墙

7.4.3　防火墙的分类和作用

从构成上可以将防火墙分为以下几类。

1. 硬件防火墙

这种防火墙用专用芯片处理数据包，CPU 只作管理之用；具有高带宽、高吞吐量，是真正线速防火墙；安全与速度同时兼顾；使用专用的操作系统平台，避免了通用性操作系统的安全性漏洞；没有用户限制，性价比高，管理简单、快捷，有些防火墙还提供 Web 方式管理。这类产品外观为硬件机箱形，一般不会对外公布其 CPU 或 RAM 等硬件水平，其核心为硬件芯片。

2. 软件防火墙

这类防火墙运行在通用操作系统上，能安全控制存取访问的软件，性能依赖于计算机的 CPU、内存等；对底层操作系统的安全依赖性很高；由于操作系统平台的限制，极易造成网络带宽瓶颈，实际达到的带宽只有理论值的 20%～70%；有用户限制，一般需要按用户数购买；性价比极低，管理复杂，与系统有关，要求维护人员必须熟悉各种工作站及操作系统的安装及维护。此类防火墙一般有严格的系统硬件与操作系统要求，产品为软件。

3. 混合防火墙

这类防火墙一般将机箱、CPU、防火墙软件集成于一体，采用专用或通用操作系统，容易造成网络带宽瓶颈；只能满足中低带宽要求，吞吐量不高，通用带宽只能达到理论值的 20%～70%。这类防火墙外观为硬件机箱形，一般会对外强调其 CPU 或 RAM 等硬件水平，其核心为软件。

防火墙能有效地对网络进行保护，防止其他网络的入侵，归纳起来，防火墙具有以下作用。

(1) 控制进出网络的信息流向和信息包。

(2) 提供对系统的访问控制。

(3) 提供使用和流量的日志和审计。

(4) 增强保密性。使用防火墙可以阻止攻击者获取攻击网络系统的有用信息。

(5) 隐藏内部 IP 地址及网络结构的细节。

(6) 记录和统计网络利用数据以及非法使用数据的情况。

7.4.4　防火墙的设计策略

防火墙设计策略基于特定的防火墙，定义完成服务访问策略的规则。通常有两种基本的设计策略：允许任何服务，除非被明确禁止；禁止任何服务，除非被明确允许。第一种的特点是"在被判有罪之前，任何嫌疑人都是无罪的"，它好用但不安全；第二种是"宁可错杀一千，也不放过一个"，它安全但不好用。在实用中，防火墙通常采用第二种设计策略，但多数防火墙都会在两种策略之间采取折中。

1. 防火墙实现站点安全策略的技术

有些文献列出了防火墙用于控制访问和实现站点安全策略的 4 种一般性技术：服务控制、方向控制、用户控制和行为控制。

(1) **服务控制**。确定在围墙外面和里面可以访问的 Internet 服务类型。防火墙可以根据 IP 地址和 TCP 端口号来过滤通信量；可能提供代理软件，这样可以在继续传递服务请求之前接收并解释每个服务请求，或在其上直接运行服务器软件，提供相应服务，比如 Web 或邮件服务。

(2) **方向控制**。启动特定的服务请示并允许它通过防火墙，这些操作是有方向性的，方向控制就是用于确定这种方向。

(3) **用户控制**。根据请求访问的用户来确定是否提供该服务。这个功能通常用于控制防火墙内部的用户(本地用户)，也可以用于控制从外部用户进来的通信量，后者需要某种形式的安全验证技术，比如 IPSec。

(4) **行为控制**。控制如何使用某种特定的服务。比如防火墙可以从电子邮件中过滤掉垃圾邮件，它也可以限制外部访问，使其只能访问本地 Web 服务器中的一部分信息。

2. 防火墙在大型网络系统中的部署

根据网络系统的安全需要，可以在如下位置部署防火墙。

(1) 在局域网内的 VLAN 之间控制信息流向时加入防火墙。

(2) Internet 与 Internet 之间连接时加入防火墙。

(3) 在广域网系统中，由于安全的需要，总部的局域网可以将各分支机构的局域网看成不安全的系统，总部的局域网和各分支机构连接时，一般通过公网 ChinaPac、ChinaDD 和 NFrame Relay 等连接，需要采用防火墙隔离，并利用某些软件提供的功能构成虚拟专网 VPN。

(4) 总部的局域网和分支机构的局域网是通过 Internet 连接的，需要各自安装防火墙，并组成虚拟专网。

(5) 在远程用户拨号访问时，加入虚拟专网。

(6) 利用一些防火墙软件提供的负载平衡功能，ISP 可在公共访问服务器和客户端间加入防火墙进行负载分担、存取控制、用户认证、流量控制和日志记录等。

(7) 两网对接时，可利用硬件防火墙作为网关设备实现地址转换(NAT)、地址映射(MAP)、DMZ 及存取安全控制，消除传统软件防火墙的瓶颈问题。

设置防火墙还要考虑网络策略和服务访问策略。

影响防火墙系统设计、安装和使用的网络策略可分为两级，高级的网络策略定义允许和禁止的服务以及如何使用服务，低级的网络策略描述防火墙如何限制和过滤在高级策略中定义的服务。

服务访问策略集中于 Internet 访问服务以及外部网络访问(如拨入策略、SLIP/PPP 连接等)。服务访问策略必须是可行的和合理的，可行的策略必须在阻止已知的网络风险和提供用户服务之间获得平衡。

典型的服务访问策略是：允许通过增强认证的用户在必要的情况下从 Internet 访问某些内部主机和服务；允许内部用户访问指定的 Internet 主机和服务。

7.5　病毒与病毒的防治

计算机病毒(Computer Virus)是指编制或者在计算机程序中插入的破坏计算机功能或者破坏数据，影响计算机使用并且能够自我复制的一组计算机指令或者程序代码。

计算机病毒虽然对人体无害，但它具有与生物病毒类似的特征，即传染性、潜伏性、破坏性、可执行性及相关性等。随着互联网络的发展，计算机病毒的新特点主要体现在以下几方面：跨平台能力提高、传播能力提高、变化能力提高以及交互能力提高等。

7.5.1　病毒的种类及特点

1. 病毒的种类

病毒的种类多种多样，主要有以下 6 种。

1) 文件型病毒

文件型的病毒将自身附着到一个文件中，通常是附着在可执行的应用程序上(如一个字处理程序或 DOS 程序)。通常文件型的病毒是不会感染数据文件的，但数据文件可能包含有嵌入的可执行的代码，如宏，它可以被病毒使用或被"特洛伊木马"的作者使用。新版本的 Microsoft Word 尤其易受到宏病毒的威胁。文本文件，如批处理文件、Postscript 语言文件和那些可被其他程序编译或解释的含有命令的文件都是 Malware(怀有恶意的软件)潜在的攻击目标。

2) 引导扇区病毒

引导扇区病毒改变每一个用 DOS 格式来格式化的磁盘的第一个扇区里的程序。通常引导扇区病毒先执行自身的代码，然后继续 PC 的启动进程。

3) 宏病毒

宏病毒主要感染一般的配置文件，如 Word 模板，导致以后所编辑的文档都会带有可以感染的宏病毒。

4)　欺骗病毒

欺骗病毒能够以某种特定长度存在，从而将自己在可能被注意的程序中隐蔽起来，也称为隐蔽病毒。

5)　多形性病毒

多形性病毒通过在可能被感染的文件中搜索专门的字节序列使自身不易被检测到，这种病毒随着每次的复制而发生变化。

6)　伙伴病毒

伙伴病毒通过一个文件传播，该文件首先将代替脚本希望运行的文件被执行，之后再运行原始的文件。

此外，随着互联网的流行，又出现了以"美丽莎"等为代表的网络病毒，而且其队伍日益壮大，已成为目前主流病毒。

2. 网络病毒的特点

Internet 的发展孕育了网络病毒，由于网络的互联性，病毒的威力也大大增强。网络病毒具有以下特点。

(1) 破坏性强。一旦文件服务器的硬盘被病毒感染，就可能导致分区中的某些区域上的内容损坏，使网络服务器无法启动，导致整个网络瘫痪，造成不可估量的损失。

(2) 传播性强。网络病毒普遍具有较强的再生机制，可通过网络扩散与传染。根据有关资料介绍，网络上病毒传播的速度是单机的几十倍。

(3) 具有潜伏性和可激发性。网络病毒与单机病毒一样，具有潜伏性和可激发性，在一定的环境下受到外界因素刺激便能活跃起来，这就是病毒的激活。一个病毒程序可以按照病毒设计者的预定要求，在某个服务器或客户机上激活，并向各网络用户发起攻击。

(4) 针对性强。网络病毒并非一定对网络上所有的计算机都进行感染与攻击，而是具有某种针对性。例如，有的网络病毒只能感染 IBM-PC 工作站，有的却只能感染苹果计算机，有的病毒则专门感染使用 UNIX 操作系统的计算机。

(5) 扩散面广。由于网络病毒能通过网络进行传播，所以其扩散面很大，一台 PC 的病毒可以通过网络感染与之相连的众多机器。由于网络病毒造成网络瘫痪的损失是难以估计的，一旦网络服务器被感染，其解毒所需的时间将是单机的几十倍以上。

7.5.2　病毒的传播途径与防治

1. 计算机病毒的传播途径

(1) 通过不可移动的计算机硬件设备进行传播，这些设备通常有计算机专用芯片和硬盘等。这种病毒虽然极少，但破坏力极强，目前尚没有较好的检测手段来检测。

(2) 通过移动存储设备来传播，这些设备包括 U 盘、移动硬盘等。在移动存储设备中，U 盘是使用最广泛、最频繁的存储介质，因此也成了计算机病毒寄生的"温床"。目前，大多数计算机都是从这类途径感染病毒的。

(3) 通过计算机网络进行传播。现代信息技术的巨大进步已使空间距离不再遥远，"相隔天涯，如在咫尺"，但也为计算机病毒的传播提供了新的"高速公路"。计算机病毒可以附着在正常文件中，通过网络进入一个又一个系统，国内计算机感染一种"进口"病毒已不再是什么大惊小怪的事了。网各已经成为病毒最主要的传播途径，而且，目前网络病毒层出不穷，对联网计算机构成了很大威胁。

(4) 通过点对点通信系统和无线通道传播。目前，这种传播途径还不是十分广泛，但预计在未来的信息时代，这种途径很可能与网络传播途径成为病毒扩散的两大主要渠道。

2. 病毒的防治

病毒在发作前是难以发现的，因此所有的防病毒技术都是在系统后台运行的，先于病毒获得系统的控制权，对系统进行实时监控，一旦发现可疑行为，就阻止非法程序的运行，利用一些专门的技术进行判别，然后加以清除。反病毒技术包括检测病毒和清除病毒两方面，而病毒的清除都是以有效的病毒探测为基础的。目前广泛使用的检测病毒的主要方法有**特征代码法、校验和法、行为监测法、感染实验法**等。

(1) 特征代码法被用于 SCAN、CPAV 等著名的病毒监测工具中。国外专家认为特征代码法是检测已知病毒的最简单、开销最小的方法，其特点是从采集的病毒样本中抽取适当长度的、特殊的代码作为该病毒的特征码，然后将该特征代码纳入病毒数据库，这样在监测文件时，通过搜索该文件中是否含有病毒数据库中的病毒特征码即可判定是否染毒。

(2) 校验和法是对正常文件的内容计算校验和，将校验和写入文件中或写入别的文件中保存。在文件使用过程中，定期或在每次使用前检查文件现在内容算出的校验和与原来保存的校验和是否一致，若改变，则判定该文件被外来程序修改过，很可能是病毒所致。这种方法既能发现已知病毒，也能发现未知病毒，但是不能识别病毒种类，不能报出病毒名称。另外，由于病毒感染并非文件内容改变的唯一原因，有可能是正常程序引起的，所以校验和法常常误报警。该方法对隐秘病毒无效，因为隐秘病毒进驻内存后，会自动剥去染毒程序中的病毒代码，使校验和法受骗。

(3) 行为监测法是利用病毒的行为特性来检测病毒的。通过对病毒多年的观察研究，人们发现病毒有一些共同行为，而且比较特殊，在正常程序中，这些行为比较罕见。当程序运行时，监视其行为，如果发现了这些病毒行为，立即报警。该方法的长处是可以发现未知病毒，并且可以相当准确地预报多数未知病毒。

(4) 感染实验法利用了病毒的最重要的特征——感染特性。所有的病毒都会进行感染，如果不会感染，就不能称其为病毒。如果系统中有异常行为，最新版的检测工具都查不出是什么病毒，就可以做感染实验，运行可疑系统中的程序以后，再运行一些确切知道不带毒的正常程序，然后观察这些正常程序的长度和校验和，如果发现程序长度增加，或者校验和变化，就可断言系统中有病毒。

与传统防杀毒模式相比，**病毒防火墙**在网络病毒的防治上有着明显的优越性。

首先，它对病毒的过滤有良好的实时性，也就是说，病毒一旦入侵系统或从系统向其他资源感染时，它就会自动将其检测到并加以清除，这就最大可能地避免了病毒对资源的破坏。

其次，病毒防火墙能有效地阻止病毒通过网络向本地计算机系统入侵。这一点恰恰是传统杀毒工具难以实现的，因为它们最多能静态清除网络驱动器上已被感染文件中的病毒，对病毒在网络上的实时传播却根本无能为力，而"实时过滤性"技术却是病毒防火墙的拿手好戏。

再次，病毒防火墙的"双向过滤"功能保证了本系统不会向远程(网络)资源传播病毒。这一优点在使用电子邮件时体现得最为明显，因为它能在用户发出邮件前自动将其中可能含有的病毒全部过滤掉，确保不会对他人造成无意的损害。

最后，病毒防火墙还具有操作更简便、更透明的好处，有了它自动、实时的保护，用户再也无须隔三岔五地停下正常工作而去地查毒、杀毒了。

7.6 电子商务安全

因特网商务就是通过因特网来进行商务活动，如购物、订票、股票交易等。近年来，在商务安全方面有两个较出名的协议，即已在许多因特网交易中使用的**安全插口层**(Secure Socket Layer，SSL)和很有潜力的**安全电子交易**(Secure Electronic Transaction，SET)。

7.6.1 安全插口层 SSL

SSL 又称为**安全套接字层**，是 Netscape 公司开发的协议，可对万维网客户与服务器之间传送的数据进行加密和鉴别。它在双方的联络阶段协商将使用的加密算法(如用 DES 或 RSA)和密钥，以及客户与服务器之间的鉴别。联络阶段完成之后，所有传送的数据都使用在联络阶段商定的会话密钥。SSL 不仅被所有常用的浏览器和万维网服务器所支持，而且也是传输层安全协议 TLS(Transport Layer Security)的基础(RFC 2246)。

SSL 和 TLS 并不仅限于万维网的应用，它们还可用于 IMAP 邮件存取的鉴别和数据加密。SSL 可看成是在应用层和运输层之间的一个层，如图 7-10 所示。在发送方，SSL接收应用层的数据(如 HTTP 或 IMAP 报文)，对数据进行加密，然后将加了密的数据送往TCP 插口。在接收方，SSL 从 TCP 插口读取数据，解密后将数据交给应用层。

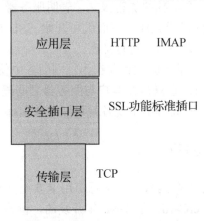

图 7-10 安全插口层 SSL 的位置

SSL 提供以下三个功能。

(1) **SSL 服务器鉴别**。允许用户证实服务器的身份。具有 SSL 功能的浏览器维持一个表，上面有一些可信赖的认证中心 CA(Certificate Authority)和它们的公开密钥。当浏览器要和一个具有 SSL 功能的服务器进行商务活动时，浏览器就从服务器得到含有服务器的公开密钥的证书。此证书是由某个认证中心 CA 发出的(此 CA 在客户的表中)，这就使得客户在提交其信用卡之前能够鉴别服务器的身份。

(2) **加密的 SSL 会话**。客户和服务器交互的所有数据都在发送方加密，在接收方解密。SSL 还有检测攻击者有无窃听传送的数据的功能。

(3) **SSL 客户鉴别**。允许服务器证实客户的身份。这个信息对服务器是重要的，例如，当银行将保密的有关财务信息发送给某顾客时，就必须检验接收者的身份。

下面通过一个简单的例子说明 SSL 的工作原理。

假定 A 有一个使用 SSL 的安全网页，B 上网时用鼠标单击这个安全网页的链接(这种安全网页的 URL 的协议部分不是 http 而是 https)，接着，服务器和浏览器就运行握手协议，其主要过程如下。

(1) 浏览器向服务器发送其 SSL 版本号和密码编码的参数选择(Preference)(因为浏览器和服务器要协商使用哪一种对称密钥算法)。

(2) 服务器向浏览器发送其 SSL 版本号、密码编码的参数选择及服务器的证书，证书包括服务器的 RSA 公开密钥。此证书用某个认证中心的私有密钥加密。

(3) 浏览器有一个可信赖的 CA 表，表中有每一个 CA 的公开密钥，当浏览器收到服务器发来的证书时，就检查此证书是否在自己的可信赖的 CA 表中。如不在，则后面的加密和鉴别连接就不能进行下去。如在，浏览器就使用 CA 的公开密钥对证书解密，这样就得到了服务器的公开密钥。

(4) 浏览器随机地产生一个对称会话密钥，并用服务器的公开密钥加密，然后将加密的会话密钥发送给服务器。

(5) 浏览器向服务器发送一个报文，说明以后浏览器将使用此会话密钥进行加密。然后浏览器再向服务器发送一个单独的加密报文，表明浏览器端的握手过程已经完成。

(6) 服务器也向浏览器发送一个报文，说明以后服务器将使用此会话密钥进行加密。然后服务器再向浏览器发送一个单独的加密报文，表明服务器端的握手过程已经完成。

(7) SSL 的握手过程至此已经完成，下面就可开始 SSL 的会话过程，浏览器和服务器都使用这个会话密钥对所发送的报文进行加密。

由于 SSL 简单且开发得较早，因此目前在因特网商务中使用得比较广泛。但 SSL 并非专门为信用卡交易而设计的，它只是在客户与服务器之间提供了一般的安全通信。SSL 还缺少一些措施以防止在因特网商务中出现各种可能的欺骗行为。

7.6.2 安全电子交易 SET

安全电子交易 SET 是专为在因特网上进行信用卡安全交易的协议。它最初是由两个著名信用卡公司 Visa 和 MasterCard，于 1996 年开发的，世界上许多具有领先技术的公司也参与了，1997 年年底成立了实体 SETCo，目的是在全球推广使用 SET。

SET 的主要特点如下。

(1) SET 是专为与支付有关的报文进行加密的，它不能像 SSL 那样对任意的数据(如正文或图像)进行加密。

(2) SET 协议涉及三方，即顾客、商家和商业银行，所有在这三方之间交互的敏感信息都被加密。

(3) SET 要求三方都有证书。在 SET 交易中，商家看不见顾客传送给商业银行的信用卡号码，这是 SET 的一个最关键的特性。

在一个 SET 交易中要使用以下三个软件。

(1) **浏览器钱包**。这个软件集成在浏览器中，为顾客购物时提供信用卡和证书的存储和管理，并响应从商家发来的 SET 报文，提示顾客选择信用卡进行支付。

(2) **商家服务器**。这是在万维网上提供商品交易的实现引擎。它处理持卡人的交易，并与商业银行通信。

(3) **支付网关**(Acquirer Gateway)。商业银行使用的软件，处理信用卡的交易，包括授权和支付，是一个相当复杂的软件。

下面以顾客 B 到公司 A 用 SET 购买物品为例来说明 SET 的工作原理。这里涉及两个银行，即 A 的银行(公司 A 的支付银行)和 B 的银行(给 B 发出信用卡的银行)。

(1) B 告诉 A 他想用信用卡购买公司 A 的物品。

(2) A 将物品清单和一个唯一的交易标识符发送给 B。

(3) A 将其商家的证书包括商家的公开密钥发送给 B。A 还向 B 发送其银行的证书，包括银行的公开密钥。这两个证书都用一个认证中心 CA 的私有密钥进行加密。

(4) B 使用认证中心 CA 的公开密钥对这两个证书解密，于是 B 有了 A 的公开密钥和 A 的银行的公开密钥。

(5) B 生成两个数据包：给 A 用的订货信息 OI(Order Information)和给 A 的银行用的购买指令 PI(Purchase Instruction)。OI 包括交易标识符和将要使用的信用卡的类别，但不包含 B 的信用卡号码。PI 则包括交易标识符、B 的信用卡号码以及 B 同意向 A 付出的款数。OI 用 A 的公开密钥加密，而 PI 用 A 的银行的公开密钥加密。B 将加密后的 OI 和 PI 发送给 A。注意，PI 虽然是给 A 的银行用的，但并不是由 B 直接发送给 A 的银行。

(6) A 生成对信用卡支付请求(Payment Request)的授权请求(Authorization Request)，它包括交易标识符。

(7) A 用银行的公开密钥将一个报文加密发送给银行，此报文包括授权请求、从 B 发过来的 PI 数据包，以及 A 的证书。

(8) A 的银行收到此报文，将其解密。A 的银行要检查此报文有无篡改，并检查在授权请求中的交易标识符是否与 B 的 PI 数据包给出的标识符一致。

(9) A 的银行通过传统的银行信用卡信道向 B 的银行发送请求支付授权的报文。

(10) B 的银行准许支付后，A 的银行就向 A 发送加密的响应。此响应包括交易标识符。

(11) 若此次交易被批准，A 就向 B 发送响应报文，此报文作为收据，并通知 B "支付已被接受，所购物品即将发出"。

SET 的特征中很重要的一点就是购物人的信用卡号码不向商家暴露。在上面的步骤(5)中，B 使用银行的密钥对其信用卡号码加密。

7.7　IPSec

7.7.1　IPSec 与安全关联 SA

1998 年 11 月公布了因特网网络层安全的系列 RFC 2401~1411(W-IPSec)，其中最重要的就是描述 IP 安全体系结构的 RFC 2401 和提供 IPSec 协议族概述的 RFC 2411。IPSec 就是"IP 安全协议"的缩写。

网络层保密是指所有在 IP 数据报中的数据都是加密的。此外，网络层还应提供**源站鉴别**(Source Authentication)，即当目的站收到 IP 数据报时，能确信这是从该数据报的源 IP 地址的主机发来的。IPSec 中最主要的两个部分是：**鉴别首部**(Authentication Header，AH)和**封装安全有效载荷**(Encapsulation Security Payload，ESP)。AH 提供源站鉴别和数据完整性，但不能保密。而 ESP 比 AH 复杂得多，它提供源站鉴别、数据完整性和保密。

在使用 AH 或 ESP 之前，先要从源主机到目的主机建立一条网络层的逻辑连接，此逻辑连接叫作**安全关联**(Security Association，SA)。这样，IPSec 就将传统的因特网无连接的网络层转换为具有逻辑连接的层。安全关联是一个单向连接，如果进行双向的安全通信，则需要建立两个安全关联。一个安全关联 SA 由一个三元组唯一地确定，它包括如下几项。

(1)　安全协议(使用 AH 或 ESP)的标识符。

(2)　此单向连接的目的 IP 地址。

(3)　一个 32bit 的连接标识符，称为安全参数索引 SPI(Security Parameter Index)。

对于一个给定的安全关联 SA，每一个 IPSec 数据报都有一个存放 SPI 的字段。通过此 SA 的所有数据报都使用同样的 SPI 值。

7.7.2　鉴别首部 AH

鉴别首部 AH 插在原数据报数据部分的前面，并将 IP 首部的协议字段置为 51，如图 7-11 所示。在传输过程中，中间的路由器都不查看 AH 首部。当数据报到达目的站时，目的站主机才处理 AH 字段，以鉴别源主机和检查数据报的完整性(RFC 2402)。

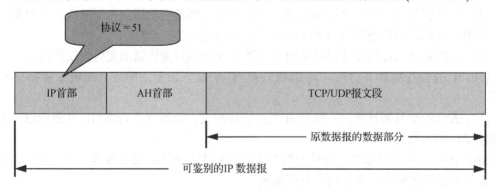

图 7-11　AH 首部的安全数据报中的位置

234

AH 首部具有如下一些字段。

(1) **下一个首部**(8bit)。标志紧接着本首部的下一个首部的类型(如 TCP 或 UDP)。

(2) **有效载荷长度**(8bit)。即鉴别数据字段的长度,以 32bit 字为单位。

(3) **安全参数索引 SPI**(32bit)。标志一个安全关联。

(4) **序号**(32bit)。鉴别数据字段的长度,以 32bit 字为单位。

(5) **保留**(16bit)。为今后用。

(6) **鉴别数据**(可变)。为 32bit 字的整数倍,它包含了经数字签名的报文摘要(对原来的数据报进行报文摘要运算),因此可用来鉴别源主机和检查 IP 数据报的完整性。

7.7.3　封装安全有效载荷 ESP

ESP 首部包含标识一个安全关联的安全参数索引 SPI(32bit)和序号(32bit),尾部包含下一个首部(8bit,作用和 AH 首部一样)。ESP 尾部和原来数据报的数据部分一起进行加密,如图 7-12 所示,攻击者无法得知所使用的传输层协议。ESP 的鉴别数据和 AH 中的鉴别数据是一样的,因此,用 ESP 封装的数据报既有鉴别源站和检查数据报完整性的功能,又能提供保密。

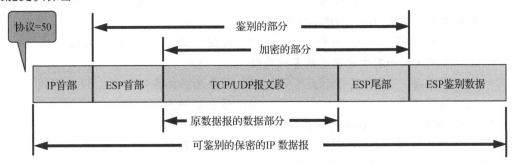

图 7-12　在 IP 数据报中的 ESP 的各字段

习题与思考题七

一、单项选择题

1. 下面对于防火墙的描述,错误的是(　　)。

    A. 防火墙是在网络之间执行控制策略的安全系统,它通常包括硬件与软件两个部分

    B. 防火墙可以控制企业内部网与 Internet 之间的数据流量

    C. 防火墙可以完全控制外部用户对 Intranet 的入侵与破坏

    D. 防火墙可以限制不符合安全策略要求的分组通过

2. 支付网关的主要功能为(　　)。

    A. 进行通信和协议转换,完成数据加密与解密,保护银行内部网络

    B. 代替银行等金融机构进行支付授权

C. 处理交易中的资金划拨等事宜

   D. 为银行等金融机构申请证书

3. 防止用户被冒名欺骗的方法是(　　)。

  A. 采用防火墙

  B. 进行数据加密

  C. 对访问网络的流量进行过滤和保护

  D. 对信息源发方进行身份验证

4. 在企业内部网与外部网之间，用来检查网络请求分组是否合法，保护网络资源不被非法使用的技术是(　　)。

  A. 防病毒技术　　　　　　　　　B. 防火墙技术

  C. 差错控制技术　　　　　　　　D. 流量控制技术

5. 计算机网络提供的最基本的安全服务不包括(　　)。

  A. 不可否认性　　　　　　　　　B. 机密性

  C. 报文完整性　　　　　　　　　D. 抗毁性

6. 公钥密码体制最常用的加密算法是(　　)。

  A. RSA　　　　　B. DES　　　　　C. AES　　　　　D. TDEA

7. 数字签名一般使用(　　)技术来实现。

  A. 对称加密　　　B. 公钥密码　　　C. 身份认证　　　D. 报文篡改

8. 随着每次复制而发生变化的病毒种类叫作(　　)。

  A. 宏病毒　　　　　　　　　　　B. 引导扇区病毒

  C. 欺骗病毒　　　　　　　　　　D. 多型性病毒

9. 当前检测计算机病毒的主要方法不包括(　　)。

  A. 特征代码法　　B. 校验和法　　　C. 感染实验法　　D. 阻断传播法

10. 防火墙提供的各种服务不包括(　　)。

  A. 服务控制　　　B. 方向控制　　　C. 用户控制　　　D. 信道分配控制

二、多项选择题

1. SET 交易中需要用到的三个组件是(　　)。

  A. 浏览器钱包　　B. 商家服务器　　C. 银行服务器　　D. 支付网关

2. IPSec 协议中最主要的两个部分是(　　)。

  A. 鉴别首部 AH　　　　　　　　B. 封装安全有效载荷 ESP

  C. 安全关联 SA　　　　　　　　D. 安全参数索引 SPI

3. 防火墙可以分为哪几类？(　　)

  A. 路由防火墙　　　　　　　　　B. 硬件防火墙

  C. 软件防火墙　　　　　　　　　D. 软件、硬件混合式防火墙

4. 数字签名技术应提供哪些保证？(　　)

  A. 接收者能够核实发送者对报文的签名

  B. 发送者事后不能抵赖对报文的签名

  C. 通信的任何一方都不能伪造对报文的签名

　　D. 通信的任何一方都可以通过签名验证对方的身份

5. 被动攻击主要包括(　　　)。

　　A. 窃听　　　　　B. 拒绝服务　　　　C. 流量分析　　　　D. 邮件炸弹

三、判断题

1. 安全关联 SA 是 IPSec 协议中从源主机到目的主机建立的传输层的逻辑连接。(　　)

2. 与传统防杀毒模式相比，病毒防火墙在网络病毒的防治上有明显的优越性。(　　)

3. 屏蔽主机结构防火墙把网络分成了内网、DMZ、外网三部分。(　　)

4. 在公钥加密算法中，公钥是全网公开的，而私钥只有通信双方才知道。(　　)

5. 拒绝服务攻击是对网络可用性最直接、最首要的威胁。(　　)

第8章 网络新技术

计算机网络的发展日新月异，新的技术不断涌现，这些新技术对网络未来的发展变化，对人们的日常工作和生活都产生了深远的影响。本章选取近年来比较热门的网络新技术进行介绍，包括云计算、物联网、移动 IP、MPLS 和 IPv6 等技术，通过本章的学习，应达到以下目标。

- 掌握云计算的概念和云计算的三种服务模式。
- 掌握物联网的概念、层次结构和主要应用。
- 熟练掌握移动 IP 技术的基本原理。
- 熟练掌握 MPLS 技术的基本原理和主要应用。
- 熟练掌握 IPv6 的特点、编址方式和书写方式。
- 掌握 IPv6 的过渡技术。

8.1 云 计 算

对于一家企业来说，一台计算机的运算能力是远远无法满足数据运算需求的，那么就要另外购置一台运算能力更强的计算机，也就是服务器。而对于规模比较大的企业来说，一台服务器的运算能力显然还是不够的，那就需要企业购置多台服务器，甚至演变成为一个具有多台服务器的数据中心，而且服务器的数量会直接影响这个数据中心的业务处理能力。除了高额的初期建设成本之外，计算机的运营支出中花费在电费上的金钱要比投资成本高得多，再加上计算机和网络的维护支出，这些总的费用是中小型企业难以承担的，于是云计算便应运而生了。

8.1.1 云计算的形成与发展

云计算(Cloud Computing)是分布式计算的一种，指的是通过网络"云"将巨大的数据计算处理程序分解成无数个小程序，然后，通过多部服务器组成的系统对这些小程序进行处理和分析，得到结果并返回给用户。云计算技术早期就是简单的分布式计算，解决任务分发问题，并进行计算结果的合并。因而，云计算又称为网格计算。

"云"实质上就是一个网络，狭义上讲，云计算就是一种提供资源的网络，使用者可以随时获取"云"上的资源，按需求量使用，并且可以看成是无限扩展的，只要按使用量付费就可以。"云"就像自来水厂一样，可以随时接水，并且不限量，只需要按照自己家的用水量，付费给自来水厂就可以。

从广义上说，**云计算是与信息技术、软件、互联网相关的一种服务**，这种计算资源共享池叫作"云"，它把许多计算资源集合起来，通过软件实现自动化管理，只需要很少的人参与，就能让资源被快速提供。也就是说，**计算能力作为一种商品，可以在互联网上流**

通，就像水、电、煤气一样，可以方便地取用，且价格较为低廉。

总之，云计算不是一种全新的网络技术，而是一种全新的网络应用概念，它的核心就是以互联网为中心，在网络上提供快速且安全的计算服务与数据存储，让每一个使用互联网的人都可以使用网络上的庞大计算资源与数据中心。

追溯云计算的根源，它的产生和发展与先前所提及的**并行计算**、**分布式计算**等计算机技术密切相关。但追溯云计算的历史，可以追溯到 1956 年，Christopher Strachey 发表了一篇有关虚拟化的论文，正式提出虚拟化。**虚拟化是今天云计算基础架构的核心**，是云计算发展的基础。而后随着网络技术的发展，逐渐孕育了云计算的萌芽。

在 2006 年 8 月 9 日，Google 首席执行官 Eric Schmidt 在搜索引擎大会 SESSanJose 2006 上首次提出"云计算"的概念。这是云计算发展史上第一次正式地提出"云计算"，有着巨大的历史意义。

2007 年以来，"云计算"成为计算机领域最令人关注的话题之一，同样也是大型企业、互联网建设着力研究的重要方向。因为云计算的提出，互联网技术和 IT 服务出现了新的模式，引发了一场变革。在 2008 年，微软发布其公共云计算平台(Windows Azure Platform)，由此拉开了微软的云计算大幕。同样，"云计算"在国内也掀起一场风波，许多大型网络公司纷纷加入"云计算"的阵列。2009 年 1 月，阿里软件在江苏南京建立首个"电子商务云计算中心"。同年 11 月，中国移动云计算平台"大云"计划启动。

到现阶段，云计算已经发展到较为成熟的阶段，许许多多大型 IT 公司都已经面向社会提供各种云计算服务。

8.1.2　云计算的服务类型

通常，云计算的服务类型分为三类，有**基础设施即服务**(Infrastructure as a Service，IaaS)、**平台即服务**(Platform as a Service，PaaS)和**软件即服务**(Software as a Service，SaaS)。这 3 种云计算服务有时称为云计算堆栈，因为它们构建堆栈，位于彼此之上，以下是这三种服务的概述。

1. 基础设施即服务

基础设施即服务是主要的服务类别之一，它向云计算提供商的个人或组织提供虚拟化计算资源，如虚拟机、存储、网络和操作系统等。

2. 平台即服务

平台即服务是一种服务类别，为开发人员提供通过全球互联网构建应用程序和服务的平台。PaaS 为开发、测试和管理软件应用程序提供按需开发环境。

3. 软件即服务

软件即服务也是云计算服务的一类，通过互联网提供按需软件付费应用程序，云计算提供商托管和管理软件应用程序，允许其用户连接到应用程序并通过全球互联网访问应用程序。

8.1.3 云计算的应用

云计算技术已经普遍应用于现如今的互联网服务中，最为常见的就是网络搜索引擎和网络邮箱。大家最为熟悉的搜索引擎莫过于谷歌和百度了，在任何时刻，只要用移动终端，就可以在搜索引擎上搜索任何自己想要的资源，通过云端共享数据资源。而网络邮箱也是如此，在云计算技术和网络技术的推动下，电子邮箱成为社会生活中的一部分，只要在网络环境下，就可以实现实时的邮件寄发。其实，云计算技术已经融入现今的社会生活。

1. 存储云

存储云，又称云存储，是在云计算技术上发展起来的一个新的存储技术。云存储是一个以数据存储和管理为核心的云计算系统，用户可以将本地的资源上传至云端上，可以在任何地方连入互联网来获取云上的资源。大家所熟知的谷歌、微软等大型网络公司均有云存储的服务，在国内，百度云和微云则是市场占有量最大的存储云。存储云向用户提供了存储容器服务、备份服务、归档服务和记录管理服务等，大大方便了使用者对资源的管理。

2. 医疗云

医疗云，是指在云计算、移动技术、多媒体、4G 通信、大数据，以及物联网等新技术基础上，结合医疗技术，使用"云计算"创建的医疗健康服务云平台，实现了医疗资源的共享和医疗范围的扩大。因为云计算技术的运用与结合，医疗云提高了医疗机构的效率，方便居民就医。如预约挂号、电子病历、医保结算等都是云计算与医疗领域结合的产物。医疗云还具有数据安全、信息共享、动态扩展、布局全国的优势。

3. 金融云

金融云，是指利用云计算的模型，将信息、金融和服务等功能分散到庞大分支机构构成的互联网"云"中，旨在为银行、保险和基金等金融机构提供互联网处理和运行服务，同时共享互联网资源，从而解决现有问题并且达到高效、低成本的目标。2013 年 11 月 27 日，阿里云整合阿里巴巴旗下资源并推出阿里金融云服务。现在基本普及了的快捷支付，也是金融与云计算的结合，只需要在手机上进行简单操作，就可以完成银行存款、购买保险和基金买卖等业务。现在，不仅仅阿里巴巴推出了金融云服务，像苏宁金融、腾讯等企业均推出了自己的金融云服务。

4. 教育云

教育云，实质上是指教育信息化的一种发展，它可以将所需要的任何教育硬件资源虚拟化，然后将其传入互联网中，以向教育机构和学生、老师提供一个方便快捷的平台。现在流行的慕课就是教育云的一种应用。慕课(MOOC)指的是大规模开放的在线课程，现阶段慕课的三大优秀平台为 Coursera、edX 以及 Udacity。在国内，中国大学 MOOC 是非常好的平台。2013 年 10 月 10 日，清华大学推出了 MOOC 平台——学堂在线，许多大学现已使用学堂在线开设了一些课程的 MOOC。

云计算的概念从提出到今天已经十几年了。在这十几年间，云计算得到了飞速的发展，现如今，云计算被视为计算机网络领域的一次革命，因为它的出现，社会的工作方式和商业模式也在发生巨大的改变。云计算是继互联网、计算机后信息时代的又一种革新，是信息时代的一个大飞跃，未来的时代可能是云计算的时代。虽然目前有关云计算的定义有很多，但总体上来说，其基本含义是一致的，即云计算具有很强的扩展性和需求性，可以为用户提供一种全新的体验。云计算的核心是可以将很多的计算机资源协调在一起，因此，用户通过网络就可以获取到无限的资源，同时获取的资源不受时间和空间的限制。

8.2　物　联　网

物联网(Internet of Things，IoT)的概念最早由美国麻省理工学院的 Ashton 教授于 1998 年提出。简单地从字面上去理解这个概念，它和互联网(因特网)相对应，互联网就是人与人相连的网，因为每一台联网计算机的背后都代表着使用这个计算机的用户。那么物联网呢？就是物与物的相连，一台智能空调、一棵树、一只藏羚羊、一栋建筑物……任何物体，只要有需要，都可以连接上网，彼此互相通信。物联网实现了物与物的通信，人与物的通信，它的终极目标就是**万物相连**。

物联网的例子在生活中随处可见，当用遥控器打开电视机时，就完成了和电视机的一次通信(给电视机发送了开机指令)；当一个快递包裹在快递站的流水线上被扫描时，网上立刻就能够查询出这个包裹的具体信息和当前位置(包裹把自己的信息发送给了服务器)。种种例子，不胜枚举。

近年来，物联网的技术和市场飞速发展，物联网的应用越来越普及，应用种类越来越多，让我们的生活更加便捷、高效和美好，已经在并将继续深刻地改变整个人类社会。

8.2.1　物联网的形成与发展

物联网是指通过各种信息传感器、射频识别技术、全球定位系统、红外感应器、激光扫描器等各种装置与技术，实时采集任何需要监控、连接、互动的物体或过程，采集内容包括声、光、热、电、力学、化学、生物、位置等各种需要的信息，通过各类可能的网络接入，实现物与物、物与人的泛在连接，实现对物品和过程的智能化感知、识别和管理。物联网是一个基于互联网、传统电信网等基础设施的信息承载体，它让所有能够被独立寻址的普通物理对象形成互联互通的网络。

物联网概念最早出现于比尔·盖茨 1995 年的《未来之路》一书，在该书中，比尔·盖茨已经提及物联网概念，只是当时受限于无线网络、硬件及传感设备的制约，并未引起世人的重视。1998 年，美国麻省理工学院创造性地提出了当时被称作 EPC 系统的"物联网"的构想。1999 年，美国 Auto-ID 首先提出"物联网"的概念，主要是建立在物品编码、RFID 技术和互联网的基础上。过去在中国，物联网被称为传感网。中科院早在 1999 年就启动了传感网的研究，并已取得了一些科研成果，建立了一些适用的传感网。同年，在美国召开的移动计算和网络国际会议提出了"传感网是下一个世纪人类面临的又一个发展机遇"。2003 年，美国《技术评论》提出传感网络技术将是未来改变人们生活的十大技术之首。2005 年 11 月 17 日，在突尼斯举行的信息社会世界峰会(WSIS)上，国际电信联盟(ITU)发布了《ITU 互联网报告 2005：物联网》，正式提出了"物联网"的概念。报告指出，无所不在的"物联网"通信时代即将来临，世界上所有的物体从轮胎到牙刷、从房屋到纸巾都可以通过因特网主动进行信息交换。射频识别技术、传感器技术、纳米技术、智能嵌入技术将到更加广泛的应用。

物联网从总体结构上可以分为 4 层，从下到上分别为：**感知识别层、网络构建层、管理服务层和综合应用层**，如图 8-1 所示。

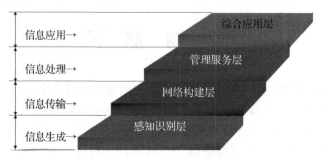

图 8-1 物联网的层次结构

1) 感知识别层

感知识别是物联网的核心技术，是联系物理世界和网络世界的纽带。感知识别层包括 RFID、无线传感器等信息自动生成设备，也包括各种智能电子产品(比如智能手机)，用来人工生成信息。**RFID、传感网技术和定位技术是感知识别层的三大主要技术**。RFID 能够让物体"开口说话"，RFID 标签中含有规范而有用的信息，通过扫描标签将信息采集到中央数据收集系统(通过无线网络)。无线传感器网络利用各种形态的传感器对物质性质、环境状态、行为模式等信息开展大规模、长期、实时的获取。位置信息是物联网前端最重要的信息之一，目前获得位置信息的最主要手段包括 GPS、以无线射频技术为基础的室内定位、以无线网络基础设施为基础的 Wi-Fi 定位、手机基站辅助定位等。

2) 网络构建层

该层的主要作用是把下层获得的数据接入互联网，供上层使用。互联网以及下一代互联网(包含 IPv6 等技术)是物联网的核心网络，处于互联网边缘的各种无线网络则为物联网提供随时随地的网络接入服务。

(1) 无线广域网包括现有的移动通信网络及其演进技术(4G、5G 等)。

(2) 无线城域网包括现有的 WiMAX 技术(802.16)，提供城域范围(100km 左右)的网络接入服务。

(3) 无线局域网包括现在流行的 Wi-Fi(802.11)，可以提供一定区域范围内的网络接入服务。

(4) 无线个域网包括蓝牙(802.15.1)、ZigBee(802.15.4)等，这些标准的特点是低功耗、低速率、短距离，用于个人设备互联、工业控制等领域。

随着技术的不断进步，一些新兴的无线接入技术，比如 60GHz 毫米波通信、可见光通信、低功耗广域网技术等逐渐登上历史舞台，这些不同的接入网适合不同的应用环境，是实现物联网的重要基础设施。

3) 管理服务层

该层在高性能计算和海量数据存储技术的支撑下，将感知识别层获得的大规模数据高效、可靠地组织起来，为上层行业应用提供智能支撑平台。近几年来，**大数据**(Big Data)成为炙手可热的词汇，物联网是大数据的重要来源之一，急需高效的大数据处理技术。**云计算**是大数据处理的重要手段和平台。此外，物联网时代信息安全和个人隐私变得越来越重要，如何保证数据不被滥用和破坏，将成为物联网面临的重大挑战。

4) 综合应用层

从互联网到物联网，网络应用也在发生着翻天覆地的变化。从最早以数据服务为中心的文件传输、电子邮件，到后来以用户为中心的万维网、电子商务、多媒体等，再到物联网时代的物品追踪、环境感知、智能物流、智能交通、智能电网等，网络应用呈现多样化、规模化、行业化的特点。

8.2.2 物联网的前沿问题

物联网技术一直是计算机、电子和通信领域的研究热点，目前，除了三大感知识别技术外，物联网领域的其他研究方向主要包括以下几个方面。

1. 信息安全与隐私保护

物联网的信息安全包括机密性、完整性、不可抵赖性、可用性、可控性等多个方面。而物联网的隐私保护问题与传统互联网相比则显得更加突出，这些隐私主要包括个人信息、身体状况、位置信息、财产和自我决定等。

2. 大数据

大数据是指其大小超过传统数据库工具存取和分析能力的数据集，具有 4V 特征，即**大量**(Volume)、**多样**(Variety)、**高速**(Velocity)、**价值**(Value)。大数据技术就是对大数据进行存储、传输、分析和处理的技术。物联网推动了大数据时代的提前到来，一方面，物联网是大数据的重要来源之一，另一方面，大数据技术可以为物联网的发展提供强有力的保障。

3. 云计算

当云计算和物联网交汇在一起时就产生了"**云物联**"。云物联将使个人和中小企业以最低的成本和代价组建和接入物联网，避免基础设施投资，可将资金用于为客户提供更好的物联网服务。在云计算的强大支持下，21 世纪的物联网必将更加普及和高效。

4. 工业互联网

人类历史上经历过三次工业革命，分别是机械化、电气化和信息化。而如今很多人已经将物联网对传统工业的影响称为"第四次工业革命"，或称为"**工业 4.0**"。简单来说，工业 4.0 是从嵌入式系统到**信息物理融合系统**的变革，其核心是通过信息物理融合系统在工业领域的广泛应用，将信息网络和工业生产系统充分融合，实现价值链上企业间的横向集成、网络化制造系统的纵向集成，以及端对端的工程数字化集成，打造工业、产品和服务全面交叉渗透的"智能工厂"和"智能生产"，推进生产或服务模式由集中式控制向分散式控制转变,实现高度灵活的个性化、数字化生产或服务,使生产更智能、更高效、更快速、更经济。

8.2.3 物联网的应用

物联网的应用领域涉及方方面面,在工业、农业、环境、交通、物流、安保等基础领域的应用,有效地推动了这些方面的智能化发展,使得有限的资源更加合理地使用和分配,从而提高了行业效率、效益。在家居、医疗健康、教育、金融与服务业、旅游业等与生活息息相关的领域的应用,从服务范围、服务方式到服务的质量等方面都有了极大的改进,大大地提高了人们的生活质量。在涉及国防军事领域,物联网应用虽然还处在研究探索阶段,但其带来的影响也不可小觑,大到卫星、导弹、飞机、潜艇等装备系统,小到单兵作战装备,物联网技术的嵌入有效提升了军事智能化、信息化、精准化,极大提升了军事战斗力,是未来军事变革的关键。物联网的应用非常多,应用范围非常广,以下仅列举三个方面作为例子。

1. 智能交通

物联网技术在道路交通方面的应用比较成熟。随着社会车辆越来越多,交通拥堵甚至瘫痪已成为城市的一大问题。对道路交通状况实时监控并将信息及时传递给驾驶人,让驾驶人及时调整出行方案,有效缓解了交通压力;在高速路口设置道路自动收费系统(ETC),免去进出口取卡、还卡的时间,提升车辆的通行效率;公交车上安装定位系统,能及时了解公交车行驶路线及到站时间,乘客可以根据搭乘路线确定出行时间,免去不必要的等待时间。社会车辆增多,除了会带来交通压力外,停车难也日益成为一个突出问题,不少城市推出了智慧路边停车管理系统,该系统基于云计算平台,结合物联网技术与移动支付技术,共享车位资源,提高车位利用率和用户的方便程度。该系统可以兼容手机模式和射频识别模式,通过手机端 APP 软件可以实现及时了解车位信息、车位位置,提前做好预订并实现交费等操作,很大程度上解决了"停车难、难停车"的问题。

2. 智能家居

智能家居就是物联网在家庭中的基础应用。随着宽带业务的普及,智能家居产品涉及方方面面。比如,家中无人时,可利用手机等客户端远程操作智能空调,调节室温,甚至还可以学习用户的使用习惯,从而实现全自动的温控操作。通过客户端实现智能灯泡的开关、调控灯泡的亮度和颜色等;插座内置 Wi-Fi,可实现遥控插座定时通断电流,甚至可以监测设备用电情况,生成用电图表,让你对设备用电情况一目了然,可以合理安排资源使用及开支预算;智能摄像头、窗户传感器、智能门铃、烟雾探测器、智能报警器等都是家庭不可少的安全监控设备,即使出门在外,也可以在任意时间、地方查看家中任何一角的实时状况,以及安全隐患。看似烦琐的种种家居生活因为物联网变得更加轻松、美好。

3. 公共安全

近年来,全球气候异常情况频发,灾害的突发性和危害性进一步加大,物联网可以实时监测环境的不安全情况,提前预防,实时预警,及时采取应对措施,降低灾害对人类生命财产的威胁。美国布法罗大学早在 2013 年就提出研究深海互联网项目,通过将特殊处理的感应装置置于深海处，分析水下相关情况，对海洋污染的防治、海底资源的探测，甚至对海啸也可以提供更加可靠的预警。该项目在当地湖水中进行试验，获得成功，为进一步扩大使用范围提供了依据。

利用物联网技术可以智能感知大气、土壤、森林、水资源等方面各指标数据，对改善人类生活环境发挥巨大作用。

8.3　移动 IP

随着无线网络技术的发展，在移动中进行数据通信已经成为可能。实际上，现在已经有成千上万的人在移动中接入互联网，比如在火车、汽车上使用无线设备浏览网页、收发电子邮件或进行实时通信。本节主要讨论如何在网络层为不断移动的 IP 地址提供分组交换服务。

8.3.1　移动性对网络应用的影响

假设某个用户住在北京，使用一个北京的 IP 地址接入因特网，有一天他出差去了南京，到了南京的宾馆后将自己的笔记本电脑的 IP 地址更换为另一个南京的 IP 地址(IP 地址是一个逻辑地址，可以被修改)并接入因特网，那么这种情况下属于移动 IP 吗？显然不是，这个例子中，虽然计算机移动了，但是 IP 地址并"没有动"，北京的 IP 地址依然属于北京的网络，而南京的 IP 地址依然在南京。

那么什么样的应用才是"移动 IP"呢？

每个无线路由器的位置都是固定的，其覆盖范围也是固定的。当某个用户携带着移动终端仅仅在其路由器的覆盖范围内移动时，路由器是感受不到用户的移动的，因为无线信号在传输时并不考虑其方向性和距离。那么这显然也不是移动 IP。

但是，当用户在移动过程中从一个无线路由器的覆盖范围进入另一个无线路由器的覆盖范围时，用户使用的 IP 地址在归属上属于前一个路由器，即该 IP 地址和前一个无线路由属于同一个网络前缀，所有发往该用户的数据报都会转发给前一个路由器，然而此时，前一个无线路由器和用户已经断开了联系，前一个路由器如何才能将收到的数据报交给已经不在它的网络范围内的用户呢？这正是移动 IP 技术所要解决的核心问题。

8.3.2　移动 IP 的工作原理

移动 IP(RFC 3344)是国际互联网工程任务组 IETF 开发的一种技术，该技术在 IP 层上为网络应用提供移动透明性。移动 IP 技术允许主机在不同的网络之间漫游时能保持其 IP 地址不变，并保证因特网中的其他主机能够将数据报正确发送到该移动主机。

实际上，移动 IP 的基本思想很简单，过去使用邮政信件进行通信的年代就已经被经常使用了。想象一下，假设你原本和父母一起住在北京的家中，所有的朋友都按照北京的地址寄信给你。忽然有一天你出差去了外地，无法正常收到朋友寄来的信件，最简单的解决办法就是，你把自己的新地址告诉你的父母，所有寄给你的信由你的父母代收，然后他们把收到的信装到一个新的信封里，再寄给在外地的你。这样你就可以收到朋友的信了。移动 IP 的原理与该邮件转收的原理基本一样。

图 8-2 所示的移动 IP 中，每个主机都有一个默认连接的或初始申请接入的网络，被称为**归属网络**(Home Network)。移动主机在归属网络的 IP 地址称为**归属地址**(Home Address)或**永久地址**(Permanent Address)，因为这个地址在移动主机的整个移动通信过程中始终不变。在归属网络中代表移动主机执行移动管理功能的实体称为**归属代理**(Home Agent)。移动主机当前漫游所在的网络称为**外地网络**(Foreign Network)或**被访网络**(Visited Network)。在外地网络中帮助移动中主机执行移动管理功能的实体叫**外地代理**(Foreign Agent)，外地代理会为移动主机提供一个临时使用的属于外地网络的**转交地址**(Care-of Address)。

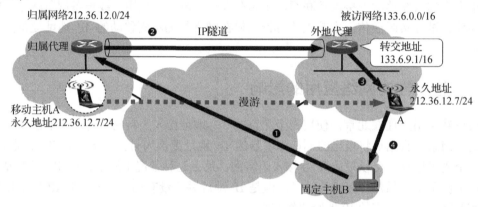

图 8-2　移动 IP 的基本原理

当移动主机外出漫游到外地网络时，由归属代理代收所有发给移动主机的数据报，并利用转交地址将数据报通过 IP-in-IP 隧道转发给移动主机所在网络的外地代理，最后由外地代理转发给移动主机。而上述过程**对任何与移动主机进行通信的其他主机来说，都是完全透明的**，也就是说，这些主机上不需要安装任何特殊的协议和软件来支持移动 IP 应用。

一般来说，归属代理和外地代理分别配置在各自网络的路由器上，但有时候也可以由专门的主机或服务器来承担代理功能。

8.3.3　移动 IP 的核心问题

移动 IP 在应用过程中应当注意解决以下 5 个核心问题。

1. 代理发现与注册

在图 8-2 中，主机 A 漫游到外地网络时，利用代理发现协议与该网络的外地代理建立联系，并从外地代理处获得转交地址。同时 A 向外地代理注册自己的永久地址和归属代理地址。外地代理将 A 的永久地址登记在自己的注册表中，并向其归属代理告知 A 的转交地址。归属代理记录下 A 的转交地址，此后，归属代理代替 A 接收所有发送给 A 的数据报，并利用隧道技术转发给 A。

2. 固定主机向移动主机发送数据报

当固定主机 B 要发送数据报给 A 时，流程与往常相同(因为移动 IP 对 B 来说是"透明的")，数据中**源地址为 B，目的地址为 A 的永久地址**。

数据报经过的路径为：从 B 到归属代理，归属代理到外地代理，外地代理再到移动主机 A。

1) 归属代理如何截获 B 发给 A 的数据报

归属代理使用了一种叫 ARP 代理的技术，当移动主机不在归属网络时，归属代理会代替移动主机 A 以自己的 MAC 地址应答所有对 A 的 ARP 请求(实质上这就是 **ARP 欺骗**，即归属代理声称自己的 MAC 地址就是 A 的 MAC 地址，ARP 欺骗技术也可以被黑客用来进行网络攻击)。归属代理还会主动发送 ARP 广播，使其他站点尽快更新其 ARP 缓存，这样，所有发往主机 A 的数据报就会被发给归属代理。

2) 转交地址的作用

移动主机 A 的**转交地址实际上就是其外地代理的地址，而不是移动主机的地址。转交地址仅仅是归属代理到外地代理这一段隧道的出口地址**，并不作他用。所有使用同一外地代理的移动主机可以共享这一转交地址。

3) 外地代理如何发送数据报给移动主机 A

外地代理从隧道中取出 IP 数据报并拆封以后，不能按照正常流程去转发该数据报，否则数据报又会被发回归属网络。实际上，外地代理在移动主机 A 注册时会同时记录下移动主机 A 的 MAC 地址，然后，外地代理直接将该 IP 数据报封装到目的地址为 A 的 MAC 层帧中，直接在 MAC 层进行发送。

3. 移动主机向固定主机发送数据报

如果有数据报需要从移动主机 A 发往固定主机 B，则非常简单，A 仅需要将源地址为其永久地址、目的地址为 B 的数据报按照正常流程发送即可。其中的关键就在于，根据 IP 协议，路由器在转发数据报时，只看目的地址，而并不关心源地址是什么，因此源主机 A 是否处于移动状态对路由器来说毫无关系。

4. 同址转交地址

很多时候为了方便，直接将外地代理配置在移动主机上，这时的转交地址被称为同址转交地址(Co-Located Care-of Address)。这个地址既是外地代理的地址，也是移动主机的地址，因为它们就是同一台计算机。

使用同址转交地址时，移动主机上要运行一个外地代理软件，此时外地网络应当使用 DHCP 协议，使移动主机能够自动获取 IP 地址。

5. 三角形路由问题

仔细观察图 8-2 所示的例子会发现一个问题，移动 IP 的转发效率有时是非常低下的，比如固定主机 B 和移动主机 A 明明离得很近，在通信时却绕了一个大圈子，这就是所谓的三角形路由问题。

解决该问题的一个可行方法是，要求固定主机 B 也配置一个通信代理，所有发送给移动主机的数据报都要通过这个通信代理来转发。该通信代理先从 A 的归属代理处获得

A 的转交地址，之后所有的数据报都利用 A 的转交地址通过 IP 隧道发送给 A 的外地代理，无须再经过 A 的归属代理。但是这种方法大大增加了协议的复杂性，并且对固定主机 B 来说失去了透明性。该问题目前尚无完美的解决方案。

8.3.4 移动 IP 的标准

当前移动 IP 的标准是 RFC 3344，该标准并不是要替代现有的 IP 协议，而是对现有 IP 协议(IPv4)的补充，该标准主要包括以下三部分。

1. 代理发现

定义归属代理或外部代理向移动主机通告其服务时所使用的协议，以及移动主机请求一个外部代理或归属代理的服务时所使用的协议。其中最重要的就是外部代理要将转交地址通告给移动主机。

2. 信息注册

定义移动主机向外地代理注册或注销永久地址、归属代理地址等信息，以及移动主机或外地代理向归属代理注册或注销转交地址。

3. 间接路由

定义了数据报由一个归属代理转发给移动主机的方式，包括转发数据报的规则、差错处理规则和几种不同的封装形式(RFC 2003/2004)。

8.4 MPLS 技术

多协议标签交换(Multiprotocol Label Switching，MPLS)(RFC 3031)(RFC 3032)是一种将虚电路的优点和数据报交换的灵活性、健壮性相结合的技术。它通过借鉴虚电路的一个重要概念——"标签"，改善了 IP 路由器的转发速度。支持 MPLS 技术的路由器称为**标签交换路由器**(Label Switching Router，LSR)。

一方面，MPLS 依靠 IP 地址和 IP 路由选择协议来工作；另一方面，MPLS 能使标签交换路由器通过检查相对较短的、长度固定的标签来转发分组，这里的"标签"作用与虚电路技术中的"虚电路号"非常相似。

MPLS 的实现细节非常复杂，本节仅对其原理进行简单介绍。作为一种 IP 增强技术，MPLS 已经广泛应用于现在的因特网中，并发挥着越来越重要的作用。

8.4.1 MPLS 的基本原理

在讨论 MPLS 的原理之前，首先来了解一下 RFC 3032 定义的 MPLS 帧格式，如图 8-3 所示。

图中显示了一个短的 MPLS 首部位于第二层(如 PPP 或以太网)首部和第三层(如 IP)首部之间。在 IP 首部之前插入 MPLS 首部也被俗称为"给 IP 数据报打上标签"。

MPLS 首部的主要字段如下。

(1) 标签字段，占 20 位，其作用类似于虚电路号。

(2) 试验，占 3 位，保留用于试验。

(3) 标志位 S，指示是否为第一个 MPLS 首部。

(4) 寿命字段 TTL，占 8 位。

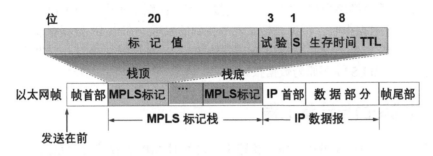

图 8-3　MPLS 首部结构

MPLS 允许一个 IP 数据报被多次打上标签。S 为 1 表示这是第一个打上的标签，S 为 0 表示该 MPLS 首部后面还有一个 MPLS 首部。这种结构非常类似于 IP-in-IP 隧道技术。利用标志位 S 可以很方便地实现 MPLS 隧道和 VPN。

一个 MPLS 帧只能够在两个标签交换路由器之间转发，而不能通过普通路由器，因为 MPLS 首部和 IP 数据报的首部完全不同。多个相邻的标签交换路由器互联，构成了一个 **MPLS 域**。在 MPLS 域中，标签交换路由器不需要提取 IP 数据报首部的 IP 地址，也不需要以最长前缀匹配法来查找路由表，而是通过在一个很简单的转发表中查找 MPLS 标签来转发 MPLS 帧，然后立即将 MPLS 帧转发到相应的输出接口。这种转发的速度比普通路由器转发 IP 数据报要快得多。

图 8-4 显示了 MPLS 技术的基本原理。

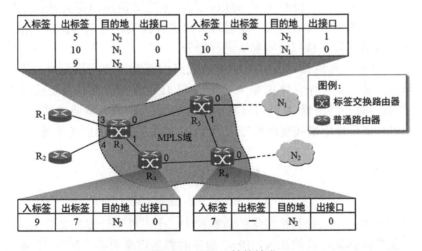

图 8-4　MPLS 帧的转发

路由器 R_3、R_4、R_5 和 R_6 都是 MPLS 标签交换路由器，它们构成了一个 MPLS 域。R_1 和 R_2 是普通的 IP 路由器。R_6 能够通过接口 0 到达网络 N_2，并为此分配入标签 7(注意，虚电路是有方向的连接,不同方向的虚电路,其虚电路号也不同,因此这里的标签也根据方向分为出标签和入标签)。R_6 会将此信息告知 R_4 和 R_5。R_4 向 R_3 通告具有入标签 9 的 MPLS 帧将被转发到 N_2。R_5 向 R_3 通告具有入标签 5 和 10 的 MPLS 帧将被分别转发到 N_2 和 N_1。

当一个 IP 数据报通过一个 MPLS 域时,MPLS 域的入口**标签交换路由器**会给它打上标签,而出口**标签交换路由器**会将打上的标签去掉。在图 8-4 中,当 R_3 从 R_1 收到一个目的地为 N1 的 IP 数据报时,根据在转发表中找到的表项,在该 IP 数据报前面插入一个标签为 10 的 MPLS 首部,然后从接口 0 转发给 R_5,R_5 将该帧从接口 0 转发出去前要将这个首部去掉,将 MPLS 帧还原为数据报。

8.4.2 显式路由与流量工程

可以看出,在 MPLS 域中标签交换路由器之间对 MPLS 帧的转发完全不需要看 IP 地址。MPLS 执行基于标签的交换,而不必考虑分组的 IP 地址。然而,MPLS 真正的价值远远不止于比 IP 数据报更高的交换速度,而是它具有**流量管理**的能力。

比如,在图 8-4 中,R_3 到网络 N_2 具有两条 MPLS 路径,R_3 可以将来自 R_1 到 N_2 的数据报打上标签 5,而将来自 R_2 到 N_2 的数据报打上标签 9,这样就可以轻松地实现让 R_1 到 N_2 的流量经过 R_5,而 R_2 到 N_2 的流量经过 R_4。而普通的 IP 路由选择协议是无法实现上述功能的,因为普通路由器不会根据流量的来源进行转发(路由器只看目的地址,不看源地址),路由器只会根据目的地址选择唯一的、代价最小的路径,而不是多条不同的路径。MPLS 的这种能力叫作**显式路由**,其最重要的应用之一就是**流量工程**。

在 MPLS 中实现显式路由的方法是定义**转发等价类**(Forwarding Equivalence Class,FEC)。FEC 就是路由器将按照同样方式转发的 IP 数据报的集合。"按同样方式转发"意思是从同样的接口转发到同样的下一跳地址,并且具有同样的优先级。FEC 和标签是一一对应的关系,即属于同一个 FEC 的数据报在入口标签交换路由器会被打上同一个标签值。划分 FEC 的方法非常灵活,由网络管理员来进行控制,可以根据数据报中的目的地址、源地址区分服务字段、接口号等参数进行划分。

MPLS 也可以用于其他领域。MPLS 的显式路由有助于使网络面对故障时更容易恢复。例如,可以预先计算一条从路由器 A 到路由器 B 的能避开某条特定链路 L 的路径,当链路 L 发生故障时,路由器 A 就可以将所有目的地是 B 的流量通过预先计算的路径发送。此外,MPLS 还可以用来实现虚拟专用网 VPN 和改进网络的服务质量。

8.5 IPv6

随着网络的扩展,个人计算机市场的急剧扩大、个人移动计算设备的上网、网上娱乐服务的增加以及多媒体数据流的加入,IPv4 内在的弊端逐渐明显。2011 年 4 月,全球可用的 IP 地址已经分配完毕,幸好有 NAT 技术的使用和因特网带宽的迅速增长,IPv4 才能够继续应付网络用户的爆炸式增长,否则 IPv4 早已惨遭淘汰。

8.5.1　IPv6 概述

从 1992 年起，对新一代互联网络协议(Internet Protocol Next Generation，IPng)的研究和实践就已经逐渐成为世界性的热点，其相关工作也已展开。围绕 IPng 的基本设计目标，以业已建立的全球性试验系统为基础，对安全性、可移动性、服务质量的基本原理、理论和技术的探索已经展开。

20 世纪 90 年代初，人们就开始讨论新的互联网络协议，IETF 的 IPng 工作组在 1994 年 9 月提出了一个正式的草案"The Recommendation for the IP Next Generation Protocol"，1995 年年底确定了 IPng 的协议规范，并称为"IP 版本 6"(**IPv6**)，同现在使用的版本 4 相区别；1998 年对 IPv6 做了较大的改动。IPv6 在 IPv4 的基础上进行改进，它的一个重要的设计目标是与 IPv4 兼容，因为不可能要求立即将所有节点都演进到新的协议版本，如果没有一个过渡方案，再先进的协议也没有实用意义。IPv6 面向高性能网络(如 ATM)，同时，它也可以在低带宽的网络(如无线网)上有效地运行。

新型 IP 协议 IPv6 的数据报头结构如图 8-5 所示。

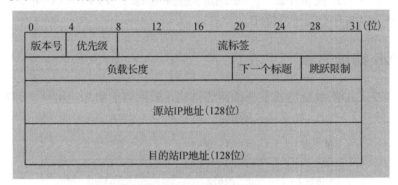

图 8-5　IPv6 的数据报头结构

(1) 版本号(Version)。4 位，说明对应 IP 协议的版本号(此处取值为 6)。

(2) 优先级(Priority)。4 位，定义了源节点要求的拥塞处理功能和优先级别。

(3) 流标签(Flow Labal)。24 位，标识主机要求路由器特殊处理的数据报序列。

(4) 负载长度(Payload Length)。16 位，标识所有扩展域和后继的数据域的总长度，以字节为单位。

(5) 下一报头域(Next Header)。8 位，标识紧跟其后的扩展域的类型。

(6) 跳跃限制(Hop Limit)。8 位，限制数据报经过路由器的个数，其功能类似于 IPv4 的生存期。

IPv6 是因特网的新一代通信协议，在容纳 IPv4 的所有功能的基础上，增加了一些更为优秀的功能，其主要特点如下。

(1) **扩展地址和路由的能力**。IPv6 地址空间从 32 位增加到 128 位，确保加入 Internet 的每个设备的端口都可以获得一个 IP 地址；并且 IP 地址也定义了更丰富的地址层次结构和类型，增加了地址动态配置功能等。

(2) **简化了 IP 报头的格式**。从图 8-5 可以看出，IPv6 对报头做了简化，将扩展域和报头分割开来，以尽量减少在传输过程中由于对报头处理而造成的延迟。尽管 IPv6 的地址长度是 IPv4 的 4 倍，但 IPv6 的报头却只有 IPv4 报头长度的 2 倍，并且具有较少的报头域。

(3) **支持扩展选项的能力**。IPv6 仍然允许选项的存在，但选项并不属于报头的一部分，而是处于报头和数据域之间。由于大多数 IPv6 选项在 IP 数据报传输过程中不由任何路由器检查和处理，因此这样的结构提高了拥有选项的数据报通过路由器时的性能。IPv6 的选项可以任意长，而不被限制在 40 字节，增加了处理选项的方法。

(4) **支持对数据的确认和加密**。IPv6 提供了对数据确认和完整性的支持，并通过数据加密技术支持敏感数据的传输。

(5) **支持自动配置**。IPv6 支持多种形式的 IP 地址自动配置，包括 DHCP(动态主机配置协议)提供的动态 IP 地址的配置。

(6) **支持源路由**。IPv6 支持源路由选项，提高中间路由器的处理效率。

(7) **定义服务质量的能力**。IPv6 通过优先级别说明数据报的信息类型，并通过源路由定义确保相应服务质量的提供。

(8) **IPv4 的平滑过渡和升级**。IPv6 地址类型中包含了 IPv4 的地址类型，因此，执行 IPv6 的路由器可以共存于同一网络中。

8.5.2 IPv6 编址方式

IPv4 地址在 CIDR 编址方式下分成两级结构，即网络前缀和主机号，而在 IPv6 地址中结构划分又回到了三级，如图 8-6 所示。

第一级	第二级	第三级
全球路由选择前缀 （48位）	子网标识符 （16位）	接口标识符 （64位）

图 8-6　IPv6 单播地址的等级结构

(1) **全球路由选择前缀**(Global Routing Prefix)。第一级地址，占 48 位，分配给各公司和机构，用于因特网中路由器的路由选择，相当于 IPv4 地址中的网络前缀(网络地址)。

(2) **子网标识符**(Subnet ID)。第二级地址，占 16 位，用于各公司和机构创建的自己的子网。

(3) **接口标识符**(Interface ID)。第三级，占 64 位，指明主机或路由器的单个网络接口，相当于 IPv4 地址中的主机号。

IPv4 地址表示为点分十进制格式，32 位的地址分成 4 个 8 位分组，每个 8 位写成十进制，中间用点号分隔。而 IPv6 的 128 位地址则是以 16 位为一分组，每个 16 位分组写成 4 个十六进制数，中间用冒号分隔，称为冒号十六进制格式。

例如：21DA:00D3:0000:2F3B:02AA:00FF:FE28:9C5A 是一个完整的 IPv6 地址。

IPv6 的地址表示有以下几种特殊情形。

(1) IPv6 地址中每个 16 位分组中的前导零位可以去除，做简化表示，但每个分组必须至少保留一位数字。如上例中的地址，去除前导零位后可写成：21DA:D3:0:2F3B:2AA:

FF:FE28:9C5A。

(2) 某些地址中可能包含很长的零序列，为进一步简化表示法，还可以将冒号十六进制格式中相邻的连续零位合并，用双冒号 "::" 表示。"::" 符号在一个地址中只能出现一次，该符号也能用来压缩地址中前部和尾部的相邻的连续零位。

例如地址　1080:0:0:0:8:800:200C:417A，0:0:0:0:0:0:0:1，0:0:0:0:0:0:0:0 分别可表示为压缩格式 1080::8:800:200C: 417A，::1，::。

(3) 在 IPv4 和 IPv6 混合环境中，有时更适合采用另一种表示形式：

x:x:x:x:x:x:d.d.d.d

其中 x 是地址中 6 个高阶 16 位分组的十六进制值，d 是地址中 4 个低阶 8 位分组的十进制值(标准 IPv4 表示)。

例如地址　0:0:0:0:0:0:13.1.68.3，0:0:0:0:0:FFFF:129.144.52.38 写成压缩形式为::13.1. 68.3，::FFFF.129.144.52.38。

(4) 要在一个 URL 中使用文本 IPv6 地址，文本地址应该用符号 "[" 和 "]" 来封闭。例如，文本 IPv6 地址 FEDC:BA98:7654:3210:FEDC:BA98:7654:3210 写作 URL 的示例为 http://[FEDC:BA98:7654:3210:FEDC:BA98:7654:3210]:80/index.html。

8.5.3　IPv6 过渡技术

让全球的因特网一夜之间从 IPv4 升级到 IPv6 显然是不现实的，因此向 IPv6 的过渡只能采取不断演进的办法，使各个网络陆续升级。在不断演进的过程中，保证 IPv4 和 IPv6 网络之间的互联互通是至关重要的。也就是说，**IPv6 协议应当能够向后兼容，IPv6 网络必须能够接收和转发 IPv4 分组**，并为其选择路由。

IPv6 的过渡技术主要有以下两种。

1. 双协议栈(Dual Stack)

这种技术指的是在完全过渡到 IPv6 之前，让一部分主机和路由器装上两个协议栈，一个 IPv4，另一个 IPv6。双协议栈主机既能够和 IPv4 网络通信，也能够和 IPv6 网络通信，从而实现两种网络的互联。该主机或路由器必须有两种 IP 地址，一种是 IPv4 地址，另一种是 IPv6 地址。和不同的网络通信时采用不同的地址，如图 8-7 所示。

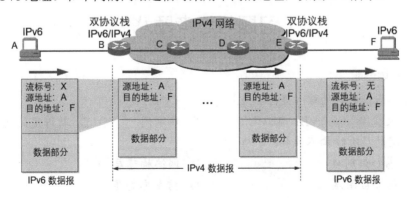

图 8-7　使用双协议栈实现 IPv6 的过渡

在双协议栈技术中，数据报从 IPv4 网络进入 IPv6 网络时，将 IPv4 的首部替换成 IPv6 的首部，反之亦然。但是必须注意，由于 IPv4 和 IPv6 的首部结构不同，**IPv6 首部替换为 IPv4 首部后，IPv6 首部的某些字段无法恢复**，这种损失是双协议栈技术无法避免的。

2. 隧道技术(Tunneling)

隧道技术的原理如图 8-8 所示，其基本思想就是在前面章节讲过的 IP 协议嵌套(IP-in-IP)。

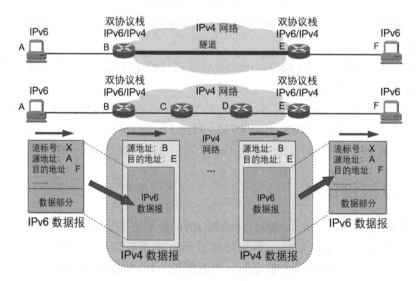

图 8-8　使用隧道技术实现 IPv6 的过渡

当 IPv4 数据报进入 IPv6 网络时，就将它整个当成数据部分封装在一个新的 IPv6 数据报中，再次进入 IPv4 网络时就将它还原出来。反之亦然，当一个 IPv6 数据报即将进入 IPv4 网络时，也把它整个当成数据部分封装在一个新的 IPv4 数据报中。

这种技术也需要有支持双协议栈的路由器作为建立隧道的端点，但是和单纯的双协议栈技术相比，隧道技术的优势就是不会损失数据报的任何首部信息。

习题与思考题八

一、单项选择题

1. 云计算基础架构的核心是(　　)。

　　A. 大数据　　　　B. 虚拟化　　　　C. 物联网　　　　D. 软件定义网络

2. 物联网的层次结构不包括(　　)。

　　A. 感知识别层　　　　　　　　　B. 网络构建层

　　C. 综合应用层　　　　　　　　　D. 信息安全层

3. 物联网的核心技术是(　　)。

　　A. 云计算　　　　B. 虚拟化　　　　C. IPv6　　　　D. 感知识别

4. 移动 IP 有时效率低下,数据报会绕远路发送,这种情况叫( )。

    A. 坏消息传得快,好消息传得慢   B. 三角形路由问题

    C. 显式路由问题   D. 默认路由问题

5. 下面哪种技术没有使用 IP-in-IP 的协议嵌套? ( )

    A. IPv6 双协议栈   B. IPv6 隧道技术

    C. 移动 IP   D. VPN

6. IPv6 的地址长度是( )。

    A. 32 位   B. 48 位   C. 128 位   D. 256 位

7. MPLS 的主要应用不包括( )。

    A. 流量工程   B. 故障恢复   C. 实现 VPN   D. 实现移动 IP

8. 下面针对移动 IP 说法错误的是( )。

    A. 移动主机的转交地址实际上就是其归属代理的地址

    B. 移动 IP 对任何与移动主机进行通信的其他主机来说都是完全透明的

    C. 归属代理代收移动主机的数据报,使用的技术实质上是 ARP 欺骗

    D. 将外地代理配置在移动主机上,这时的转交地址被称为同址转交地址

9. MPLS 的首部结构不包括( )。

    A. 寿命字段   B. 标志位 S   C. 虚电路号   D. 标签

10. 下面关于物联网的说法错误的是( )。

    A. 物联网的终极目标是实现万物相连

    B. 云计算和物联网深度融合,叫作"云物联"

    C. 工业 4.0 是从信息物理融合系统到嵌入式系统的变革

    D. 物联网的信息安全和隐私保护问题非常重要

二、多项选择题

1. 云计算的服务类型包括( )。

    A. 基础设施即服务   B. 平台即服务

    C. 软件即服务   D. 操作系统即服务

2. 大数据的主要特点是( )。

    A. 大量   B. 多样   C. 高速   D. 价值

3. 物联网感知识别层的主要技术包括( )。

    A. RFID   B. 传感网   C. 虚拟化   D. 定位

4. 移动 IP 国际标准的主要内容包括( )。

    A. 参数协商   B. 代理发现   C. 间接路由   D. 信息注册

5. IPv6 的过渡技术包括( )。

    A. 双协议栈   B. VPN   C. NAT   D. 隧道技术

三、判断题

1. IPv4 和 IPv6 的地址结构都是两级结构。   ( )

2. 物联网与传统工业的结合被称为"工业 4.0"或第四次工业革命。　　　　　(　　)

3. MPLS 首部位于 IP 首部和传输层首部之间。　　　　　　　　　　　　　(　　)

4. IPv6 不支持 IP 地址的自动配置。　　　　　　　　　　　　　　　　　(　　)

5. 移动 IP 技术允许主机在不同的网络之间漫游时能保持其 IP 地址不变,并保证因特网中的其他主机能够将数据报正确发送到该移动主机。　　　　　　　　　　(　　)

计算机网络技术基础(微课版)

第 9 章 　网络工程设计

网络系统的规划与设计在网络建设中起到重要作用，本章对网络工程设计的有关知识进行概述，主要介绍需求分析、工程论证、网络设计原则等方面。如何确定局域网设计方案是本章的重点。学完本章，应该可以掌握以下内容。

- 网络需求分析与工程论证方法。
- 网络设计原则。
- 网络的三层设计模型。
- IP 地址规划方法。
- 结构化布线系统的设计。
- 网络安全设计。
- 网络软硬件的选择。

9.1　需　求　分　析

在构造一个计算机网络时，首先要建立一个"系统"的概念。建设网络系统是一个非常复杂且技术性要求很强的工作，需要专门的系统设计人员按照系统工程的方法进行统一规划设计。主要包括网络系统的需求分析、网络系统的规划与设计、网络系统的实施、网络系统的运行与维护等。

选择什么样的网络系统、拓扑结构、服务器、客户机、网络操作系统和数据库软件，由哪些厂商提供以上网络系统的软硬件支持等问题，已不再是一个简单部件的组合问题，这都需要对网络进行系统的规划与设计。

网络系统的规划与设计就是在达到用户目标、满足用户需求的前提下，优选先进的技术和产品，完成系统软硬件配置的实施过程。也就是说，它要根据用户需求对网络应用软件、网络软硬件产品、服务器系统、主机、数据库和操作系统、各种中间件技术及综合布线技术等进行最佳的组合。它包括目标、方法、内容三大部分，涉及计算机、网络、通信和管理等方面的知识和技术。

9.1.1　需求分析的概念

网络的需求分析是关系到一个网络系统成败的关键，是网络设计的基础。如果对用户的网络需求分析得透彻，网络工程的实施及网络应用的实施就相对容易。反之，如果在对用户需求了解不清楚或把握不准的情况下开始网络设计，就可能在后期开发中出现很多问题，破坏项目的计划和预算。因此，必须把网络应用的需求分析作为网络系统规划与设计中至关重要的步骤来认真完成。

网络需求分析的任务就是全面了解用户的具体要求，对用户目前的需求状况进行详

细的调研，了解用户建网的目的、用户已有的网络基础和应用现状(包括综合布线、网络平台、已开展的网络应用等)。

需求分析就是要了解用户组建网络的要求和目标，网络规划的过程应从这里开始，也应该回到这里。需求分析最终应得出对网络系统的如下几个方面的明确定义。

1. 网络的地理分布

确定网络覆盖的地理范围，以及网络节点的数量和位置，站点间最大的距离、用户群组织、特殊要求和限制。这是网络通信介质选用、子网/虚拟网络的划分、网络拓扑结构和路由设计的重要依据。

2. 用户设备类型

明确计算机主机、网络服务器、终端和模拟设备系统的软硬件类型及其兼容性。

(1) 网络服务。确定网络数据库和应用程序、文件传输、电子邮件、虚拟终端等服务的系统需求。

(2) 通信类型和通信量。明确网络数据、视频信号、音频信号的通信类型和通信量。

3. 网络带宽和网络服务质量

确定网络带宽、数据速率、延迟、吞吐率、可靠性，以及是否支持多媒体数据通信、实时视频传输和视频点播等。

4. 网络安全和网络管理的需求

明确网络安全的系统需求，明确网络管理范围、网络管理对象和用户对网络管理功能的需求。网络管理功能涉及网络配置管理、性能管理、故障管理、安全管理和计费管理等5个方面。

需求分析是组建网络的基础，除了应明确上述几个方面的定义外，还要考虑机房的环境(温度、湿度、洁净度及抗干扰性等)和位置需求、网络设备的电气特性(电源、接地、防雷击等)、网络管理和应用人员的状况、用户未来发展的需求等诸多方面。

9.1.2 工程论证

工程论证是为了弄清所定义的项目是否可能实现和值得进行研究。论证的过程实际是一次大大**简化的系统分析和系统设计的过程**。在投入大量资金前研究工程的可能性，减少所冒的风险，即使研究结论不值得进行，花在**可行性研究**上的精力也不算白费，因为它避免了一次更大的浪费。

在工程论证过程中需要从经济、技术、运行和法律等诸多方面进行论证，做出明确的结论供用户参考。

1. 经济可行性

在经济方面，需要论证局域网的设计有没有经济效益，花费如何，多长时间可以收回成本。

2. 技术可行性

在技术方面，包括现有技术如何实现这一方案、有没有技术难点、建议采用的技术先进程度、系统有无可扩展性、可满足未来多少年内的增长需求、系统是否有冗余、所提供的稳定性能否满足用户要求等。

3. 运行可行性

运行可行性指工程的运行方式是否可行,如工程中有无一定的安全措施可以保证网络的正常运行,系统中有无安全漏洞。

4. 法律可行性

法律可行性指工程的实施会不会在社会上或政治上引起侵权、破坏或其他责任问题。

若经过论证是可行的,则应按照国家制定的有关规定写出系统开发和建设的可行性报告。

9.1.3 网络工程设计原则

要进行计算机网络设计,第一步是根据用户的需求分析,确立计算机网络的设计目标,网络设计目标是建立一个可以满足客户的业务和技术需求的功能完整的网络。一个成功的网络设计要为网络容量留出余地,而且应该采用新技术,能适应网络规模扩大。设计还应该有效地利用现有的资源,保护前期投资。针对不同的组织和不同情况,网络设计的目标也不尽相同,但是任何网络设计都要遵循如下特定的原则。

1. 功能性原则

在未完全了解要完成的任务之前,进行网络设计是根本不可能的。把所有的需求集中起来通常是一件非常复杂而困难的工作,但网络的最终功能应该实现其设计目标。网络必须是可运行的,也就是说,网络能完成用户提出的各项任务和需求,应为用户到用户、用户到组织机构的各种应用提供速度合理、功能可靠的连接。在设计时要经常问自己,要完成的功能是什么,从而将目标集中在要完成的任务上。

网络设计的目的是使用方便,它是用户毫无困难地使用网络服务的能力,在连接到网络时可以得到较好的性能而且不需要用户过多参与。一般来说,一个网络越安全,可用性就越差,一个完全安全的网络是没有用的,因为没有通信流可以通过它。

2. 可缩放性原则

所设计的网络必须是可缩放的。比如一栋房子的拆迁所造成的部分网络中断,并不影响整个网络。计算机网络设计更要考虑网络必须能够随着组织机构规模的增长而增长,同时可随着组织机构数目的增加而增大。也就是最初的设计网络可以根据网络规模的变化而扩展规模,即最初的设计不必做较大修改就可扩展到整个网络,除了具有应付增加更多用户、更多站点的应变能力外,还应具有增加应用的应变能力。

关于网络具有增加应用的应变能力非常重要。一个网络开始时,也许只要求具有资源共享的用途,但随着用户对网络需求的不断扩大,又有了新的要求,如 IP 电话、网络视频会议等,那么所设计的网络应该具有这种增加应用的应变能力。

3. 可适应性原则

网络设计必须着眼于未来技术的发展,网络对新技术的实现不应有所限制。在网络的设计和安装中，应该在适应性和成本有效性之间进行权衡。例如，VoIP(Voice over IP)和多播是今天互联网络中快速流行的新技术，通过使用提供了具有网络扩展和升级选项的硬件和软件都能实现这些功能。

4. 可管理性原则

应提供方便的检测和管理功能以保证网络稳定运行。在考虑网络管理时，应该与考虑网络设计时一样细心，这就意味着网络运行应该符合最初的设计目标，而且应该是可以支持的。如果网络管理员要求实现非常方便的管理，设计时可能要花费大量时间。设计出一个易于管理的网络，网络设计人员的威望会与日俱增。

5. 成本有效性原则

网络设计成本必须控制在财政预算的限制之内。超出财政预算、想入非非的设计方案，即使再好，也是空中楼阁。网络设计人员必须找出导致预算超支的具体设计要求以及相应的解决方案。如果不存在可以降低成本的解决方案，那么应该将这些信息反馈给业主，以便他们能够根据获得的信息做出相关的决策调整，或增加财政预算。

总体规划设计、分步实施是解决财政困难的非常行之有效的方法。但建议基础设计，如系统布线、光缆铺设等最好一步到位。

通过需求分析和工程论证，兼顾以上设计原则，整个网络的设计目标也就确定下来了，下一步的工作是针对既定的网络设计目标进行整体网络规划与设计。

9.2 网络规划与设计

建设一个网络并不是一件简单的事，事实上需要设计人员具备网络的基本知识，知道局域网络的构成部件，把这些知识串联起来，结合用户的需求，便可形成一个设计方案的结构。设计方案的形成，占一个网络工程 30%～40%的工作量，剩下的只是付诸实现的问题。

9.2.1 网络标准的选择

网络设计的一个重要步骤，就是根据业务性质与需求选择最合适的网络标准。现行的局域网技术有多种，如以太网、FDDI 及 ATM 等，当前局域网主要使用以太网技术。以太网技术选型比较容易确定，例如，可以按表 9-1 所列的方式来搭建平台。

表 9-1　网络标准选择

类　型	桌面/工作组	部　门	企　业
普通型	以太网(10Base-T)	快速以太网(100Base-TX)	千兆以太网(1000Base-X)
增强型	快速以太网(100Base-TX)	千兆以太网(1000Base-X)	万兆以太网(10GBase-L)

计算机网络技术基础(微课版)

9.2.2　网络拓扑结构的选择

网络拓扑结构是建设网络信息系统时首先要考虑的问题。网络拓扑结构对整个网络的运行效率、技术性发挥、可靠性和费用等方面都有着重要的影响，确立网络拓扑结构是整个网络方案规划设计的基础。网络拓扑结构设计是指在给定节点位置及保证一定可靠性、时延、吞吐量的情况下，服务器、工作站和网络连接设备如何通过选择合适的通路、线路的容量以及流量的分配，使网络的成本降低。

在有线局域网中，常用的拓扑结构有总线形结构、环形结构、星形结构、网状结构与树形结构等。目前，一个网络往往并非以单一拓扑结构出现，可能是上述多种网络拓扑结构的混合。在一些庞大而复杂的应用系统中，有时需要将各种拓扑结构的局域网连接在一起，而结合成复合型的拓扑结构。比如，拓扑结构可以以"层次+网状结构(ATM 的多路由、快速以太网的冗余线路备份)"的形式出现，通常采用主干网加子网(LAN)结构进行设计。子网有交换/集线设备，上连主干网络，下连用户计算机，远程用户通过终端访问服务器与系统相连。

9.2.3　三层模型

在网络设计中，没有一种设计方法可以适合所有的网络，网络设计技术非常复杂而且更新很快。Cisco 提出了网络设计方法学，使用**分级三层模型**建立整个网络的拓扑结构。这种设计模型有时也称为结构化设计模型(Hierarchical Network Design Model)。在分级三层模型里，网络可以划分为**核心层**(Core Layer)、**分布层**(Distribution Layer)、**接入层**(Access Layer)，如图 9-1 所示。

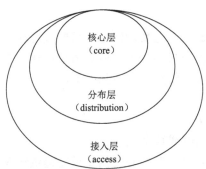

图 9-1　分级三层设计模型

对应于网络拓扑，每一级都有一组各自不同的功能，通过采用分级方法，可以用分级设计模型建立非常灵活和可缩放性极好的网络。

分级三层设计模型既可应用于局域网，也可应用于广域网、城域网等。但在不同网络中表示的内容并不一样，以行政部分的等级划分为例，站在全省讲，核心层就是省政府，分布层是地市级政府，接入层是各级县政府；在一个部门内，核心层是部门的领导，分布层是中层干部，接入层是普通职员。我们不要拘泥于每一层到底是什么，而把它看作一种化整为零的设计思想，各个层次既相对独立又相互关联，在具体实施时，可以把重点放在解决某一层次的问题上，由此把复杂的问题简单化。

在三层拓扑结构中，通信数据被接入层导入网络，然后被汇聚层聚集到高速链路上流向核心层。从核心层流出的通信数据被汇聚层发散到低速链路上，经接入层流向用户。

在分层网络中，核心层处理高速数据流，其主要任务是数据的交换；汇聚层负责聚合路由路径，收敛数据流量；接入层负责将流量导入网络，执行网络访问控制等网络边缘服务。

按照分层结构规划网络拓扑时，应遵守以下基本原则。

(1) 网络中因为拓扑结构改变而受影响的区域应被限制到最小限度。

(2) 路由器(及其他网络设备)应传输尽量少的信息。

下面以园区网络设计为例来讲解分级三层结构法的使用。图 9-2 给出了一个简单的园区网分级模型。

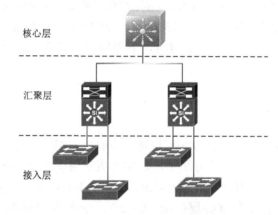

图 9-2　园区网三层分级模型

1. 核心层

核心层是园区网的主干部分，主要功能是尽可能快地交换数据。核心层不应该涉及费力的数据包操作或者减慢数据交换的处理。应该避免在核心层中使用像访问控制列表和数据包过滤之类的功能。核心层主要负责以下几项工作。

(1) 提供交换区块间的连接。

(2) 提供到其他区块的访问。

(3) 尽可能快地交换数据帧或数据包。

核心层一般采用高端交换机，对核心交换要求能提供线速多点广播转发和选路，以及用于可扩展的多点广播选路的独立于协议的多点广播协议。而且还要求所选用的核心交换机保证能提供园区网主干所需的带宽和性能。

2. 汇聚层

分布层也叫**汇聚层**，是网络接入层和核心层之间的分界点。该分层提供了边界定义，并在该处对潜在的费力的数据包操作进行处理。

在园区网环境中，分布层能执行众多功能。

(1) VLAN 聚合。

(2) 部门级和工作组接入。

(3)　VLAN 间的路由。

(4)　广播域或组播域的定义。

(5)　介质转换。

(6)　安全。

总之，分布层可以被归纳为能提供基于策略的连通性的分层。它可将大量接入层过来的低速链路通过少量高速链路导入核心层，实现通信量的聚合。同时，分布层可屏蔽经常处于变化中的接入层对相对稳定的核心层的影响，从而可以隔离接入层拓扑结构的变化。

3．接入层

接入层是直接与用户交互的层次，其基本设计目标有三个。

(1)　将流量导入网络。

(2)　提供第 2 层服务，比如基于广播或 MAC 地址的 VLAN 成员资格和数据流过滤。

(3)　访问控制。

需要指出的是，VLAN 的划分一般是在接入层实现的，但 VLAN 之间的通信必须借助于分布层的三层设备才得以实现。

由于接入层是用户接入网络的入口，所以也是黑客入侵的门户，通常用包过滤策略提供基本的安全性，保护局部网免受网络内外的攻击。

接入层的主要准则是能够通过低成本、高端口密度的设备提供这些功能。相对于核心层所采用的高端交换机，接入层就是"低端"设备，常称为工作组交换机或接入层交换机。因为园区网接入层往往已到用户桌面，所以有人又称其为桌面交换机。

上面介绍了一个典型园区网的三层划分情况，但需要注意的是，并不是所有网络都具有这三层，并且每一层的具体设备配置情况也不一样。比如当网络很大时，核心层可由多个冗余的高端交换机组成，如图 9-3 所示；又比如当构建超级大型网络时，该网络可以进行更进一步的划分，将整个网络分为 4 级，分别为核心层、骨干层、分布层及接入层；相反，当网络较小时，核心层可能只包含一个核心交换机，该设备与汇聚层上所有的交换机相连；如果网络更小的话，核心层设备可以直接与接入层设备连接，分层结构中的汇聚层被压缩掉，如图 9-4 所示。显然，这样设计的网络易于配置和管理，但是其扩展性不好，容错能力差。

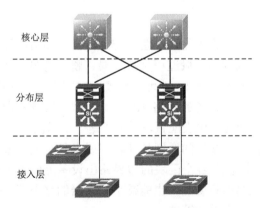

图 9-3　核心层采用冗余高端交换机

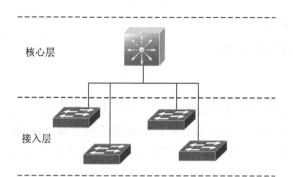

核心层

接入层

图 9-4　核心层与接入层连接

使用分级模型,有利于设计的实现,在这种情况下,许多站点有重复的相似拓扑,而且模块化的体系结构促进了技术的逐渐迁移。有效地使用分级设计模型的指导准则如下。

(1) 选择最合适需求的分级模型。边界作为广播的隔离点,同时还作为网络控制功能的焦点。

(2) 不要使网络的各层总是完全网状的。如果访问层路由器是直接连接的,或不同站点的分布层路由器是直接相连的(不通过主干线连接起来),就会成为网状连接。但是核心层连接通常是网状的,其目的是考虑到电路冗余和网络收敛速度的原因。

(3) 不要把终端工作站安装在主干网上。如果主干网上没有工作站,可以提高主干网的可靠性,使通信量管理和增大带宽的设计更为简单。把工作站安装在主干网上还可能导致更长的收敛时间。

(4) 通过把 80%的通信量控制在本地工作组内部,从而使工作组 LAN 运行良好。尽管 8/2 原则现已渐渐转变为 2/8 原则,但仍可以通过合理设计使得通信量尽量局部化,尽量将联系较多的人员分配在同一子网或同一 VLAN 中,从而较高程度地实现通信隔离,既缓解了网络压力,又能保证安全性。

9.2.4　IP 地址规划

IP 地址的合理分配对网络管理起到重要作用。IP 地址分配需要遵守一定的原则。

1. 体系化编址原则

体系化其实就是结构化、组织化,以企业的具体需求和组织结构为原则,对整个网络地址进行有条理的规划。规划的一般过程是从大局、整体着眼,然后逐级由大到小分割、划分。最好在网络组建前配置一张 IP 地址分配表,对网络各子网指出相应的网络 ID,对各子网中的主要层次指出主要设备的网络 IP 地址,对一般设备指出所在的网段。各子网之间最好还列出与相邻子网的路由表配置,表 9-2 是一个示例。

从网络总体来说,体系化编址的原则是使相邻或者具有相同服务性质的主机或办公群落都在 IP 地址上连续,这样在各个区块的边界路由设备上便于进行有效的路由汇总,使整个网络的结构清晰、路由信息明确,也能减小路由器的路由表。每个区域的地址与其他的区域地址相对独立,也便于灵活管理。

表 9-2 IP 地址编址示例

子网	网络 ID	服务器地址	路由器地址	客户机网段
子网 1	192.168.1.0	192.168.1.1～192.168.1.5	192.168.1.10	192.168.1.11～192.168.1.254
子网 2	192.168.2.0	192.168.2.1～192.168.2.5	192.168.2.10	192.168.2.11～192.168.2.254
子网 3	192.168.3.0	192.168.3.1～192.168.3.5	192.168.3.10	192.168.3.11～192.168.3.254

2. 持续可扩展性原则

这里所说的可扩展性就是在初期进行网络规划时为将来的网络拓展考虑，眼光要放得长远一些，在将来很可能增大规模的区块中要留出较大的余地。

当使用分级地址设计来实现 IP 地址分配时，可以实现网络的可缩放性和稳定性要求。使用该模型的网络可以增长到容纳数千个节点，而且具有非常高的稳定性。

3. 按需分配公网 IP 原则

相对于私有 IP 而言，公网 IP 不能由自己设置，而是由 ISP 等机构统一分配和租用的，这就造成了公网 IP 的稀缺，所以对公网 IP 必须按实际需求分配。如：对外提供服务的服务器群组区域，不仅要够用，还要预留出余量；而员工部门仅需要浏览 Internet 等基本需求的区域，可以通过 NAT 来使多个节点共享一个或几个公网 IP；最后，那些只对内部提供服务，或只限于内部通信的主机自然不用分配公网 IP。具体的分配必须根据实际需求进行合理的规划。当然，如果企业内部网络不与外网连接，则不用申请就可以利用公网 IP 地址，如 A、B 类地址，这样的网络所连接的用户比 C 类网络大许多，可以满足一些大中型企业的网络规划需求。

另外，由于现在的 IPv4 网络正在向 IPv6 过渡，将来很可能出现一段很长的 IPv4 和 IPv6 共存的时期，所以现在构建网络时应尽量考虑到对 IPv6 的兼容性，选择能支持 IPv6 的设备和系统，以降低升级过渡时的成本。

4. 静态和动态分配地址的选择

是使用静态 IP 地址分配方式还是使用 DHCP 动态 IP 分配方式，需要从这两类分配机制的优缺点谈起。

首先，由于动态分配地址时地址是由 DHCP 服务器分配的，便于集中化统一管理，并且每个新接入的主机通过非常简单的操作就可以正确获得 IP 地址、子网掩码、默认网关、DNS 等参数，在管理的工作量上比静态地址要少很多，而且越大的网络越明显。而静态分配地址则正好相反，需要先指定哪些主机要用到哪些 IP，绝对不能重复，然后去客户机上逐个设置必要的网络参数，并且当主机区域迁移时，还要记住释放 IP，并重新分配新的区域 IP 和配置网络参数。这需要一张详细记录 IP 地址资源使用情况的表格，并且要根据变动实时更新，否则很容易出现 IP 冲突等问题。可以想见，这在一个大规模的网络中工作量是多么可怕。但是在一些特定的区域，如服务器群区域，每台服务器都有一个固定的 IP 地址，这在绝大多数情况下都是需要的。

其次，动态分配 IP 地址可以做到按需分配，当某个 IP 地址不被主机使用时，能将其释放出来供别的新接入主机使用，这样可以在一定程度上高效地利用好 IP 资源。DHCP 的地址池只要能满足同时使用的 IP 峰值就可以。静态分配必须考虑更大的使用余量，很多临时不接入网络的主机并不会释放掉 IP，而且由于是临时性的断开和接入，手动释放和添加 IP 等参数明显是受累不讨好的工作，所以这时必须考虑使用更大的 IP 地址段，确保有足够多的 IP 资源。

最后，动态分配要求网络中必须有一台或几台稳定且高效的 DHCP 服务器，因为当 IP 管理和分配集中的同时，故障点也相应集中起来了，只要网络中的 DHCP 服务器出现故障，整个网络都有可能瘫痪，所以在很多网络中 DHCP 服务器不止一台，而是另有一台或一组热备份的 DHCP 服务器，平时还可以分担地址分配的工作量。另外，客户机在与 DHCP 服务器通信时，如地址申请、续约和释放等，都会产生一定的网络流量，虽然不大，但还是要考虑到。而静态分配就没有上面的这两个缺点，而且静态地址还有一个最吸引人的优点，就是比动态分配更容易定位故障点。在大多数情况下，企业网管在使用静态地址分配时，都会有一张 IP 地址资源使用表，所有的主机和特定 IP 都会一一对应起来，出现了故障或者对某些主机进行控制管理时比动态地址分配要简单得多。

到底何种情况使用动态分配，何种情况使用静态分配呢？肯定要按实际的网络结构和需求来考虑，其中最重要的一个决定因素应该是网络规模的大小，这直接决定了网络管理的工作量。简单地说，**大型企业和远程访问的网络适合动态地址分配，而小企业网络和那些对外提供服务的主机适合静态地址分配**。

9.2.5 结构化布线系统设计

网络的逻辑拓扑结构、IP 子网等设计方案确定之后，下面要做的事便是确定网络的布线方案，这实际上决定了网络的实际物理布局。

网络布线方案主要讨论怎样设计布线系统，这个系统有多少信息量、多少语音点，怎样通过水平干线、垂直干线、楼宇管理子系统把它们连接起来，需要选择哪些传输介质(线缆)，需要哪些线材(槽管)及其材料价格如何，施工有关费用需多少等问题。

结构化布线系统是一种模块化、灵活性极高的建筑物和建筑群内的信息传输系统。结构化综合布线系统(SCS)是一种集成化的通用传输系统，它利用双绞线或光缆来传输建筑物内的多种信息。结构化布线也叫综合布线，是一套标准的继承化分布式布线系统。结构化布线就是用标准化、简洁化、结构化的方式对建筑物中的各种系统(网络、电话、电源、照明、电视、监控等)所需要的各种传输线路进行统一的编制、布置和连接，形成完整、统一、高效兼容的建筑物布线系统。图 9-5 所示便是一个网络的布线方案结构。

在传输介质的选择上，通常网络中的传输介质有双绞线、同轴电缆与光缆等。其中，**光缆主要用于网络设备的互联，同轴电缆和双绞线主要用于网络设备到桌面主机的连接**。同轴电缆用于总线形局域网布线，双绞线用于星形局域网布线。各种通信介质在局域网中的分布大致遵循以下原则：双绞线用于桌面和同一楼内的布线，光缆用于楼间布线，如表 9-3 所示。

计算机网络技术基础(微课版)

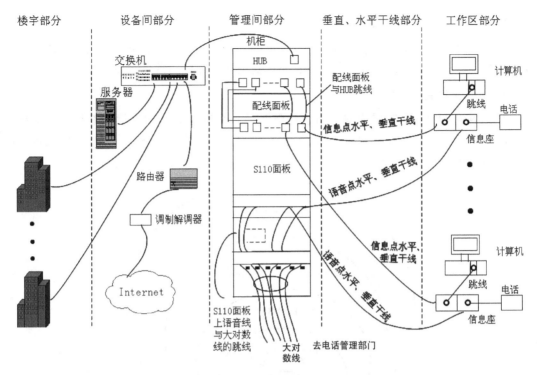

图 9-5 网络的布线方案结构图

表 9-3 通信介质分布

通信介质	分布位置
双绞线	桌面布线
	同一楼层布线
	楼层间交换机互联
光缆	楼与楼间交换机互联
	楼层交换机互联
	桌面布线(用在极少数的高性能计算场所)
同轴电缆	楼层交换机互联

9.2.6 网络安全设计

从本质上讲,网络安全就是网络上的信息安全,是指网络系统的硬件、软件及其系统的数据受到保护,不受偶然的或恶意的原因而遭到破坏、更改、泄露,系统能够连续可靠地正常运行。广义地说,凡是涉及网络上信息的保密性、安全性、可用性、真实性和可控性的相关技术和理论,都是网络安全所要研究的领域。网络安全的内容既有技术方面的问题,也有管理方面的问题,两方面相互补充,缺一不可。技术方面主要侧重于防范外部非法用户的攻击,管理方面则侧重于内部人为因素的管理。如何有效地保护重要的信息数据、提高计算机网络系统的安全性,已经成为所有计算机网络应用必须考虑和必须解决的一个重要问题。

1. 网络安全设计的主要内容

网络安全设计主要考虑安全对象和安全机制，安全对象主要有网络安全、系统安全、数据库安全、信息安全、设备安全、信息介质安全和计算机病毒防治等。

2. 网络安全层次模型

按照网络 OSI 的 7 层模型，网络安全贯穿于整个 7 层。针对网络系统实际运行的 TCP/IP 协议，网络安全贯穿于信息系统的 4 个层次，因此，网络的安全体系结构也可以用层次模型来表示，如图 9-6 所示。

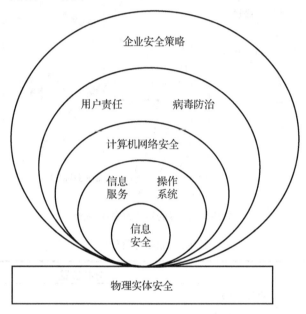

图 9-6　网络安全设计层次模型

(1) 物理层。物理层信息安全主要防止物理通路的损坏、物理通路的窃听、对物理通路的攻击(干扰等)等。

(2) 链路层。链路层的网络安全需要保证通过网络链路传送的数据不被窃听，主要采用划分 VLAN(局域网)、加密通信(远程网)等手段。

(3) 网络层。网络层的安全需要保证网络只给授权的客户使用授权的服务，保证网络路由正确，避免被拦截或监听。

(4) 操作系统。操作系统安全要求保证客户资料、操作系统访问控制的安全，同时能够对该操作系统上的应用进行审计。

(5) 应用平台。应用平台指建立在网络系统之上的应用软件服务，如数据库服务器、电子邮件服务器、Web 服务器等。由于应用平台的系统非常复杂，通常采用多种技术(如 SSL 等)来增强应用平台的安全性。

(6) 应用系统。应用系统完成网络系统的最终目的是为用户服务。应用系统的安全与系统设计和实现关系密切。应用系统使用应用平台提供的安全服务来保证基本安全，如通信内容安全，通信双方的认证、审计等手段。

3. 网络安全设计原则

网络管理与网络信息系统的安全是网络设计中的重要部分，因此网络安全规划、设计应从设备安全、软件和数据库安全、系统运行安全以及网络互联安全等方面进行周密的考虑，具体表现在以下几个方面。

1) 安全策略选取。

(1) 硬件可靠性。网络服务器、交换/基线设备、工作站、连接器件、电源、外部设备等性能及质量必须有全优保证。采用计算机群集、带电热拔插技术、磁盘阵列、磁盘镜像技术，保证系统安全、正常地运行。

(2) 数据备份方案。备份是在系统出现故障时的重要补救措施，采用磁带或可读写光盘设备对数据进行备份，可随时、定时进行(由软件设计时规定)。

(3) 防病毒措施。给网络服务器、工作站安装防病毒软件，或配置防病毒功能的网卡。

(4) 环境安全性。指电源系统(如交流电源、UPS 配备)、接地系统(交流地、直流地、保护地)、防雷设施等。重要部门还有保密和辐射屏蔽的要求。对用户按不同级别划分适当的访问权限，以保护数据的安全。

(5) 网络互联安全。内部网络可设计虚拟网，按各系统分工加以分隔，每个系统只限在本系统内工作；内部网与外部网互联须采用防火墙技术，国内常采用的防火墙产品有 Check Point 公司的 FireWall、Cisco 公司的 PIX Firewall 等。

(6) 网络管理。网络管理软件是管理维护网络系统的重要工具，它以直观化的图形界面，完成网络设备管理、资源分配、流量分析、安全控制及故障处理等。优秀的网管软件应首推 HP 公司的 Open View，Intel 的 LAN Desk Management Suite 也是优秀的产品。

2) 选择并实现安全服务

由于网络的互联是在链路层、网络层、传输层、应用层不同协议层来实现的，各个层的功能特性和安全特性也不同，因而其安全措施也不相同。

物理层安全涉及传输介质的安全特性，抗干扰、防窃听将是物理层安全措施制定时的重点。

在链路层，通过"桥"这一互联设备的监听和控制作用，可以建立一定程度的虚拟局域网，对物理和逻辑网段进行有效的分割和隔离，消除不同安全级别逻辑网段间的窃听可能。

在网络层，可通过对不同子网的定义和对路由器的路由表控制来限制子网间的节点通信，通过对主机路由表的控制来控制与之直接通信的节点。同时，利用网关的安全控制能力，可以限制节点的通信、应用服务等，并加强外部用户识别和验证能力。对网络进行级别划分与控制，网络级别划分大致包括 Internet/企业网、骨干网/区域网、区域网/部门网、部门网/工作组网等，其中 Internet/企业网的接口要采用专用防火墙，骨干网/区域网、区域网/部门网的接口利用路由器的可控路由表、安全邮件服务器、安全拨号验证服务器和安全级别较高的操作系统等。增强网络互联的分割和过滤控制，也可以大大地提高安全保密性。

9.3　网络设备选型

网络产品的性能在某种程度上会决定网络的性能。为此，本节从网络硬件设备选型和网络软件选择两个方面介绍网络产品的选型。

9.3.1　网络硬件设备选型

网络系统中主要硬件设备的选择直接影响到网络整体的性能，其投资占网络系统整体投资的很大比例，在网络系统总体设计时对其进行分析和选择是很重要的。网络设备选择一般有两种含义：①从应用需要出发进行的选择；②在众多厂商的产品中选择性能价格比高的产品。组建网络时，通常涉及的主要网络硬件设备有服务器、工作站、集线器、交换机和路由器等，下面仅给出部分核心设备的选择标准。

1. 服务器选型

由于**服务器在网络中占有重要地位**，因此，网络服务器的选型是组建局域网的一项重要工作。服务器选型的原则可以归纳为 5 个字母，即 MAPSS。

(1) M 代表**可管理性**(Management)。服务器的可管理性一方面利于及时发现服务器的问题，并进行维护和维修，避免或减少因服务器的宕机而造成的网络系统瘫痪。另一方面，利于管理员及时了解服务器性能，对性能有问题的服务器进行及时升级。

(2) A 代表**可用性**(Availability)。可用性可以用服务器连续无故障运行的时间来衡量。由于高端服务器是网络的数据中心，时刻为用户提供数据访问服务，因此，要尽量避免服务器在工作时间内宕机。选择高端服务器时，用户需要考察服务器连续运行的时间。

(3) P 代表**性能**(Performance)。服务器整体性能由以下几方面因素决定。

① 芯片组。芯片组用于把计算机上的各个部件连接起来，实现各部件之间的通信。芯片组是计算机系统的核心部件，直接决定系统支持的 CPU 类型、CPU 数目、内存类型、内存最大容量、系统总线类型和系统总线速度等。选择最先进的芯片组结构就保证了系统性能的领先。

② 内存类型和最大容量。内存类型和最大支持容量对系统的运算处理能力也具有非常大的影响。

③ I/O 通道。I/O 是计算机系统的性能瓶颈，采用高速的 I/O 通道对服务器整体性能的提高具有非常重要的意义。对于提供交互式数据服务的应用，服务器需要高速的 I/O 通道。

④ 与网络的接口及计算能力。服务器通过网络与客户机通信，服务器与网络的接口卡要选择服务器专用网卡。另外，要选择与服务器硬件体系结构匹配的服务器操作系统，这对提高服务器整体性能也是非常重要的。例如，UNIX 体系结构的服务器以采用 UNIX 操作系统为宜。

(4) 第一个 S 代表**服务**(Service)。服务首先体现在维修，其次是技术支持(包括售前和售后的技术支持)。另外，还包括服务器厂商网站上提供的服务，例如 QA(Question &

Answer)和软件下载。

(5) 第二个 S 代表节约成本(Saving Cost)。在考察 M、A、P、S 四个方面指标的同时，还要综合考虑它们导致的价格变化。一般来讲，高性能和优质服务就意味着高价格，因此，在资金预算有限的情况下，要综合考虑 M、A、P、S 的指标，力争在一定的成本上获得最佳的性能指标。

2. 交换机选型

根据交换机使用环境的不同，对其性能要求也不一样，总体来说，衡量交换机较关键的技术指标如下。

1) 端口容量

端口容量是指满配置时各种端口的最大值，它体现的是交换机最大的扩展能力，可以为网络将来的扩展留有余量。具体选配模块时，满足当前需要即可。

2) 支持的网络类型

支持的网络类型是一般情况下，固定配置式不带扩展槽的交换机仅支持一种类型的网络，机架式交换机和固定配置带扩展槽的交换机可支持一种以上类型的网络，如各种以太网及 ATM、OC-192 的 POS 口等。交换机支持的网络类型越多，其可用性和可扩展性越强，价格也越高。

3) 背板吞吐量

背板吞吐量又称背板带宽，单位是每秒通过的数据包个数(pps)，表示交换机接口卡和数据总线间所能吞吐的最大数据量。交换机的背板带宽越高，处理数据的能力越强，同时成本也会越高。交换机背板应该有足够的可扩展性以备网络扩容。部分厂商提供的背板带宽未必可信，用户可参考另一指标，即满配置时的吞吐量。

4) MAC 地址表大小

连接到园区网上的每个端口或设备都需要一个 MAC 地址，其他设备要用到此地址来定位特定的端口及更新路由表和数据结构。设备的 MAC 地址表的大小反映了该设备能支持的最大节点数。

3. 路由器选型

衡量路由器的指标主要有以下几个。

(1) 背板能力。通常指路由器背板容量或者总线能力。

(2) 吞吐量。指路由器的包转发能力。

(3) 丢包率。指路由器在稳定的持续负荷下由于资源缺少而在应该转发的数据包中不能转发的数据包所占比例。

(4) 转发时延。指需转发的数据包最后一比特进入路由器端口到该数据包第一比特出现在端口链路上的时间间隔。

(5) 路由表容量。指路由器运行中可以容纳的路由数量。

(6) 可靠性。指路由器可用性、平均无故障工作时间和平均故障恢复时间等指标。

9.3.2 网络软件的选择

网络软件分网络操作系统软件、网络管理软件、应用软件、工具软件和支撑软件等，正确地选择能够相互配合、完成网络系统需求功能的软件组合是网络建设的关键，而其中网络操作系统的选择是最基础，也是最核心的。

网络操作系统(Network Operation System，NOS)是向连入网络的一组计算机用户提供各种服务的一种操作系统。一般来说，NOS 偏重于将与网络活动相关的特性加以优化，即通过网络来管理诸如共享数据文件、软件应用和外部设备之类的资源。NOS 管理的资源有下列几种。

(1) 由其他工作站访问的文件系统。

(2) 在 NOS 上运行的计算机的存储器。

(3) 加载和执行共享应用程序。

(4) 对共享网络设备的输入/输出。

(5) 在 NOS 进程之间的 CPU 调度。

目前，NOS 产品种类繁多，下面列举几种常见的解决方案。

(1) Windows 系统。微软的 Windows 系统不仅在个人操作系统中占绝对优势，在网络操作系统中也具有非常强劲的实力。虽然它在安全性和稳定性方面不如 UNIX 和 Linux，但由于它的易用性和强大的应用软件支持，以及足以满足企业用户对安全性、稳定性的需求，使得其应用仍是最为广泛的，特别是在企业局域网中，至少有 80%以上采用的是微软的 Windows 系列网络操作系统。

(2) UNIX 系统。UNIX 自出现(1974 年)至今已有 40 多年的历史，它所发布的各种版本不计其数。UNIX 所指的并不是单一的操作系统，而是指一系列的 UNIX 家族，如 Sun OS、Sun Solaris、HP-UX、BSD、Free BSD 等。

这类操作系统的稳定性和安全性非常好，但它多数是以命令方式进行操作的，不容易掌握，因此，UNIX 系统一般用于大型的局域网中，长久以来主要被政府机构、学校或研究机构等使用。现在，由于 Internet 的发展，越来越多其他领域的使用者开始接触到 UNIX 系统。UNIX 在企业界的发展更是惊人，尤其在一些需要处理大量数据、要求高可靠度的场合中，更是非 UNIX 系统不可。

(3) Linux 系统。Linux 是当今流行的操作系统之一。Linux 是 UNIX 操作系统的一个分支，它最初是由 Linux Torvalds 于 1991 年为基于 Intel 80386 的 IBM 兼容机开发的操作系统，在加入自由软件组织 GNU 后，经过 Internet 上全体开发者的共同努力使其已成为能够支持各种体系结构的具有很大影响力的操作系统。Linux 最大的优势在于它不是商业操作系统，其源代码受 GNU 通用公共许可证(GPL)的保护，是完全开放的，任何人都可以下载后用于研究、开发和使用。Linux 能提供较稳定的系统，不易受到病毒攻击，其安全性、开放性与二次开发能力较好，目前这类操作系统仍主要应用于中、高档服务器中。

总体来说，对特定计算环境的支持，使得每种操作系统都有适合自己的工作场合，例如 Windows 7 适用于桌面计算机，Windows Server、Linux 目前较适用于小型的网络，而 UNIX 适用于大型服务器应用程序等，要根据企业网络应用规模、应用层次等实际情况选择最合适的操作系统。

习题与思考题九

一、单项选择题

1. 下列哪个不适合作为服务器的操作系统？（　　）

    A. UNIX　　　　　　B. Linux　　　　　　C. Windows Server　　　　D. Android

2. 路由器的性能指标不包括（　　）。

    A. 吞吐量　　　　B. 丢包率　　　　C. CPU 主频　　　　　D. 转发时延

3. 服务器的选型原则 MAPSS 中，字母 P 代表（　　）。

    A. 性能　　　　B. 丢包率　　　　C. 可用性　　　　　D. 服务

4. 电源系统的接地方式不包括（　　）。

    A. 交流接地　　　　B. 直流接地　　　　C. 保护接地　　　　　D. 阻抗接地

5. 网络工程需求分析阶段的任务不包括（　　）。

    A. 网络安全需求　　　　　　　　B. 网络管理需求

    C. 网络性能需求　　　　　　　　D. 网络设备选型

6. 网络设计成本必须控制在财政预算的限制之内，这一原则叫（　　）。

    A. 可用性　　　　B. 成本有效性　　　　C. 可行性　　　　　D. 可管理性

7. 当前局域网所使用的技术主要是（　　）。

    A. 以太网　　　　B. FDDI　　　　C. ATM　　　　　D. 总线形

8. 网络的主干部分，主要目的是尽可能快地交换数据，指的是（　　）。

    A. 汇聚层　　　　B. 接入层　　　　C. 核心层　　　　　D. 分布层

9. 动态分配 IP 地址所使用的协议是（　　）。

    A. TCP　　　　B. IPv6　　　　C. IGMP　　　　　D. DHCP

10. 网络安全设计的主要内容不包括（　　）。

    A. 系统安全　　　　B. 数据库安全　　　　C. 管理员安全　　　　D. 设备安全

二、多项选择题

1. 网络设计的层次模型有（　　）。

    A. 核心层　　　　B. 接入层　　　　C. 汇聚层　　　　　D. 交换层

2. 影响交换机性能的关键指标包括（　　）。

    A. 端口容量　　　　B. 背板吞吐量　　　　C. 磁盘容量　　　　D. 地址表大小

3. 按照分层结构规划网络拓扑时，应遵守的基本原则是（　　）。

    A. 尽可能不使用三层交换机代替路由器

    B. 设计尽可能多的 DMZ 以保护内网

    C. 网络中因为拓扑结构改变而受影响的区域应被限制到最小限度

    D. 路由器（及其他网络设备）应传输尽量少的信息

4. 网络工程可行性研究的内容包括（　　）。

    A. 经济可行性　　　　　　　　B. 技术可行性

    C. 运行可行性　　　　　　　　D. 法律可行性

5. 在数据链路层进行安全设计的主要手段是( )。

    A. 划分 VLAN   B. 加密通信

    C. 使用屏蔽双绞线   D. 使用 SSL

三、判断题

1. 布线时，同轴电缆主要用于网络设备的互联，光纤和双绞线主要用于网络设备到桌面主机的连接。   ( )

2. 大型企业和远程访问的网络适合动态地址分配，而小企业网络和那些对外提供服务的主机适合静态地址分配。   ( )

3. 网络操作系统偏重于将与网络活动相关的特性加以优化，即通过网络来管理诸如共享数据文件、软件应用和外部设备之类的资源。   ( )

4. 汇聚层的主要任务是提供网络接口，实现用户的接入。   ( )

5. 在构建网络时应尽量考虑到对 IPv6 的兼容性，选择能支持 IPv6 的设备和系统，以降低升级过渡时的成本。   ( )

附录 A 实验与上机指导

实验一 认识局域网

1. 实验目的

(1) 认识交换机、路由器等网络设备，了解其结构与连接方法。

(2) 学会双绞线的制作。

(3) 掌握简单的以太网组建方法。

2. 实验设备

交换机、路由器、计算机、双绞线、RJ-45 水晶头、压线钳、测线器等。

3. 实验准备知识

(1) 局域网的组成设备主要是二层交换机、三层交换机及路由器，因为它们在网络中所起的作用不同，其内部结构、端口类型、端口数量及连线方式皆有不同。实验课前应提供相关资料供预习。

(2) 双绞线是局域网中最常见的连线，双绞线制作是网络学习者应掌握的一项基本功。双绞线内 8 条细线的排列顺序遵循一定的规则，有两种国际标准，T568A(橙白、橙、绿白、蓝、蓝白、绿、棕白、棕)与 T568B(绿白、绿、橙白、蓝、蓝白、橙、棕白、棕)。双绞线内的 8 根细线两端在 RJ-45 插头内的排列顺序(色谱)一致，都按 T568A 或都按 T568B 排列，叫作直通线。反之，排列顺序不一致，一端为 T568A，另一端为 T568B，叫作交叉线。直通线用于不同设备间的相连，如交换机与计算机之间，而交叉线用于连接相同设备，如计算机与计算机直接相连。

4. 实验内容

(1) 认识交换机与路由器的外在区别，了解不同端口的作用，正确认识网络设备的连线方法，具体见表 A-1。

表 A-1 网络设备比较

设备名称	图　标	端 口 数	端口种类	连　线
二层交换机		较多	以太网口 Control 口	双绞线
三层交换机		较多	以太网口 Control 口 光纤口	双绞线 光纤
路由器		少	以太网口 Control 口 Serial 口 光纤口	双绞线 光纤 V.35 等

(2) 现场演示双绞线的制作方法，并让学生自己练习制作采用 T568B 标准的直通双绞线。

制作工具：双绞线、RJ-45 水晶头、压线钳、测线器。

T568B 标准排序及功能见表 A-2。

表 A-2 T568B 标准排序及功能

编　号	颜　色	功　能
1	橙色/白色	发送+
2	橙色	发送-
3	绿色/白色	接收+
4	蓝色	保留
5	蓝色/白色	保留
6	绿色	接收-
7	棕色/白色	保留
8	棕色	保留

具体制作步骤如下。

①　准备好 5 类线、RJ-45 插头和一把专用的压线钳。

②　用压线钳的剥线刀口将 5 类线的外保护套管划开(小心不要将里面双绞线的绝缘层划破)，刀口距 5 类线的端头至少 2cm。

③　将划开的外保护套管剥去(旋转、向外抽)。

④　露出 5 类线电缆中的 4 对双绞线。

⑤　按照 EIA/TIA-568B 标准和导线颜色将导线按规定的序号排好。

⑥　将 8 根导线平坦整齐地平行排列，导线间不留空隙。

⑦　准备用压线钳的剪线刀口将 8 根导线剪断。

⑧　剪断电缆线。注意：一定要剪得很整齐；剥开的导线长度不可太短(10～12mm)，可以先留长一些；不要剥开每根导线的绝缘外层。

⑨　将剪断的电缆线放入 RJ-45 插头试一试长短(要插到底)，电缆线的外保护层最后应能够在 RJ-45 插头内的凹陷处被压实。反复进行调整。

⑩　在确认一切都正确后(特别要注意不要将导线的顺序排列反了)，将 RJ-45 插头放入压线钳的压头槽内，准备最后的压实。

⑪　双手紧握压线钳的手柄，用力压紧。请注意，在这一步骤完成后，插头的 8 个针脚接触点就穿过导线的绝缘外层，分别和 8 根导线紧紧地压接在一起。

⑫　完成。

(3) 利用实验室中的网络设备及制作的双绞线组建一个简单的以太网，实现网络拓扑结构，如图 A-1 所示，注意连接方法。

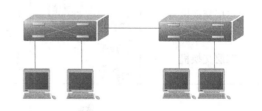

图 A-1　网络拓扑结构

实验二　常用网络测试工具的应用

1. 实验目的

(1) 了解流行网络测试工具 ping、arp、ipconfig、tracert、pathping 的基本功能和使用方法。

(2) 掌握使用网络工具测试网络状态的方法。

2. 实验设备

计算机、网络环境。

3. 实验准备知识

(1) ping 是一个很常用的小工具，主要用于确定网络的连通性问题。用 ping 工具检查网络服务器和任意一台客户端上 TCP/IP 协议的工作情况时，只要在网络中其他任何一台计算机上 ping 该计算机的 IP 地址即可。

(2) arp 用于显示和修改"地址解析协议(ARP)"缓存中的项目。ARP 缓存中包含一个或多个表，它们用于存储 IP 地址及经过解析的以太网或令牌环物理地址。计算机上安装的每一个以太网或令牌环网络适配器都有自己单独的表，如果在没有参数的情况下使用，则 arp 命令将显示帮助信息。

(3) 使用 ipconfig 工具来查看本机有关 TCP/IP 的一些配置，还可以用来验证系统试图在 TCP/IP 上进行通信时将要使用的参数。该工具格式很简单，只需在命令行中输入ipconfig，即可得到当前 TCP/IP 网络配置值、IP 地址、子网掩码、默认网关等。若加上开关/all，则得到一份详细的配置报告。

(4) tracert 用于跟踪"路径"，即可记录从本地至目的主机所经过的路径，以及到达时间。利用它，可以确切地知道究竟在本地到目的地之间的哪一环节上发生了故障。

(5) pathping 命令是一个路由跟踪工具，它将 ping 和 tracert 命令的功能和这两个工具所不提供的其他信息结合起来。pathping 命令定期将数据包发送到通往最终目标的路径上的每个路由器，然后基于从每个跃点返回的数据包来计算结果。由于该命令显示数据包在任何给定路由器或链接上丢失的程度，因此可以很容易地确定可能导致网络问题的路由器或链接。

4. 实验内容

在局域网环境下，练习使用 arp、ping、ipconfig、tracert 等流行网络测试工具(以下工具都是在 DOS 提示符下操作，或命令行方式)。

(1) 利用 ipconfig 验证 TCP/IP 的配置，记录有关信息并分析。

```
ipcon  fig(回车)
ipcon  fig/all(回车)
```

(2) 使用 ping 命令来验证连接，记录结果。可用 ipconfig 中列出的默认网关地址。

```
ping  IP 地址(回车)
ping  IP 地址(回车)
```

(3) 使用 arp 工具查看计算机中的 ARP 缓存表，记录结果。

```
arp  -g (回车)
arp  /? (回车)
```

学习此工具各参数的功能，记录结果。(选做)自己设计如何添加、修改 ARP 表，并利用 ping 验证。

(4) 跟踪到 www.sina.com.cn 的站点的"路径"，记录结果。

```
TRACERT www.sina.com.cn
```

(5) 跟踪到 www.sina.com.cn 站点的路由，记录结果，并分析 pathping 与 tracert 两命令功能上的相同点与不同点。

```
pathping -n www.sina.com.cn
```

实验三　虚拟局域网 VLAN 的设置

1. 实验目的

掌握虚拟局域网 VLAN 的配置方法。

2. 实验设备

二层交换机(两台)、PC(4 台)、直连线(5 条)。

3. 实验内容

本实验使用锐捷 S2126G 交换机实现 VLAN 的划分。在实验中做基于端口的 VLAN 划分，要求用两台 S2126 连接作为交换设备，添加至少 4 台计算机连入交换机，如图 A-2 所示。

(1) 设置各计算机的 IP 地址与子网掩码，使其位于同一子网内，并测试连接情况。

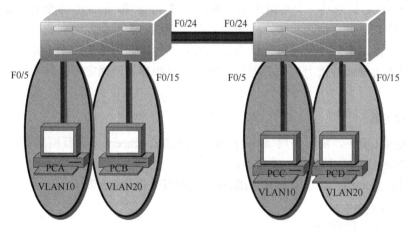

图 A-2　VLAN 分配

(2) 连通后，设置 VLAN。首先设置计算机 A 与 C 所接的端口为 VLAN10，测试各计算机的连通情况，因为两交换机的连接端口属于 VLAN1，A 与 C 计算机应该不能连通，A 与 B、C 与 D 计算机不属于同一 VLAN，也不应该连通。

(2) 设置 B、D 所连接的端口为 VLAN20，然后设置两交换机相连的端口模式为 trunk(端口聚合模式)，再测试各计算机的连通性。

记录实验过程中的测试情况，对通与不通的各种情况都要做分析，找出其原因。

4. 实验步骤

(1) 创建 VLAN。

在 SwitchA 上创建 VLAN10、VLAN20：
```
switch#configure terminal
switch(config)#vlan 10                    ! 创建 VLAN(查看 VLAN)
switch(config-vlan)#name test10           ! 为 VLAN 命名
switch(config-vlan)#exit                  ! 退出 VLAN 设置模式
switch(config)#vlan 20
switch(config-vlan)#name test20
switch(config-vlan)#exit
```

验证测试：

```
Switch#show vlan                          !查看已配置的 VLAN 信息
```

用同样的方法，在 SwitchB 上创建 VLAN10、VLAN20。

(2) 将接口分配到 VLAN

```
Switch#configure terminal
Switch(config)#interface fastethernet 0/5      ! 进入端口配置模式
Switch(config-if)#switchport access vlan 10     ! 将端口划分到 VLAN 中
Switch(config-if)#exit
Switch(config)#interface fastethernet 0/15
Switch(config-if)#switchport access vlan 20
Switch(config-if)#exit
```

用同样的方法，在 SwitchB 上将接口分配到 VLAN。

(3) 把交换机 SwitchA 与交换机 SwitchB 相连的端口(假设为 0/24 端口)定义为 tag vlan 模式。

```
SwitchA(config)#interface fastethernet0/24
SwitchA(config-if)#switchport mode trunk              ! 设置端口为 trunk 模式
```

注：当交换机与交换机相联系时，常将交换机之间连接的链路设置为 trunk 链路，用来确保连接不同交换机之间的链路可以传递多个 VLAN 的信息。

验证测试：验证 fastethernet0/24 已被设置为 tag vlan 模式。

```
SwitchA(config)#show interfaces fastethernet0/24 switchport
```

在交换机 SwithB 上做同样设置。

(4) 验证查看设备配置情况。

```
Switch#show vlan
Switch#show running-config                  ! 查看设备的全部配置情况
```

(5) 验证 PCA 与 PCC、PCB 与 PCD 能互相通信，而 PCA 与 PCB、PCC 与 PCD 不能相互通信。

例如：

```
C:\>ping 192.168.0.3          ! 在 PCA 的命令行方式下验证能 ping 通 PC3
```

其他类似。

实验四　IP 地址分配与子网划分

1. 实验目的

(1) 学会在 LAN 环境中分配 IP 地址。

(2) 掌握子网划分方法。

(3) 掌握 TCP/IP 属性的配置。

(4) 了解当同一网络中存在重复的 IP 地址时的处理措施。

2. 实验设备

二层交换机(2 台)、计算机(4 台)、直连线(若干条)。

3. 实验内容

(1) 搭建局域网环境，如图 A-3 所示。要求正确连接两台交换机，并正确配置交换机，继而将若干台测试机正确连接到交换机端口。要求正确画出连线图，正确标识各主机与交换机的连接端口。

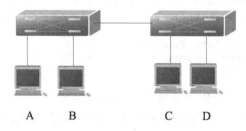

图 A-3　局域网连接拓扑

(2) 设计两种 IP 地址分配方案。第一种，将各测试主机分到同一子网中；第二种，将各测试主机分到不同子网中，写出配置方案。

配置数据一(C 类网)。

方案一：

A: 192.168.0.1　　255.255.255.0

B: 192.168.0.2　　255.255.255.0

C: 192.168.0.3　　255.255.255.0

D: 192.168.0.4　　255.255.255.0

方案二：

A: 192.168.0.1　　255.255.255.0

B: 192.168.0.2　　255.255.255.0

C: 192.168.1.1　　255.255.255.0

D: 192.168.1.1　　255.255.255.0

配置数据二(在 C 类网中划分子网)。

方案一:

A: 192.168.0.65　　255.255.255.0

B: 192.168.0.66　　255.255.255.0

C: 192.168.0.129　　255.255.255.0

D: 192.168.0.130　　255.255.255.0

方案二:

A: 192.168.0.65　　255.255.255.192

B: 192.168.0.66　　255.255.255.192

C: 192.168.1.129　　255.255.255.192

D: 192.168.1.130　　255.255.255.192

(3) 分别按照上述两种方案,为测试主机进行 TCP/IP 属性配置,以手动方式进行 IP 地址配置,查看在相应配置情况下的主机之间的连通情况(如在 A 机执行命令:ping C 的 IP 地址),并记录配置参数。

(4) 试为两台相邻主机配置重复的 IP 地址,观察出现的情况并记录由重复地址所导致的错误消息,最后纠正重复地址问题。

实验五　路由器连接局域网实验

1. 实验目的

路由器最基本的功能就是连接不同的局域网。在本实验中,用一个路由器将两个局域网直连,从而掌握路由器的基本设置、计算机网关的作用及设置。

2. 实验设备

路由器(1 台)、交换机(2 台)、PC(4 台)、直连线(多条)。

3. 实验内容

(1) 按图 A-4 所示组建网络,将 4 台计算机分别连入两台二层交换机组成局域网,然后将两个局域网用路由器进行连接。

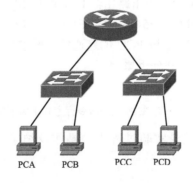

图 A-4　网络拓扑结构

(2) 配置各计算机的 IP 地址信息,使 A、B 与 C、D 分别属于两个不同子网,在未配置路由器的情况下，测试 PC 间的连通性。

(3) 配置路由器端口 IP，并使各 PC 的网关分别设置为自身所连接的路由器端口地址。再次测试 PC 间的连通性，详细记录实验过程中的测试情况，对通与不通的各种情况都要做分析，找出其原因。

4. 实验步骤

(1) 连线并配置 PCA、PCB、PCC、PCD 的 IP 地址、子网掩码。

设置 PCA 的 IP 地址为：10.65.1.1 255.255.0.0，网关：10.65.1.254。

设置 PCB 的 IP 地址为：10.65.1.2 255.255.0.0，网关：10.65.1.254。

设置 PCC 的 IP 地址为：10.66.1.1 255.255.0.0，网关：10.66.1.254。

设置 PCD 的 IP 地址为：10.66.1.2 255.255.0.0，网关：10.66.1.254。

(2) 测试 PC 间的联通性，并分析原因。

(3) 配置路由器端口。

```
Red-Giant#configure terminal
Red-Giant (config)#hostname Ra                        ! 为路由器更改名称
Ra (config)#interface fastethernet 1/0                !进入端口模式
Ra (config-if)#ip address 10.65.1.254 255.255.0.0 !配置端口的 IP 地址
Ra (config-if)#no shutdown
Ra (config-if)#exit

Ra (config)#interface fastethernet 1/1               !进入端口模式
Ra (config-if)#ip address 10.66.1.254 255.255.0.0 !配置端口的 IP 地址
Ra (config-if)#no shutdown
Ra (config-if)#exit
```

验证测试：

```
Ra #show ip interface           ! 查看端口 IP 信息
Ra #show interface f1/1         ! 查看端口信息
Ra #show ip route               !查看路由器中的路由表信息,
并判断路由类型(直连路由，静态路由，动态路由？)
```

(4) 设置各 PC 的网关。

设置 PCA、PCB 网关：10.65.1.254(路由器 F1/0 端口 IP)。

设置 PCC、PCD 网关：10.66.1.254(路由器 F1/1 端口 IP)。

(5) 验证 PCA 与 PCB、PCA 与 PCC 的连通性，要求在每个计算机中用 ping 命令测试与其他 3 台机器的连接情况，并分析原因。

例如：

```
C:\>ping 10.65.1.2          ! 在 PCA 的命令行方式下验证能 ping 通 PCB
```

注：在实验报告中详细记录实验过程中的操作及结果，对网络连接通断情况进行分析。

实验六　静态路由实验

1. 实验目的

掌握路由器中静态路由的设置方法，通过实验加深对路由表的认识。

2. 实验设备

路由器(2 台)、PC(2 台)、直连线(2 条)、V35 线缆(1 条)。

3. 实验过程与要求

(1)　多个局域网互联的时候，特别是当这些局域网属于不同的逻辑网络时，互联起来的局域网之间存在路由问题。而路由器中的路由信息就存放在路由表中，路由表中的表项可以动态建立，也可以静态建立。一个网络通不通，要看路由表中有没有去目的网络的路由表项。本实验中设置两台路由器，分别连接不同的局域网，两个路由器之间通过串行口连接。

(2)　设置每个路由器的各个端口以及它所连接的局域网的各个计算机，使得所连接的各个局域网之间互相可以联通。

(3)　设置两个路由器相互联接的串行口，使得它们位于同一逻辑网内。在两个路由器上分别设置静态路由，完成后测试各个局域网的联通情况。注意讲解路由器串口的作用、路由器串口之间连线的特点，了解路由器 DCE 与 DTE 间的配置区别。

4. 实验步骤

(1)　按图 A-5 中拓扑结构连接网络。

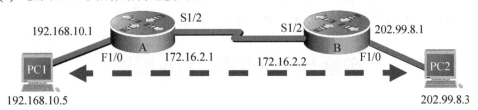

图 A-5　路由器连接图

(2)　配置路由器 A、B 的各端口的 IP 地址，如图 A-5 所示。

```
Red-Giant#configure terminal
Red-Giant (config)#hostname Ra                     !为路由器更改名称
Ra (config)#interface fastethernet 1/0             !进入端口模式
Ra (config-if)#ip address 192.168.10.1 255.255.255.0 !配置端口的 IP 地址
Ra (config-if)#no shutdown
Ra (config-if)#exit

Ra (config)#interface serial 1/2                   !进入端口模式
Ra (config-if)#ip address 172.16.2.1 255.255.255.0 !配置端口的 IP 地址
Ra (config-if)#clock rate 64000                    !配置 RA 的时钟频率(DCE)
Ra (config-if)#no shutdown
Ra (config-if)#exit
```

路由器 B 做同样配置,需注意,Rb 串口为 DTE,不需要配置时钟频率。

验证:查看端口配置,查看路由器中路由表内容。

```
Ra #show ip interface
Ra #show interface serial 1/2
Ra #show ip route
```

(3) 配置 PC1、PC2 的 IP 地址、子网掩码、网关。

设置 PC1 的 IP 地址为:192.168.10.5 255.255.0.0,网关:192.168.10.1。

设置 PC2 的 IP 地址为:202.99.8.3 255.255.0.0,网关:202.99.8.1。

(4) 测试 PC 间联通性,并分析原因。

(5) 配置路由器中的静态路由。

```
Ra(config)#ip route 202.99.8.0 255.255.255.0 172.16.2
Rb(config)# ip route 192.168.10.0 255.255.255.0 172.16.2.1
```

验证测试:

```
Ra #show ip route
Rb #show ip route
```

(6) 验证 PC1 与 PC2 联通性,并分析原因。

例如:

```
C:\>ping 202.99.8.3          ! 在 PC1 的命令行方式下验证能 ping 通 PC2
```

注:

(1) 在实验报告中详细记录实验过程中的操作及结果,对网络连接通断情况进行分析。

(2) 要求掌握静态路由的配置方法。

(3) 观察路由器串行端口与以太网端口外观及配置的不同。

实验七 动态路由协议配置

1. 实验目的

(1) 理解动态路由协议在计算机网络通信中所起的作用。

(2) 掌握动态路由协议在路由器中的配置方法。

(3) 认识路由表的构成,并理解各路由表项在不同网段间通信所起的作用。

2. 实验设备

路由器(2 台)、PC(2 台)、直连线(2 条)、V35 线缆(1 条)。

3. 实验内容

(1) 搭建网络环境,模拟如下场景:假设校园网通过一台路由器连接到校园外的另一台路由器上,实现校园网内部主机与校园网外部主机的相互通信,如图 A-6 所示。

(2) 选择 RIP V2 作为路由选择协议,在路由器上做相应配置,使得校园网内、外部主机可以相互通信。

(3) 测试主机的连通性，并记录配置参数与结果。

(4) 查看并记录路由表内容，描述每一路由表项的作用。

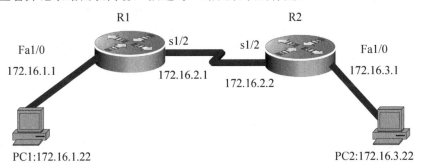

图 A-6　网络拓扑

4. 实验步骤

1) 配置路由器

(1) 查看路由器配置。

```
Router1#show ip interface brief              !显示端口配置
Router1#show ip route                        !显示路由表
Router2#show ip interface brief
Router2#show ip route
```

(2) 路由器基本配置。

配置 Router1。

```
Router1(config)#interface fastethernet 1/0              !进入端口模式
Router1(config-if)#ip address 172.16.1.1 255.255.255.0  !配置端口 IP 地址
Router1(config-if)#no shutdown                          !打开端口
Router1(config-if)#exit

Router1(config)#interface serial 1/2
Router1(config-if)#ip address 172.16.2.1 255.255.255.0
Router1(config-if)#clock rate 64000                     !设置时钟频率
Router1(config-if)#no shutdown
Router1(config-if)#exit
```

配置 Router2。

```
Router2(config)#interface fastethernet 1/0
Router2(config-if)#ip address 172.16.3.1 255.255.255.0
Router2(config-if)#no shutdown
Router2(config-if)#exit

Router2(config)#interface serial 1/2
Router2(config-if)#ip address 172.16.2.2 255.255.255.0
Router2(config-if)#no shutdown
Router2(config-if)#exit
```

验证测试：验证路由器接口的配置和状态。

```
Router1#show ip interface brief
Router1#show ip interface brief
```

(3) 配置 RIP V2 协议。

```
Router1(config)#router rip                      !开启 RIP 协议进程
Router1(config-router) #network 172.16.1.0 !声明本设备的直联网段
Router1(config-router) #network 172.16.2.0
Router1(config-router)#version2                 !定义 RIP 协议 V2
Router1(config-router)#no auto-summary      !关闭路由信息的自动汇总功能

Router2(config)#router rip
Router2(config-router) #network 172.16.2.0
Router2(config-router) #network 172.16.3.0
Router2(config-router)#version2                 !定义 RIP 协议 V2
Router2(config-router)#no auto-summary      !关闭路由信息的自动汇总功能
```

(4) 验证路由表。

```
Router1#show ip route
Router2#show ip route
```

2) 测试
(1) 搭建硬件实验环境。
(2) 测试网络的联通性。

```
C:\> ping 172.16.3.22    !从 PC1 ping PC2
```

注:
(1) 在串口上配置时钟频率时,一定要在电缆 DCE 端的路由器上配置,否则链路不通。
(2) PC 主机网关一定要指向直连接口 IP 地址。

实验八　网络协议分析

1. 实验目的

(1) 掌握数据包的捕获方法。
(2) 掌握网络协议分析方法。
(3) 通过对捕获数据包进行协议分析,进一步深入了解各种协议的工作机制。

2. 实验设备

交换机(1 台)、计算机(3 台)、直连线(若干条)。

3. 实验内容

(1) 搭建局域网环境,该局域网主要由交换机与多台测试主机构成,对测试主机进行 TCP/IP 协议属性的配置,使它们属于同一网段内。
(2) 在一台测试主机 A 上安装网络分析和捕获数据包的底层链接库 WinPcap、网络协议分析软件 Ethereal。
(3) 在其他测试主机上对主机 A 进行各种网络访问操作,在 A 上运行 Ethereal,并捕捉数据包。
(4) 对捕获的数据包信息逐一分析,结合所学协议,观察每一项所表达的含义。
(5) 通过对 TCP 连接的跟踪,理解 TCP 是怎样进行连接建立与释放的。

4．实验步骤

(1)　搭建网络环境，如图 A-7 所示，并配置它们的 IP 地址在同一网段内，如网络地址为 172.16.0.0/24。

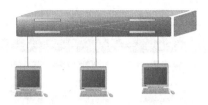

主机 A　　测试主机 1　测试主机 2

图 A-7　网络环境

(2)　在主机 A 上安装网络分析和捕获数据包的底层链接库 WINPCAP、网络协议分析软件 Ethereal，在 A 上运行 Ethereal，设置用于捕捉数据包的网卡(Capture->Interface)，并启动捕捉数据包命令(Capture->Start)。

(3)　在主机 A 上安装 FTP 服务器软件 Server-U 并使服务器处于运行状态，在其他主机上安装 FTP 客户端软件，用客户端发起对 A 的 FTP 连接，试着下载或上传文件，然后释放连接。

①　在测试主机 1 上发起 ping 命令：ping A 的 IP 地址。

②　重启测试主机 2，看主机 A 捕获到什么数据。

③　可设计一些其他情况，看捕获到的数据有什么差别。

(4)　对捕获的数据包信息进行逐一分析，结合所学协议观察每一项所表达的含义，记录下捕获的部分数据包以及每一项的值。

(5)　通过对 TCP 连接的跟踪，理解 TCP 是怎样进行连接建立与释放的，注重理解 SYN、ACK、FIN 在连接建立与释放过程中所起的作用。

附：

(1)　捕获过程如图 A-8 所示。

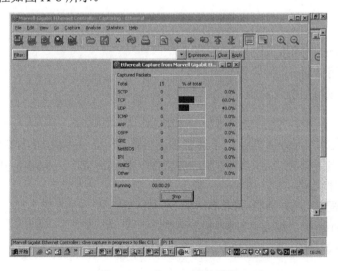

图 A-8　Ethereal 捕获过程

(2) 数据包分析如图 A-9 所示。

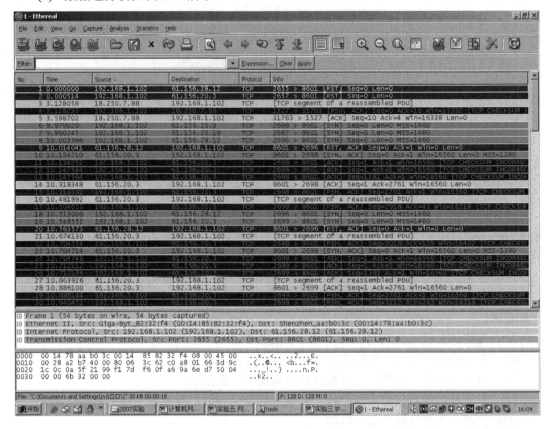

图 A-9　Ethereal 数据包分析

实验九　Internet 的应用

1. 实验目的

(1) 掌握 Internet 的接入配置方法。

(2) 学会使用 Internet 的各种应用。

(3) 加深对应用层协议的理解。

2. 实验内容

(1) 配置本地的 Internet 属性,了解各项配置的作用,并调整各项参数,观察结果。

(2) 申请一电子邮箱,运行邮件客户端软件 Outlook 或 Foxmail,并对其进行配置,使其成功完成邮件收发。

(3) 安装并配置 FTP 服务器软件 Server-U,建立一 FTP 服务器,并用客户端软件 CuteFTP 对其进行连接,观察并记录连接状态。

(4) 自选完成其他应用,如 Telnet、DHCP 等。

3. 实验步骤

(1) 配置本地的 Internet 属性，了解各项配置的作用，并调整各项参数，观察结果。

① 记录本机 IP 地址、子网掩码、网关配置。

② 记录本机 DNS 服务器地址配置。

(2) 申请一电子邮箱，运行邮件客户端软件 Outlook 或 Foxmail，并对其进行配置，使其成功完成邮件收发。

记录下配置账户信息，SMTP、POP3 服务器地址及其他有关信息。

(3) 安装并配置 FTP 服务器软件 Server-U，建立一 FTP 服务器，并用客户端软件 CuteFTP 对其进行连接，观察并记录连接状态。

① 记录服务器配置信息。

② 记录客户端使用账号、端口等信息。

(4) 自选完成其他应用，如 Telnet、DHCP 等。

如 Telnet：

进入 DOS 命令窗口，输入命令：telnet bbs.nju.edu.cn (登录南京小百合 BBS)。

按提示操作，观察 Telnet 方式与基于 HTTP 的访问方式有何不同。

实验十　NAT 网络地址转换实验

1. 实验目的

掌握网络地址转换 NAT 技术，通过配置使内网中所有主机连接到 Internet 网。

2. 实验设备

路由器(2 台)、PC(3 台)、直连线(2 条)、V35 线缆(1 条)。

3. 实验原理

NAT 是指将网络地址从一个地址空间转换为另一个地址空间的行为，它允许内部所有主机在公网地缺乏的情况下可以访问外部网络。NAT 将网络划分为内部网络(Inside)和外部网络(Outside)两部分。局域网主机利用 NAT 访问网络时，是将局域网内部的本地地址转换为全局地址(互联网合法 IP 地址)后转发数据包。NAT 分为两类：NAT(网络地址转换)和 NAPT(网络地址端口转换)。NAT 是实现转换后一个本地 IP 地址对应一个全局地址。NAPT 是实现转换后多个本地地址对应一个全局 IP 地址。

4. 实验内容

(1) 按图 A-10 所示连接整个网络，首先设置每个路由器的各个端口以及它所连接的局域网的各个计算机，使得各个局域网之间互相可以联通，具体 IP 地址的分配可参见后面的实验步骤。

(2) 设置 NAT 转换，使 Lan-router 内部配置私有 IP 地址的主机可以访问外部网络主机，要求掌握 NAT 配置的方法，了解每一步都完成了什么功能。

(3) 在 Server 上用 Ethereal 软件捕获 PC1 或 PC2 发来的数据包，观察数据包的源 IP

地址是什么，它们与 NAT 配置中的 POOL 地址池存在什么样的关系。要求提前预习
Ethereal 软件的用法，Ethereal 需要底层链接库 WinPcap 的支持，所以工作前需先安装
WinPcap。

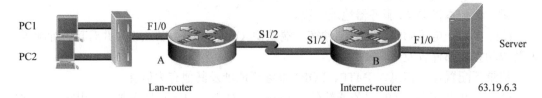

图 A-10　NAT 实验网络拓扑

5. 实验步骤

(1)　按图 A-10 拓扑结构连接网络。

(2)　对路由器进行基本配置。

局域网路由器配置。

```
Red-Giant#configure terminal
Red-Giant (config)#hostname lan-router            ! 为路由器更改名称
lan-router (config)#interface fastethernet 1/0 !进入端口模式
lan-router (config-if)#ip address 192.168.10.1 255.255.255.0
                                                  !配置端口的 IP 地址
lan-router (config-if)#no shutdown
lan-router (config-if)#exit

lan-router (config)#interface serial 1/2          !进入端口模式
lan-router (config-if)#ip address 200.1.8.7 255.255.255.0!配置端口的 IP 地址
lan-router (config-if)#clock rate 64000           !配置 lan-router 的时钟频率
(DCE)
lan-router (config-if)#no shutdown
lan-router (config-if)#exit
```

互联网路由器配置。

```
Red-Giant#configure terminal
Red-Giant (config)#hostname internet-router            ! 为路由器更改名称
internet-router (config)#interface fastethernet 1/0    !进入端口模式
internet-router )#ip address 63.19.6.1 255.255.255.0   !配置端口的 IP 地址
internet-router #no shutdown
internet-router (config-if)#exit

internet-router (config)#interface serial 1/2          !进入端口模式
internet-router (config-if)#ip address 200.1.8.8 255.255.255.0
                                                       !配置端口的 IP 地址
internet-router (config-if)#no shutdown
internet-router (config-if)#exit
```

在 Lan-router 上配置默认路由。

```
lan-router (config)#ip route 0.0.0.0 0.0.0.0 serial 1/2
```

验证：查看端口配置，查看路由器中路由表内容。

```
lan-router #show ip interface
```

```
lan-router #show interface serial 1/2
lan-router #show ip route
```

(3) 配置动态 NAT 映射。

```
lan-router (config)# interface fastethernet 1/0
lan-router (config-if)#ip nat inside
lan-router (config-if)exit
lan-router (config)#interface serial 1/2
lan-router (config-if)#ip nat outside
lan-router (config-if)exit
lan-router (config)#ip nat pool to_internet 200.1.8.9 900.1.8.10 netmask
255.255.255.0                    !定义内部全局地址池
lan-router (config)#access-list 10 permit 192.168.10.0 0.0.0.255
    !定义允许转换的地址
lan-router (config)#ip nat inside source list 10 pool to_internet
    !为内部本地调用转换地址池
```

验证：

```
Lan-router #show ip nat translations     !查看 NAT 的动态映射表
```

(4) 配置 PC1、PC2 及 Server 的 IP 地址、子网掩码、网关。

设置 PC1 的 IP 地址为：192.168.10.2 255.255.0.0，网关：192.168.10.1。

设置 PC2 的 IP 地址为：192.168.10.3 255.255.0.0，网关：192.168.10.1。

设置 Server 的 IP 地址为：63.19.6.3 255.255.255.0，网关：63.19.6.1。

(5) 在 Server 上安装网络数据包捕获软件 Ethereal，正确配置使其能正常工作。

(6) 测试验证。

① 验证 PC1、PC2 与 Server 联通性，并分析原因。

如：

```
C:\>ping 63.19.6.3          ! 在 PC1 的命令行方式下验证能 ping 通 Server
```

注：做双向测试，即 PC1 ping Server，Server ping PC1，分别观察结果。

② 在 Server 上打开网络数据包捕获软件 Ethereal，使其处于捕获状态，在 PC1、PC2 上向 Server 发送数据，观察 Ethereal 的捕获结果，重点观察数据包的源 IP 地址、目的 IP 地址分别是什么，并分析原因。

注：① 详细记录实验过程中的操作及结果，对连接通断情况进行分析。

② 要求掌握 NAT 的配置方法。

③ 尽量不要用广域网接口地址作为映射的全局地址。

附录 B　课后习题答案

习题与思考题一

一、单选

(1)B　　(2)A　　(3)A　　(4)D　　(5)A　　(6)B　　(7)C　　(8)C　　(9)A　　(10)D

二、多选

(1)ACD　　(2)AC　　(3)ABCD　　(4)AB　　(5)BC

三、判断

(1)错　　(2)错　　(3)对　　(4)对　　(5)对

习题与思考题二

一、单选

(1)B　　(2)A　　(3)D　　(4)B　　(5)D　　(6)A　　(7)C　　(8)A　　(9)B　　(10)D

二、多选

(1)ABC　　(2)AD　　(3)AD　　(4)ABCD　　(5)AB

三、判断

(1)对　　(2)错　　(3)对　　(4)对　　(5)错

习题与思考题三

一、单选

(1)D　　(2)A　　(3)A　　(4)C　　(5)A　　(6)B　　(7)C　　(8)B　　(9)B　　(10)C

二、多选

(1)AD　　(2)BCD　　(3)ABCD　　(4)ABCD　　(5)ABC

三、判断

(1)错　　(2)对　　(3)错　　(4)错　　(5)对

习题与思考题四

一、单选

(1)C　　(2)C　　(3)C　　(4)C　　(5)A　　(6)C　　(7)B　　(8)A　　(9)D　　(10)B

二、多选

(1)ABD　　(2)AB　　(3)ABC　　(4)ACD　　(5)BC

三、判断

(1)错　　(2)错　　(3)错　　(4)对　　(5)对

习题与思考题五

一、单选

(1)C　　(2)A　　(3)C　　(4)A　　(5)B　　(6)B　　(7)B　　(8)A　　(9)C　　(10)D

二、多选

(1)BD　　(2)ABCD　　(3)AD　　(4)BCD　　(5)BD

三、判断

(1)对　　(2)错　　(3)错　　(4)对　　(5)对

习题与思考题六

一、单选

(1)A　　(2)B　　(3)A　　(4)C　　(5)B　　(6)C　　(7)A　　(8)B　　(9)D　　(10)C

二、多选

(1)ABD　　(2)ABCD　　(3)AB　　(4)ABCD　　(5)ACD

三、判断

(1)错　　(2)对　　(3)错　　(4)对　　(5)错

习题与思考题七

一、单选

(1)C　　(2)B　　(3)D　　(4)B　　(5)D　　(6)A　　(7)B　　(8)D　　(9)D
(10)D

二、多选

(1)ABD　　(2)AB　　(3)BCD　　(4)ABC　　(5)AC

三、判断

(1)错　　(2)对　　(3)错　　(4)错　　(5)对

习题与思考题八

一、单选

(1)B　　(2)D　　(3)D　　(4)B　　(5)A　　(6)C　　(7)D　　(8)A　　(9)C　　(10)C

二、多选

(1)ABC　　(2)ABCD　　(3)ABD　　(4)BCD　　(5)AD

三、判断

(1)错　　(2)对　　(3)错　　(4)错　　(5)对

习题与思考题九

一、单选

(1)D　　(2)C　　(3)A　　(4)D　　(5)D　　(6)B　　(7)A　　(8)C　　(9)D

(10)C

二、多选

(1)ABC　　(2)ABD　　(3)CD　　(4)ABCD　　(5)AB

三、判断

(1)错　　(2)对　　(3)对　　(4)错　　(5)对

参 考 文 献

[1] 谢钧，谢希仁. 计算机网络教程(微课版)[M]. 5版. 北京：人民邮电出版社，2018.

[2] 刘云浩. 物联网导论[M]. 3版. 北京：科学出版社，2017.

[3] 陈鸣，李兵. 网络工程设计教程：系统集成方法[M]. 3版. 北京：机械工业出版社，2017.

[4] [荷]Andrew S. Tanenbaum, [美]David J. Weatherall. 计算机网络(英文版)[M]. 北京：机械工业出版社，2018.

[5] 刘江等. 计算机网络实验教程[M]. 北京：人民邮电出版社，2018.

[6] 刘远生. 计算机网络安全[M]. 3版. 北京：清华大学出版社，2018.

[7] [美]王杰. 计算机网络安全的理论与实践[M]. 北京：高等教育出版社，2017.

[8] [美]Kevin R. Fall，W. Richard Stevens. TCP/IP详解 卷1：协议(英文版)[M]. 2版. 北京：机械工业出版社，2012.

[9] [美]Douglas E. Comer. 计算机网络与因特网[M]. 6版. 范冰冰，等，译. 北京：电子工业出版社，2015.

[10] [日]竹下隆史等. 图解TCP/IP[M]. 5版. 北京：人民邮电出版社，2013.

[11] [美]James F. Kurose. 计算机网络：自顶向下方法(英文版)[M]. 7版. 北京：机械工业出版社，2018.

[12] 溪利亚等. 计算机网络教程[M]. 2版. 北京：清华大学出版社，2017.

[13] 杨心强. 数据通信与计算机网络教程[M]. 2版. 北京：清华大学出版社，2016.

[14] 沈鑫剡等. 网络技术基础与计算思维[M]. 北京：清华大学出版社，2016.

[15] 王涛等. 无线网络技术导论[M]. 3版. 北京：清华大学出版社，2018.

[16] 张忠荃. 接入网技术[M]. 4版. 北京：人民邮电出版社. 2017.

[17] 蒋建峰. 广域网技术精要与实践[M]. 北京：电子工业出版社，2017.

[18] 刘永华. 计算机组网与维护技术[M]. 2版. 北京：清华大学出版社，2010.

[19] 汪双顶. 局域网组网技术[M]. 北京：人民邮电出版社，2017.

[20] 田果等. 网络基础(ICT系列认证教材)[M]. 北京：人民邮电出版社，2017.